ÉCONOMISER LA PLANÈTE

Claude ALLÈGRE

Économiser
la planète

FAYARD

Préface

Spécialiste des sciences de la Terre, les circonstances m'ont plongé dans le monde de la politique au moment où les questions touchant au présent et à l'avenir de la planète y faisaient l'intrusion que l'on sait. Dans un monde médiatisé à outrance, où une communauté scientifique avide de moyens et de crédits se trouve de plus en plus liée à la vie et aux intérêts de la Cité, cette intrusion a provoqué en retour une véritable mutation des sciences de la Terre.

Témoin privilégié de ce tournant majeur pour la réflexion politique, acteur dans l'accélération sans précédent que connaît la discipline à laquelle j'ai consacré ma vie de chercheur, je ne pouvais rester silencieux. D'où ce livre.

Sa trame de lecture est avant tout scientifique. Chercher à décrire, à mesurer, à comprendre. Dire ce que l'on sait et ce que l'on ignore encore. Situer la connaissance dans le long cheminement d'une démarche consistant à s'appuyer sur les modèles du moment pour progresser, tout en sachant ces modèles fragiles, imparfaits, sans doute promis un jour ou l'autre à être dépassés et remplacés. Esquisser autant que faire se peut une méthode permettant d'affronter l'avenir et ses incertitudes.

Mais l'ambition de ce livre ne s'arrête pas là ; il se préoccupe aussi de l'action, de la manière d'aborder pratiquement les problèmes que nous posent l'état présent et l'avenir de la planète. Quelles priorités ? Comment les définir ? Comment faire en sorte que, par-delà les catalogues ou les diatribes électoralistes, les hommes politiques agissent efficacement ? Telles sont quelques-unes des questions que j'ai essayé d'aborder, animé d'un esprit critique mais positif — un esprit pour lequel l'intérêt que l'être humain doit désormais prendre pour la nature ne saurait effacer celui qu'il se doit de continuer à porter à ses semblables.

C.A.
Allauch, 10 août 1990.

1

La Terre menacée

Elle ne l'est pas par une invasion de petits hommes verts venus de je ne sais quelle galaxie, mais par ceux-là mêmes qui l'habitent et qui dépendent entièrement d'elle. Les hommes menacent leur planète et tendent à perpétrer un gigantesque suicide collectif dont nul ne réchappera.

Certes, cette crainte n'est pas nouvelle. Dès l'apparition des effroyables engins de destruction que constituent les bombes thermonucléaires, les esprits lucides ont noté que l'homme était désormais capable de ravager toute la surface de la planète, d'anéantir toute trace de vie. Ce danger n'a pas disparu. Mais il s'en ajoute aujourd'hui un autre, plus diffus, multiforme, lent, sournois, et pourtant tout aussi implacable. A force d'exploiter la planète, de la cultiver, de la construire, d'en extraire les richesses, d'y disséminer ses déchets ; à force de chercher à modifier la nature à son profit, l'homme a fini par mettre en péril les équilibres naturels qui sont la base même de sa survie. La conscience de ces réalités est aujourd'hui si forte que chaque mois apporte son lot de nouvelles menaces et mises en garde.

Nous sommes aujourd'hui en possession d'un véritable catalogue de dangers naturels que médias ou hommes politiques développent alternativement à des rythmes et selon des priorités dont les motivations sont d'ailleurs souvent assez obscures.

L'atmosphère, cette couche ténue de gaz qui enveloppe notre planète, qui assure l'environnement douillet propre à la vie, est en train de se détériorer. La « couche » d'ozone qui, à 35 km d'altitude, nous protège des rayonnements ultraviolets solaires, se déchire aux pôles. Le gaz carbonique, constituant mineur de l'atmosphère par sa masse, mais essentiel pour l'équilibre thermique, s'accumule à une allure que l'on commence à redouter pour ses conséquences climatiques.

L'air des villes est si pollué que les maladies pulmonaires s'y multiplient, de même que les cas d'asphyxie, au point d'alerter les gestionnaires de la sécurité sociale américaine.

L'eau de pluie, autrefois considérée comme symbole de la pureté céleste, est à présent si acide que, dans certaines régions, elle perfore chimiquement les feuilles des arbres et les carrosseries des voitures.

L'eau douce des continents est de plus en plus polluée, les nappes phréatiques saines deviennent rares. L'homme consomme de plus en plus d'eau douce et donc en salit de plus en plus. L'eau potable va-t-elle devenir à la surface du globe un produit plus précieux que le vin ?

L'océan, milieu que l'on croyait infini, à qui l'on attribuait des vertus régénératrices inépuisables, est lui aussi pollué : les espèces vivantes y sont menacées, l'étalement de films monomoléculaires d'huiles pétrolières inhibe son rôle de grand régulateur des équilibres chimiques en surface ; des déchets toxiques s'accumulent près des côtes.

Mais les perturbations du cycle de l'eau ne sont pas seulement d'ordre chimique. La déforestation et l'érosion des sols amplifient la fréquence et l'amplitude des inondations. Les modifications climatiques introduites par les changements de composition de l'atmosphère induisent ici une désertification, là des tornades, partout une lente montée du niveau des mers. Les îles paradisiaques des Maldives sont menacées de disparition par submersion. Demain, ce sera le tour de la Hollande ou du Bangladesh. La fonte des calottes polaires, évoquée jadis dans les livres de science-fiction, devient une réalité encore peu intense, mais déjà inquiétante.

La croissance mal maîtrisée de la population du globe amène des hommes à s'installer dans des zones menacées par les catastrophes naturelles. De ce fait, éruptions volcaniques et surtout tremblements de terre et glissements de terrain font de plus en plus de victimes. Comme si la Terre malmenée se vengeait à son tour de manière de plus en plus cruelle.

A ces craintes de catastrophes s'ajoute l'angoisse séculaire concernant l'avenir des ressources naturelles.

Aurons-nous assez d'énergie pour satisfaire nos besoins alors que ceux-ci augmentent régulièrement ? Dans combien de temps le pétrole et le charbon seront-ils épuisés ? De toute manière, leur combustion est responsable de l'accroissement du taux de gaz carbonique dans l'atmosphère, et il faudra réduire leur consommation si l'on veut arrêter cette marche à la catastrophe climatique.

Le nucléaire fait peur depuis Hiroshima, et encore plus depuis Tchernobyl. Même en comptant les victimes des bombes larguées sur le Japon lors de la dernière guerre, il a pourtant tué moins d'hommes que le charbon. Certes, il y a le problème des déchets à stocker. Certes, la voiture ou l'avion nucléaires n'ont pas vu le jour. Quant aux réserves d'uranium, elles ne sont pas non plus inépuisables. Et pourtant...

Les sources d'énergies de substitution n'ont pas justifié les espoirs mis en elles. Peut-être n'y a-t-on pas consacré assez d'efforts. L'énergie solaire est certes théoriquement infinie, et elle alimente très bien la météorologie et le cycle naturel de l'eau. Malheureusement, on n'a pas réussi à la focaliser commodément pour en faire une énergie de remplacement généralisée. L'énergie géothermique reste une source limitée à certaines zones. L'énergie civile extraite de la fusion entre atomes ne constitue encore qu'un espoir.

Du côté des matières premières minérales, l'heure est encore à l'optimisme. Pourtant, les réserves de la croûte terrestre ne sont pas infinies et il faudra bien constater un jour que la pénurie approche.

Le même optimisme prévaut dans le secteur agricole où la distribution des surplus est beaucoup plus à l'ordre du jour que les scénarios catastrophes. Pourtant, on meurt encore de faim dans le tiers-monde et lorsqu'on calcule la vitesse de destruction des sols cultivables, force est de constater que nous devons envisager l'éventualité de périodes difficiles.

Par-delà ces dangers, à supposer qu'ils puissent être surmontés, la question de l'élimination des déchets, qu'ils soient nucléaires, industriels ou domestiques, est un problème de jour en jour plus alarmant. On ne peut plus le résoudre par des expédients dont le caractère discret devient aujourd'hui criminel et se trouve dénoncé à juste titre. Les mégapoles, riches ou pauvres, de Tokyo à Lagos, ne savent que faire de leurs ordures, pas plus qu'elles ne savent évacuer les déchets gazeux toxiques de leurs voitures ou de leurs industries. Décharges publiques immondes et nuages stagnants, plus ou moins noirâtres, sont désormais la signature de ces concentrations inhumaines qui ne font que proliférer.

Cette revue — qui a omis de mentionner la disparition de certaines espèces animales ou végétales, la régression de la forêt, la dissémination des engrais et pesticides, le développement anarchique des villes et celui des jachères campagnardes — montre à quel point les problèmes sont touffus, multiples, liés les uns aux autres.

Il n'est pas une activité humaine de quelque ampleur qui n'amène aujourd'hui à s'interroger sur ses conséquences à moyen ou long terme sur l'environnement. Nous paraissons agressés de toutes parts dans ce qui constitue l'essence même de notre essor, dans notre croissance économique et notre aspiration au bien-être et, en même temps, nos réactions semblent si peu en rapport avec l'importance des enjeux que nous donnons l'impression d'être paralysés.

La prise de conscience est désormais mondiale. Soit parce que les problèmes se retrouvent partout, même si c'est avec des intensités différentes ; soit parce qu'ils concernent directement l'ensemble de la planète elle-même.

La pollution de l'air des villes, la rareté de l'eau potable, les effets de la destruction des sols sont des questions qui se posent aux Mexicains comme aux Japonais, aux Européens comme aux Indiens. La question du gaz carbonique ou de la pollution des océans concerne directement toute la planète, et ce qui est émis en un point du globe influe avec ou sans délai sur l'ensemble.

Lorsque la globalisation n'est pas apparente dans les causes, elle l'est par les solutions. L'économie est mondiale. La compétition y est sauvage. Comment imposer des normes draconiennes à la construction des véhicules motorisés dans un seul pays sans handicaper lourdement son industrie automobile dans le cadre de la concurrence internationale ? L'information est elle aussi mondiale. Comment prendre une mesure contre les émanations des usines dans la zone des Grands Lacs d'Amérique du Nord sans qu'Allemands ou Français de la vallée du Rhin ne revendiquent la même ? Pour la pollution, pour l'économie, pour l'information, le monde est désormais un « village ».

Cette globalisation des problèmes touchant aux équilibres naturels est aujourd'hui bien perçue par tous. Même si les égoïsmes nationaux continuent encore d'influencer tel ou tel comportement, les chefs des grands États sont à présent sensibilisés à ces problèmes. A ce propos, il est juste de rendre hommage au président Carter, qui fut sans aucun doute un précurseur en ce domaine.

Comment réagir face à ces problèmes ? Au risque de caricaturer quelque peu les attitudes des uns et des autres, on peut ranger les attitudes en trois catégories :

Les *ultra-optimistes*, que l'on peut aussi qualifier d'inconscients, considèrent que l'homme s'est toujours révélé capable d'affronter les menaces qui le visaient et qu'il résoudra les problèmes qui se poseront demain à lui, comme il l'a fait hier. Cette attitude, sur laquelle s'appuient les productivistes à tout crin qui s'opposent aux normes antipollution et prônent une croissance sans contrainte, est de plus en plus minoritaire — tout au moins dans les discours officiels et les prises de positions publiques. On n'entend plus guère de ces déclarations fracassantes de producteur d'automobiles fustigeant les mesures antiplomb ou les pots catalytiques. Certes, les intérêts particuliers de tels ou tels continuent à se manifester et à peser sur les décisions, mais cela se fait de manière plus feutrée, plus diffuse, et c'est déjà un progrès. Pourtant, si, dans les discours et même dans les consciences, cette attitude a notablement régressé, elle domine encore le subconscient des décideurs qui persistent à se contenter de demi-mesures.

Pour les tenants de l'*attitude catastrophiste*, l'homme a déjà saccagé sa planète et continue de le faire d'une manière quasi irréparable. La seule façon d'assurer sa survie est d'arrêter : d'arrêter tout, de tourner le dos à la société industrielle et à la croissance, et d'instaurer un nouveau modèle de développement. Si ce discours paraît empreint d'un certain bon sens, sa mise en pratique l'est beaucoup moins. On ne dit rien des moyens d'y parvenir. La question de l'énergie est à cet égard exemplaire. On est à la fois antinucléaire parce que la dissémination radioactive menace nos descendants, anti-combustibles fossiles à cause du gaz carbonique dégagé dans l'atmosphère, anti-houille blanche au nom de la préservation des paysages et des saumons. Alors ? Est-on pour la suppression de toute forme d'énergie et pour le retour à l'âge des cavernes ? Encore faut-il noter que, comme on se déclare opposé à la chasse, il faudrait en revenir à une civilisation de la cueillette. Alexandre Grottendieck, mathématicien génial et rigoureux, convaincu par ces thèses, les a mises en pratique et vit ainsi en ermite. Peut-on généraliser cet exemple, même s'il ne manque pas de panache ? Lorsqu'on dit cela, en pure logique, sans agressivité aucune, on est accusé de vouloir dénaturer un mouvement exaltant ! Il faut pourtant se rendre à l'évidence : les propositions qui émanent de ces écoles de pensée sont encore très primitives et n'offrent guère de solutions réalistes pour l'immédiat.

Pour ce qui est du long terme, leur analyse est peut-être correcte. Nous serons peut-être contraints de renouer un jour avec les conditions de vie d'un lointain passé, soit parce que nous n'aurons pas su préserver nos ressources, soit — hypothèse plus radicale — parce que nous aurons déclenché une apocalypse nucléaire et que les quelques survivants, ayant subi l'hiver nucléaire, seront contraints d'en revenir au point zéro de l'activité économique. Mais c'est une litote d'affirmer qu'il est difficile de persuader les hommes et les femmes d'aujourd'hui qu'ils devront consciemment et volontairement s'engager, dès demain, à renouer avec la civilisation de la cueillette. Comment convaincre les populations des pays industrialisés que la voiture automobile doit désormais appartenir au passé ? Comment convaincre les pays producteurs de pétrole que ce combustible est désormais prohibé et qu'ils devront chercher ailleurs leurs propres ressources ? Comment convaincre les pays sous-développés que leur sous-développement est au bout du compte la meilleure des choses, puisqu'ils ne menacent pas la planète et ne génèrent pas de nuisances, dès lors qu'ils s'abstiendront à l'avenir de détruire la forêt et de brûler du bois ? Tout au plus faudra-t-il leur indiquer comment endiguer leur surpopulation !

La troisième voie est celle de la *recherche de l'équilibre*. Comment donner un coup d'arrêt rapide aux dégradations essentielles, sans compromettre pour autant le progrès et le développement ? Comment concilier les préoccupations liées au maintien des équilibres naturels et la logique du développement économique ? Comment faire naître progressivement ce nouveau type de développement combinant progrès technique et protection de la nature, qui transformera les sociétés industrielles existantes et fournira un nouveau modèle aux pays pauvres ? Cette ambition apparaît à la fois comme démesurée et absolument nécessaire.

Démesurée, parce que le mode de développement industriel que nous avons connu jusqu'ici semble incompatible avec le respect de la nature.

Nécessaire, parce qu'à défaut d'une telle volonté, nous préparons le suicide collectif que j'évoquais plus haut.

Cette ambition réaliste, synthèse entre les deux impératifs du développement économique et du respect des équilibres écologiques, n'est pas une attitude d'esprit dictée par je ne sais quel souci de bon goût ou de juste mesure, c'est la seule possible.

Néanmoins, parce qu'il ne s'agit nullement d'une simple attitude d'esprit, mais d'une volonté d'aboutir, cette démarche va demander beaucoup de détermination, d'imagination, de volonté et de courage. A tous.

Aux scientifiques, qui devront sortir de leur tour d'ivoire, faire connaître ce qu'ils savent, dire aussi ce qu'ils ignorent, et, surtout, déployer un effort considérable de recherche, car nos connaissances en ce domaine sont encore trop lacunaires.

Aux hommes politiques, qui devront prendre des mesures souvent impopulaires sur la base d'études qui, pour être indispensables, ne seront pas toujours suffisantes ni décisives.

Aux médias dont le rôle s'est révélé déterminant dans la sensibilisation générale aux problèmes écologiques, mais dont la responsabilité durant la période décisionnelle sera plus difficile. Dénoncer est plus aisé et plus populaire qu'expliquer des propositions et contribuer à les faire accepter. Il leur faudra dépasser le goût des phénomènes de mode et des effets d'annonce. S'agissant de changements d'habitudes et de façons de vivre, ils devront éduquer et préparer les esprits à admettre des décisions souvent impopulaires.

A chacun d'entre nous, enfin, qui devra accepter non d'en revenir à l'âge des cavernes, mais de modifier son comportement, une certaine conception de son confort, sans doute aussi sa mentalité tant à l'égard d'autrui qu'à l'égard de la Nature.

Nous ne sommes qu'au tout début du chemin ; pourtant, il a fallu déjà trente ans pour y parvenir.

Les premières études scientifiques sérieuses en ce domaine datent des années 1960. Les cris d'alarme de quelques pionniers restèrent alors sans échos importants, confinés aux cercles d'initiés, même si quelques personnes attentives et responsables avaient déjà entendu le message.

Il a fallu attendre vingt ans pour que l'on dépasse les préjugés anti-Club de Rome.

Souvenons-nous. Dans les années 1970, un groupe de théoriciens du M.I.T. avaient réalisé un modèle de développement économique fondé sur une discipline scientifique alors en plein essor : la logique des systèmes. Leur modélisation, faisant un usage immodéré de la fonction exponentielle et des relations linéaires, avait prédit pour un futur proche catastrophes et pénuries. Catastrophes pour ce qui était de la pollution ; pénuries pour ce qui concernait les matières premières, l'énergie et les aliments.

Le rapport fut rapidement publié par ses commanditaires, un groupe de responsables politiques et économiques rassemblés dans ce qu'ils appelaient le « Club de Rome ». Outre la publicité dont il fut entouré, ce rapport reçut du Club une traduction en termes de politique économique : *Halte à la croissance*, publiée en 1972.

Sous la plume d'hommes politiques actifs et talentueux — dont le commissaire européen Sicco Mansholt — s'élabora alors une stratégie inédite : rechercher activement de nouveaux gisements de matières premières, car elles allaient manquer ; économiser l'énergie et les ressources du sous-sol, notamment par le recours au recyclage des métaux et à la substitution du plastique au métal ; développer les sources d'énergie naturelles, géothermique ou solaire. A une échelle plus globale, le Club de Rome recommandait l'arrêt de la croissance, la stabilisation des revenus, un strict contrôle des naissances, etc.

Dans sa presque totalité, le monde politique, économique et social se déchaîna contre ces propositions.

Les milieux d'affaires, donc les partis politiques de droite, y virent une entrave à la libre entreprise, au culte du profit, au développement industriel.

Pour les partis de gauche et les organisations syndicales (à l'exception notable, en France, de la C.F.D.T.), le gel du développement économique était synonyme de refus du progrès, entraînant un blocage des revenus. A leurs yeux, il s'agissait d'une théorie frileuse, n'ayant aucune foi dans les capacités techniques de l'homme et conduisant à terme à la mort du progrès social. En somme, pour ces milieux, la vision du Club de Rome était celle de « nantis » dont les soucis n'étaient manifestement pas ceux des classes laborieuses aux revenus les plus faibles. Pour ceux qui vivaient difficilement, les craintes de M. Sicco Mansholt apparaissaient comme des angoisses d'intellectuel aisé !

A ces critiques que l'on pourrait qualifier de politiques venaient s'en ajouter d'autres émanant des milieux scientifiques. La modélisation des chercheurs du M.I.T. était très grossière ; en particulier, elle ne prenait en compte aucun phénomène modérateur ou régulateur. On pouvait montrer sans grand effort qu'avec quelques hypothèses supplémentaires simples et tout aussi logiques que celles qui avaient été retenues, les résultats se révélaient beaucoup moins catastrophiques que ceux annoncés.

A cette critique de base s'ajoutaient des reproches purement techniques concernant les estimations des réserves de telle ou telle matière première ou des changements de modes de production en cours, qui avaient été négligés.

L'aspect scientifique rigoureux sur lequel se fondait cette

nouvelle stratégie, et qui en faisait un paradigme de philosophie politique, une stratégie lucide appuyée sur une science consciente, se trouva ainsi battu en brèche.

Comme on s'en doute, les milieux industriels et bancaires n'étaient pas les derniers à propager de telles critiques ! Tout concourait donc à mettre en cause les conclusions du Club de Rome. Pourtant, certaines de ses mises en garde exercèrent un profond impact, y compris même sur ses adversaires les plus résolus. Ce sont elles qui allaient conduire les gouvernements à agir.

Ce fut l'époque où, un peu partout dans le monde, on vit fleurir des ministères de l'Environnement. Leur pouvoir était plus symbolique que réel ; cependant, leur rôle fut loin d'être négligeable. Pour s'en tenir à la France, c'est ce ministère qui fut responsable de la protection de l'eau potable et des législations correspondantes. De même, il fut l'un des défenseurs des espaces verts et de la forêt.

En somme, le monde refusait l'hypothèse de la « croissance zéro », mais cherchait à retarder les échéances, notamment celles touchant la pénurie de matières premières.

Cette politique est fortement induite par les nécessités conjoncturelles d'alors. Les prix du pétrole et du fer se mettent à flamber dès l'année 1973. Sous le choc, l'économie mondiale chancelle. Les pays producteurs de pétrole deviennent des agents majeurs de l'économie mondiale. Les pays dont les ressources énergétiques propres sont faibles, comme la France, voient le déficit de leur balance des paiements se creuser. L'apocalypse annoncée par le Club de Rome semble proche. Il faut réagir. On encourage les recherches sur les énergies de substitution. On s'organise pour économiser l'énergie, recycler les matières premières.

On suit donc les recommandations du Club de Rome. Ou presque : car, dans la tourmente, on oublie totalement l'environnement. La crise est d'abord économique et industrielle. A mille lieues des considérations naturalistes, on ne songe qu'à sauver l'industrie, à rétablir l'économie, à protéger l'emploi. Ce n'est pas le moment d'entraver cet effort. Des lois contre les dégagements de vapeurs polluantes, vous n'y pensez pas ! Notre industrie automobile, obligée de mettre au point des véhicules à faible consommation, a déjà tant de mal à maintenir ses prix qu'il n'est pas question de la contraindre de surcroît à nous préserver de la pollution.

C'est aussi l'époque de l'essor du nucléaire. « On n'a pas de pétrole, mais on a des idées », proclame un slogan.

Ces idées se résument en un mot : le nucléaire, bien sûr ! En dépit de disputes où les questions de personnes jouent un rôle aussi important que les divergences techniques, le couple C.E.A.-E.D.F. est assez puissant pour imposer la stratégie du « tout-nucléaire ». Le problème des déchets est traité dans le secret, avec des idées sur la régulation des équilibres naturels totalement erronées. C'est l'époque ou l'on rejette des effluents radioactifs dans le Rhône, où l'on stocke des déchets dans des containers en ciment...

Ainsi, un des effets pronostiqués par le Club de Rome se traduit paradoxalement par une indifférence accrue des responsables aux questions touchant l'environnement.

En France, le parti d'opposition de l'époque, c'est-à-dire le parti socialiste, proteste contre cette négligence. Il prône l'abandon du « tout-nucléaire » et recommande — erreur scientifique commune — le retour au charbon et aux combustibles fossiles.

Ces considérations sont balayées quelques mois après sa propre arrivée au pouvoir. Dans la tourmente du second choc pétrolier, il n'est plus question de tergiverser et de modifier une stratégie énergétique qui nous assure une relative indépendance. D'autant plus que le Premier ministre de l'époque, Pierre Mauroy, n'ignore pas que le charbon n'a rien d'une énergie « propre ». Il est du Nord et il connaît...

Il faut noter que la position française est représentative de ce qu'est alors l'attitude dans les autres pays : le productivisme l'emporte, on ne pense qu'à sauver l'économie mondiale, on s'occupera du reste après.

C'est en réaction contre cette attitude que se développent les sensibilités dites écologistes. Regroupant des femmes et des hommes d'opinions politiques assez différentes, ce mouvement d'idées propose une alternative radicale à la crise : au lieu de chercher un substitut au pétrole en gardant pour objectif le maintien de la croissance, cherchons plutôt à protéger les équilibres naturels et renonçons à notre course insensée au progrès perpétuel.

La lutte contre le nucléaire devient vite l'emblème de ce mouvement. Le nucléaire apparaît comme le symbole d'un progrès diabolique : on pose un signe d'égalité entre Hiroshima et centrales nucléaires, on met l'accent sur les effets particulièrement sournois de la radioactivité, qui tue lentement. Le caractère hiérarchisé et secret des administrations du Commissariat de l'Énergie atomique ou d'Électricité de France, qui coordonnent un savoir-faire de très haute technologie auquel le profane ne comprend rien, contribue à en faire les représentants d'un pouvoir technocratique opposé au pouvoir démocratique.

Il n'est donc pas étonnant que le secteur nucléaire ait été une cible de choix pour les héritiers de mai 68.

Dans tout cela, aucune trace de science. Une analyse scientifique sérieuse aurait permis de montrer que le charbon ou les lignites ne constituent pas des sources d'énergie « propres », de faire comprendre que les eaux sortant des centrales nucléaires ne sont nullement radioactives, etc. En fait, le mouvement écologique se constitue par l'appropriation d'un terme désignant une discipline scientifique — l'écologie — sans le support de connaissances correspondant.

Au début des années 1980, ce mouvement allait à contre-courant du productivisme ambiant et avait donc peu de chances d'être entendu. L'effondrement des cours du pétrole, à partir de 1984, modifie radicalement la situation. En quelques mois, le pétrole redevient abondant, les matières premières sont à bon marché. Se répand comme une évidence l'idée que le Club de Rome s'est trompé sur toute la ligne. Contrairement à ce qu'il avait prévu, on ne va pas vers une économie de pénurie, mais on entre dans une économie de surplus. Surplus d'énergie, surplus de matières premières, surplus agricoles. On ralentit donc les recherches sur les énergies de substitution, sur les méthodes de préservation des matières premières. Ces décisions, il faudra un jour en payer le prix, mais la philosophie libérale ayant submergé les esprits politiques dans le monde entier, la stratégie du court terme l'emporte et fait fi en un rien de temps des menaces d'hier.

Dans cette phase de rétablissement économique, les questions de protection de l'environnement restent les éternelles oubliées. Oubliées lorsqu'on pensait que le Club de Rome voyait juste, oubliées maintenant qu'on pense qu'il s'est trompé ! Ainsi la France socialiste, dans sa période de rigueur et de redressement progressif de l'économie, refuse obstinément de parapher la convention européenne contre la présence de plomb dans l'essence (il a fallu attendre une visite au Salon de l'automobile du président de la République, en 1988, pour faire plier les fabricants).

Pourtant, en l'espace de trois ans, la situation a changé du tout au tout. On ne trouve plus aujourd'hui un homme politique qui ne soit farouchement écologiste. La défense de la planète préoccupe maintenant le patronat français qui édite des brochures sur la nécessité d'une industrie inoffensive pour l'environnement.

En même temps — et c'est nouveau — les scientifiques entrent en scène. Des observations précises sont faites et portées à la connaissance du public ; des débats impliquant les plus grands noms de la science contemporaine s'engagent sur ces sujets.

Prenant fait et cause pour l'écologie, les médias provoquent en quelques mois une prise de conscience planétaire, encore confuse et brouillonne. Du coup, les écologistes se retrouvent à la fois bénéficiaires du mouvement et troublés dans leurs certitudes.

Bénéficiaires à l'occasion des élections, car ils apparaissent à toute une couche de la population comme ceux qui ont eu raison avant les autres.

Troublés, car la faiblesse de leur réflexion théorique leur

permet difficilement d'intégrer les nouvelles données scientifiques et sociologiques des problèmes soulevés. Prisonniers d'une philosophie « anti », ils refusent désormais tout à la fois le nucléaire, le pétrole, le charbon, l'hydroélectrique, sans oser dire ouvertement qu'ils prônent un retour en arrière. Habitués à une dialectique de marginaux politiques, ils ont le plus grand mal à prendre en compte les paramètres sociaux et politiques et apparaissent à la fois comme antieuropéens et antisyndicaux. Courtisés par tous, ils sombrent çà et là dans les délices de la *combinazione* politicienne. Leurs candidats, qui se voulaient hier non rééligibles, deviennent des notables comme les autres à Francfort comme en Alsace. Leur évolution paraît toute tracée : non vers la pureté primitive de l'âge des cavernes, mais vers l'hospitalité douillette des palais nationaux !

Pourtant, les problèmes demeurent ; plus exactement, les dangers qui menacent la planète ne font que s'accentuer.

Ce livre s'inscrit dans ce contexte. Il souhaite contribuer à sa manière à faire avancer un combat que je considère comme primordial. Éloigné des « écologistes » militants à cause de leurs méthodes, de leur ignorance scientifique, de leurs ambitions politiques troubles, je me sens on ne peut plus proche d'un certain nombre de leurs objectifs proclamés, et les questions qu'ils soulèvent me paraissent essentielles.

Par ailleurs, je ne crois pas au règne des experts, à la responsabilité du scientifique isolé dans sa tour d'ivoire, qui « dit le vrai » parce qu'il sait. La survie de l'espèce humaine concerne tout un chacun ; il n'appartient à personne de décider pour les autres. Parce que j'en sais un peu plus long que les autres sur la Terre, je suis mieux placé pour mesurer notre ignorance. La science rassure ceux qui ne la connaissent pas. Elle interroge sans relâche ceux qui en font profession.

Pour autant, il ne faudrait pas en déduire que nous ne savons rien. Nous savons beaucoup, mais nous savons que nous ignorons plus encore. Il n'empêche : il faudra bien choisir, décider, entreprendre telles actions et non pas telles autres !

Les scientifiques ne sont pas de supercitoyens qui dictent ce qu'il convient de faire. Ils ont pourtant un devoir particulier : celui de traduire ce qu'ils savent en termes simples, compréhensibles, de manière à permettre à chacun de s'informer et de s'exprimer selon sa sensibilité, sa culture, ses espoirs.

Ce livre contient donc un certain nombre d'explications scientifiques, le plus possible débarrassées du jargon et de l'habillage techniques, afin de permettre à chacun de comprendre et situer les problèmes posés.

Je n'ai pourtant pas cherché que cela. Les phénomènes naturels (ou non) perturbés (ou induits) par l'homme sont nombreux. Si nombreux qu'ils sont étudiés par des communautés scientifiques différentes, qui souvent s'ignorent. Chacune perçoit son problème comme fondamental et prioritaire. Non par simple égoïsme, mais parce qu'elle en est très sincèrement convaincue. Ainsi, chacune prévient des dangers potentiels existant dans sa sphère de compétence avec plus ou moins de vigueur et de retentissement selon le nombre de scientifiques concernés.

Or il faut choisir. Mieux : il faut classer.

Si la planète est virtuellement menacée par un certain nombre de risques, il n'est pas certain que tous soient également dangereux, et il n'est pas davantage évident qu'ils revêtent tous le même caractère d'urgence. Or, pour des raisons évidentes, notamment d'ordre économique, il n'est pas possible d'intervenir tout de suite sur tous les fronts. Il est donc essentiel de choisir. Avec un système complexe comme la Terre, plusieurs écueils sont à éviter dans la procédure de choix.

Le premier consiste à ne s'occuper que des questions défendues par ceux qui sont les plus actifs à mobiliser et à sensibiliser. Dans un monde de plus en plus médiatisé, où l'amplification d'une nouvelle peut avoir des effets assez imprévisibles, il y a là un risque non négligeable.

Le second consiste à ne s'occuper d'un problème que parce qu'on le comprend mieux que d'autres. C'est la fameuse parabole mettant en scène un homme qui a perdu ses clefs et qui va les chercher sous un réverbère, là où il fait clair.

Si ces recommandations sont simples à énoncer, elles sont beaucoup plus floues et délicates à mettre en œuvre quand on souhaite formuler une logique cohérente de la décision. C'est pourtant là une nécessité.

Je tenterai donc de fournir certaines bases de décision et de dégager une méthode destinée à hiérarchiser les problèmes qui nous assaillent.

Enfin — et l'on voudra bien excuser mon subjectivisme — j'apporterai, sur ce problème et sur d'autres, mon propre point de vue. Rester prudemment à l'écart des débats souvent confus qui s'engagent autour des diagnostics et des décisions serait donner par avance raison aux vainqueurs. Ce n'est pas ma conception de la démocratie. La position du scientifique juché au haut de la colline et contemplant d'un regard hautain, critique et réprobateur, la mêlée qui se déroule en bas dans la plaine, n'est pas seulement contraire à l'idée que je me fais du rôle du savant en démocratie. Elle serait à certains égards criminelle.

Le sort de la planète se joue actuellement, la survie de l'espèce humaine est en cause, la qualité de vie de nos enfants et de nos petits-enfants dépendra à coup sûr des décisions qui seront prises aujourd'hui. Le désir de préserver sa « pureté » scientifique, de ne pas prendre le risque de se tromper, de ne pas se laisser entraîner dans des débats nécessairement publics, tantôt violents, parfois déplaisants, sur des terrains peu familiers aux scientifiques, peut-il tenir lieu d'excuse pour ne pas dire ce que l'on sait ni ce que l'on croit ?

Ceux qui ont appris, qui ont découvert quelques clefs des phénomènes terrestres grâce à l'aide financière de la société, ont-ils le droit de se tenir à l'écart quand cette même société a besoin d'eux pour y voir clair ?

2

Pollutions

Clair Patterson est mon ami depuis plus de vingt ans. Chercheur au California Institute of Technology de Pasadena, il est l'homme qui a « découvert » la pollution, ou plus exactement qui a mis scientifiquement en évidence les dangers que l'homme fait courir à la planète, en se fondant sur l'exemple d'un seul élément chimique : le plomb. Ce fut la première étude à montrer la réalité de la montée des périls ; son rôle de catalyseur dans la prise de conscience de ces dangers a été considérable. Certes, d'autres esprits les avaient évoqués d'une manière vague ou théorique, mais Patterson est à ma connaissance le premier à en avoir démontré la progression. Sa démarche présente donc un immense intérêt historique. Elle révèle en outre les difficultés, mais aussi les incertitudes, les erreurs rencontrées dans ce type d'études, à la fois sur le plan scientifique, psychologique et sociologique. Ces péripéties jalonnent une véritable aventure.

Le plomb, élément magique

Le plomb est un élément chimique que tout le monde connaît bien. Comme il est malléable et résistant, il est très utilisé dans la technique des tuyaux et robinets à laquelle il a donné le nom de plomberie.

Il est connu et utilisé depuis l'Antiquité, notamment parce qu'on le trouve concentré en gisements sous forme de sulfure jaune brillant, minerai auquel on a donné le nom de galène et à partir duquel on extrait facilement le métal.

Pourtant, ce n'est pas pour cette raison que, dans les années 1950, Patterson s'intéressa à l'élément naturel Plomb. Il voulait utiliser cet élément — ou plus précisément sa composition isotopique — pour déterminer l'âge de la Terre !

Le plomb naturel est un mélange de quatre espèces isotopiques de masse 204, 206, 207, 208. Parmi ces quatre isotopes, les trois plus lourds ont des abondances relatives variables. Ces variations sont dues au fait qu'ils sont les produits ultimes stables de trois isotopes radioactifs de longue période, l' +Uranium 238, l' -Uranium 235 et le Thorium 232. A partir de cette constatation, il est possible, à l'aide de la mesure de l'abondance relative des isotopes du plomb contenus dans une roche ou un minéral, de bâtir un chronomètre géologique qui permet de déterminer l'âge de cette roche ou de ce minéral.

Patterson a cherché à appliquer ce principe général pour déterminer l'âge de la Terre. Pour cela, il a mesuré la composition isotopique du plomb contenu dans quelques météorites (les roches qui tombent du ciel) et quelques roches terrestres bien choisies.

Cette recherche dont les finalités étaient particulièrement exaltantes, Patterson n'a pu la mener à bien que grâce à un développement technique essentiel : l'analyse isotopique du plomb contenu en très faible quantité dans les roches communes.

En effet, si le plomb se concentre parfois en gisements exploitables de minerai parfaitement identifiable, il est en général présent dans les roches à l'état d'impuretés dont l'abondance se mesure en parties par million (p.p.m.), autrement dit en grammes de plomb par tonne de roche. Pour mesurer la composition isotopique du plomb contenu dans une roche, il faut donc d'abord l'isoler chimiquement de tous les autres composés mille fois ou dix mille fois plus abondants que lui, comme le silicium, le calcium ou l'aluminium. Il faut ensuite mesurer sa composition isotopique au spectromètre de masse, appareil compliqué qui est une sorte de balance pour atomes. Pour ce faire, Patterson mit au point toute une série de techniques de microchimie destinées à isoler le plomb contenu dans les roches. Au cours de cet exercice, il se heurta à une difficulté expérimentale de taille : les réactifs chimiques, notamment les acides, mais aussi l'eau, qu'il devait manipuler durant ces opérations délicates, contenaient plus de plomb que les roches à étudier ! Sans précautions spéciales, l'analyse ne concernait donc plus la roche, mais l'eau et les réactifs d'expérience. Celle-ci était dépourvue de valeur scientifique.

Pour éviter cet écueil, Patterson développa toute une série de procédures au cours desquelles il purifia les réactifs chimiques jusqu'à ce qu'ils ne contiennent plus de plomb. Il constata alors avec déplaisir que ces opérations n'étaient pas suffisantes, que la simple manipulation des réactifs purifiés dans l'atmosphère ordinaire de son laboratoire suffisait à perturber ses mesures. Il lui fallut se rendre à l'évidence : l'air de la banlieue de Los Angeles, où il effectuait ses manipulations, contenait beaucoup de plomb, et ce plomb se mobilisait rapidement dans ses réactifs. Désireux de surmonter cette nouvelle difficulté, il construisit un laboratoire spécial dans lequel l'air était spécialement filtré, purifié, où l'on ne pénétrait qu'après maintes précautions draconiennes, revêtu d'un équipement spécial (masque, chaussures, combinaison, etc.). Le laboratoire de Patterson ressemblait plus à une salle d'opération chirurgicale qu'à un laboratoire de chimie ordinaire !

Ce n'est qu'à ce prix qu'il put réaliser la mesure qui allait le rendre célèbre pour toujours : déterminer l'âge de la Terre — 4,55 milliards d'années !

Quand on réalise la performance chimique accomplie pour obtenir ce résultat, on ne peut s'étonner que, pendant plusieurs années, Patterson ait été le seul à pouvoir procéder à ce genre de mesures, le seul capable de maîtriser ces techniques de chimie ultrapropre en « salle blanche » où il fallait non seulement manipuler des réactifs, mais les préparer et les purifier soi-même.

Tout en poursuivant ses recherches sur les roches terrestres, il se mit à réfléchir sur les causes ultimes de ses difficultés analytiques. Comment se faisait-il que l'on trouvât du plomb absolument partout en quantité gênante : dans l'eau, dans l'air, dans les réactifs chimiques ? Était-ce une caractéristique de la zone urbaine de Los Angeles ? Était-ce général ?

Patterson ne tarda pas à comprendre que l'origine de ce plomb résidait dans l'essence dont l'un des composants (plomb tétraméthyl) est utilisé comme antidétonant. Le plomb, étant volatil, est évacué avec les gaz d'échappement et finit donc son périple dans l'atmosphère. L'agglomération de Los Angeles étant la région du monde où circulent le plus grand nombre de véhicules au kilomètre carré, il n'était pas surprenant que son air fût lourdement plombé. La pollution par le plomb allait de pair avec la pollution par les carburants. A l'inverse, les teneurs en plomb pouvaient être utilisées pour mesurer la densité du trafic automobile.

A la recherche du plomb industriel

Patterson décida donc d'étudier la répartition du plomb d'origine humaine à l'échelle de la planète. Los Angeles était-elle une exception ou un cas exemplaire ?

Il choisit d'abord de mesurer la présence de plomb dans l'océan. Ce choix était avisé. L'océan est un réservoir naturel qui échange continuellement de la matière avec l'atmosphère, soit qu'il évapore de la vapeur d'eau ou des gaz dissous, soit qu'il dissolve des parties de l'atmosphère ou reçoive les précipitations qui en dérivent sous forme de pluies ou de poussières. Sa composition chimique est donc influencée par celle de l'atmosphère. De plus, les courants marins, les vagues, les tempêtes tendent à mélanger les diverses masses d'eau qui le composent, notamment à la surface, si bien que la mesure de quelques échantillons renseigne fidèlement sur un assez grand volume. Appliquée au problème du plomb, l'idée était de mesurer des échantillons d'océan à proximité des villes polluées, et d'autres prélevés loin des côtes, afin de comparer leurs teneurs en plomb.

Les premiers résultats obtenus par Patterson confirmèrent pleinement ses suppositions. Les échantillons d'eau de surface prélevés près de la côte de Los Angeles montrèrent des teneurs en plomb dix fois supérieures à celles des échantillons prélevés au large.

Encouragé par ce premier résultat, Patterson décida de poursuivre plus avant ses investigations. Pour cela, il entreprit de déterminer la teneur en plomb de l'eau de mer en fonction de la profondeur des prélèvements. Cette idée peut paraître bizarre au profane, mais non au spécialiste. Ce dernier sait en effet que la concentration des divers éléments chimiques varie dans l'océan avec la profondeur. Ces variations sont dues à divers facteurs dont l'influence globale peut être résumée comme suit. La surface de l'océan est soumise à l'évaporation et surtout aux influences exercées par les organismes qui y vivent, y respirent, y absorbent le gaz carbonique par photosynthèse, y assimilent des éléments pour se nourrir, etc. ; à l'inverse, les profondeurs sont moins perturbées par la vie, mais échangent de la matière avec les fonds, qu'il s'agisse des fonds couverts de sédiments ou de ceux créés par l'activité volcanique sous-marine. La chimie de l'eau est affectée par ces échanges. Or les mélanges verticaux — entre eau profonde et eau de surface — sont difficiles et localisés dans certaines régions bien précises du globe. De ce fait, la distribution des éléments chimiques au gré de la profondeur peut être décrite par une structure en trois couches : la couche de surface, la couche de profondeur, et, entre les deux, la couche de transition. Parmi les profils de répartition chimique mesurés, il en est un qui intéressa particulièrement Patterson, celui du baryum. Le baryum est un élément chimique qui ressemble par beaucoup d'aspects au plomb, et l'on peut donc penser que le comportement du plomb naturel suivra peu ou prou le sien.

Le profil du baryum dans l'eau de mer montre de faibles teneurs en surface, puis un accroissement rapide en fonction de la profondeur, pour atteindre une valeur à peu près constante à partir de mille mètres.

Patterson s'attendait naturellement à trouver une répartition différente pour le plomb. Ce fut effectivement le cas, mais avec une amplitude et une généralité qui le surprirent. Le plomb est enrichi vers la surface, et sa teneur décroît avec la profondeur. Cet enrichissement est beaucoup plus grand à proximité des côtes californiennes qu'au large, mais, au large, le profil est qualitativement le même : enrichissement en surface, décroissance vers le bas. L'inverse du baryum ! La généralité du phénomène convainquit Patterson que la pollution par le plomb d'origine humaine, en particulier par le plomb contenu dans l'essence, s'étendait à toute l'atmosphère et, par là même, à l'ensemble de l'océan. Le phénomène détecté dans la banlieue à Los Angeles avait bien, comme il le suspectait, une importance planétaire. Los Angeles n'était que l'amplification locale d'un phénomène général. Le plomb anthropogénique contaminait la Terre entière. L'activité humaine était source de pollution. Le pétrole en était l'agent et le symbole.

Patterson décida de concentrer ses efforts sur ce problème, abandonna ses études purement géologiques et chercha à parfaire sa démonstration par des observations complémentaires, afin de mieux comprendre le phénomène et d'en apprécier l'extension.

Les glaciers, mémoire de l'histoire de l'atmosphère

Pour ce faire, il s'intéressa alors à la glace et devint glaciologue. Pourquoi, après l'océan, les glaciers ? Tout simplement parce que les glaciers polaires sont la mémoire de l'atmosphère. Les fines couches de glace qui se forment année après année, s'empilant les unes au-dessus des autres, constituent autant d'enregistrements de la composition de l'atmosphère. Lorsqu'on effectue un forage dans la gigantesque calotte glaciaire du Groenland ou de l'Antarctique, on prélève une carotte cylindrique de 100, 500 ou 1 000 mètres de long. Cette carotte est finement striée ; chaque couche de 1 à 5 cm représente une année. En comptant les couches comme on numérote les pages d'un livre, on détermine les années du calendrier. En analysant ces couches une à une, on a un enregistrement de la composition chimique de la neige qui est tombée ces années-là. L'idée de Patterson était simple : analyser la teneur en plomb des couches de glace en remontant le temps pour examiner l'évolution de la teneur en plomb de l'atmosphère dans le passé.

Si l'idée paraît élémentaire, sa réalisation représente une formidable performance analytique. Pour analyser le plomb contenu dans l'océan, Patterson avait déjà dû augmenter ses capacités analytiques d'un facteur dix. Pour analyser les glaces du Groenland, il devait les augmenter d'un autre facteur dix, autrement dit être capable de purifier les réactifs chimiques utilisés au-delà de tout ce que permettait alors l'industrie chimique. Il lui fallait travailler dans une atmosphère encore plus pure, pouvoir mesurer des échantillons encore plus petits, bref, au terme de mois d'un labeur acharné, grâce à son ingéniosité, sa rigueur et sa ténacité, régler des dizaines de problèmes techniques que nul n'avait jamais encore résolus ni même soupçonnés.

Grâce à ce travail, Patterson est venu à bout de tous ces obstacles et a pu réaliser son projet : étudier la variation des teneurs en plomb des neiges polaires en fonction du temps. Le résultat, très spectaculaire, valait bien les efforts consentis.

Avant l'époque de l'expansion industrielle, c'est-à-dire avant 1870, la teneur en plomb des glaces polaires est négligeable, sauf durant une brève période correspondant à l'apogée de l'Empire romain.

A partir de 1870, la teneur en plomb augmente continuellement, mais cette augmentation s'accélère à partir de 1930, c'est-à-dire à partir de l'utilisation intensive du pétrole. Entre les teneurs naturelles et les teneurs actuelles, Patterson établit qu'il existe un facteur supérieur à 100. Cette courbe d'évolution corrobore les idées que Patterson s'était forgées à partir de l'étude de l'océan. L'exploration historique vient donc conforter l'exploration géographique. L'augmentation du plomb est bien due à l'activité indus-

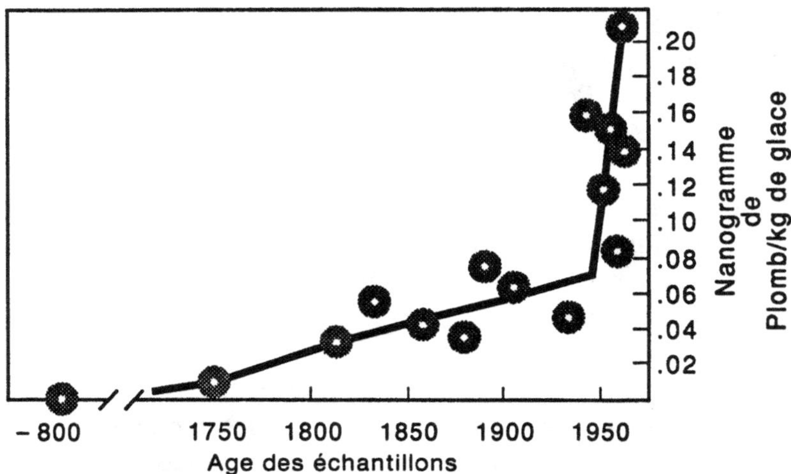

FIG. 1. — Variation de la teneur en plomb des glaces du Groenland en fonction de l'âge.

trielle de l'homme. D'abord au charbon, puis au pétrole. La teneur en plomb de l'atmosphère stockée dans la mémoire des glaces polaires a augmenté au même rythme que l'augmentation de l'activité industrielle. L'homme pollue bien l'atmosphère en plomb. Après la période charbonnière, le phénomène a été relayé et amplifié avec la période pétrolière.

Cette courbe établie par Patterson a été confirmée plus récemment par Bruno Hamelin, de l'université de Marseille, grâce à l'étude des coraux. Comme les glaciers, les coraux ont des couches annuelles de croissance. Ces couches, faites de calcaire, emprisonnent les impuretés de l'eau de mer. L'analyse couche par couche permet de disposer d'un enregistrement de l'état chimique de l'océan.

Grâce à une analyse plus fine que celle de Patterson, notamment par la détermination des compositions isotopiques, Bruno Hamelin a pu clairement mettre en évidence les divers épisodes de la croissance industrielle du plomb et relier en particulier sa courbe d'évolution avec les fluctuations de l'activité pétrolière. L'hypothèse de Patterson semble donc bien vérifiée.

Pourtant, un petit détail continuait d'intriguer Patterson : la légère augmentation de la teneur en plomb du temps des Romains. Comment l'expliquer ? Y avait-il eu une période industrielle romaine ? Sur ces entrefaites, Patterson tombe par hasard sur un livre d'histoire romaine ; son auteur soutient la thèse que la période de déclin de l'Empire romain a coïncidé avec un usage excessif de la vaisselle et des coupes en terre cuite et en argent. Ces matériaux étant riches en plomb soluble (argent et plomb sont deux métaux associés dans les mêmes gisements), les breuvages absorbés dans de tels récipients contenaient des quantités élevées de plomb. Or, à hautes doses, le plomb est toxique et induit une maladie appelée *saturnisme*, qui conduit à la déchéance et à la mort.

Patterson se convertit rapidement à cette théorie. En quelques mois, à force d'interviews de médecins et de lectures savantes, il devient un véritable expert en saturnisme. Il devient aussi un fin connaisseur des comportements des empereurs romains, et, mettant en parallèle les uns et les autres, il soutient l'idée que la décadence de l'Empire romain est due à l'intoxication par le plomb de ses classes dirigeantes par abus du vin servi dans des coupes ou récipients en argent et en terre cuite. Je me souviens fort bien de l'époque où il nous décrivait par le menu les attitudes des Vespasien, Caligula et autres despotes, s'efforçant de nous montrer combien elles correspondaient exactement aux symptômes du saturnisme. La fin de l'Empire romain serait-elle donc due à un excès de plomb ? A l'aide d'une étude indirecte sur le taux de renouvellement de la monnaie courante (frappée à l'époque en argent), Patterson évalua la quantité d'argent utilisée par les Romains, dont il déduisit la quantité de plomb produite à l'époque. Ces résultats confirmèrent qu'ils produisaient en effet beaucoup de plomb, qu'ils séparaient de l'argent par une technique dite de coupellation. Cette technique impliquant une fusion du minerai, on comprend que le plomb volatil passait partiellement dans l'atmosphère, provoquant l'anomalie que Patterson avait relevée sur sa courbe. De là à conclure que le déclin de l'Empire romain était dû à un excès de plomb, il y a là une audacieuse liaison causale dont nous laissons la pleine responsabilité à Patterson !

Quoi qu'il en soit, c'est cette idée qui convainquit Patterson que nous sommes menacés à notre tour, comme les Romains, d'une intoxication au plomb. Pour ce qui nous concerne, ce n'est pas la consommation de vin servi dans des vases d'argent ou de terre cuite qui en est la cause, mais l'inhalation du plomb tétrathyl contenu dans l'essence !

On sera peut-être surpris par la rapidité de déduction, l'audace d'extrapolation de Patterson, mais il faut se souvenir que nombre de grandes découvertes ont été effectuées grâce à des motivations intimes encore plus ténues. Einstein reconnut un jour avoir travaillé sur l'effet photo-électrique dans l'idée que Newton ne pouvait s'être trompé et que, d'une manière ou d'une autre, la lumière devait être corpusculaire. Toujours est-il que Patterson s'engagea alors dans une véritable croisade contre la toxicité du plomb et ses dangers pour les êtres humains. En dépit du caractère excessif, parfois extravagant, toujours sympathique du personnage, quelles qu'aient été ses outrances verbales, ses diatribes parfois proches du fanatisme, force est de reconnaître qu'il avait vu clair avant les autres.

Quand on sait que, vingt ans plus tard, ce combat s'est terminé par la mise au point de l'essence sans plomb et par l'interdiction progressive du plomb dans l'essence, on reconnaîtra quelque mérite à ce chercheur qu'il faut bien classer parmi les pionniers. Pourtant, l'histoire n'est pas terminée...

Toxicologie du plomb : les péripéties

La toxicologie exacte d'un élément chimique est difficile à établir. Certes, les excès ou les déficits de tel ou tel élément provoquent des maladies bien identifiées. C'est le cas du développement des goîtres sous l'effet d'un déficit en iode, ou celui du saturnisme par suite des excès de plomb, mais l'influence sur la santé de ces mêmes éléments à petites doses est beaucoup plus malaisée à appréhender, voire à détecter.

En ce domaine, comme c'est souvent le cas dans la nature, les effets ne sont pas proportionnels aux causes. Au-dessous d'une certaine dose, la présence de plomb dans le corps humain semble n'avoir aucune incidence ; on ne peut même exclure qu'il soit bénéfique. Au-dessus d'un certain seuil, en revanche, il devient néfaste. A partir de là, ses effets peuvent être progressifs ou soudains, avec des paliers successifs. Certains éléments s'accumulent dans le corps humain et des doses d'absorption minimes, mais ingérées continûment, finissent par devenir toxiques avec le temps. D'autres, au contraire, sont éliminés sur-le-champ et, pour agir, doivent être absorbés instantanément au-dessus de leur seuil d'action.

Ajoutons que leur action peut être multiple. Elle peut être *létale*, ou seulement *maladive*, l'une faisant généralement suite à l'autre. L'élément toxique ne « tue » pas, il affaiblit l'organisme et diminue ses défenses immunitaires. Bref, le comportement physiologique des éléments chimiques revêt une grande complexité.

Ce n'est que lorsqu'on a compris exactement ce mode d'action à l'échelle moléculaire que l'on peut édicter des règles sûres fondées sur une base scientifique établie. Mais, avant d'en arriver là, il convient de définir la toxicité de l'élément. Cela se fait généralement en utilisant des méthodes statistiques soit globales, soit locales. On choisit un groupe d'individus. On mesure par exemple les teneurs en plomb dissous dans leur sang. On étudie séparément les symptômes cliniques et on vérifie s'il existe une corrélation entre les deux paramètres ainsi mesurés. Une corrélation ne constitue en aucun cas une preuve de relation de cause à effet, mais si elle se répète dans des circonstances variées, il est alors normal de penser qu'il y a là « quelque chose » à approfondir.

Sous la pression de Patterson, le département américain de la Santé entreprit une série d'études mettant en regard la teneur en plomb des divers environnements des États-

Unis et les pourcentages des diverses maladies répertoriées. On y procéda en distinguant entre les diverses classes d'âge et les diverses classes sociales supposées représenter des habitudes sociologiques différentes tant en ce qui concerne la nourriture que le lieu de résidence ou l'hygiène.

Ce travail conduisit à la mise en évidence de quelques indices, mais considérés comme non concluants du point de vue statistique. Il en découlait que le plomb ingéré à faibles doses n'était pas toxique.

Une rude bataille s'engagea alors entre Patterson et le département de la Santé.

Patterson avait fait quelques études locales avec des médecins californiens et concluait qu'à faibles doses d'ingestion, le plomb était dangereux : il produisait des troubles nerveux, sanguins et urinaires. Le département de la Santé, s'appuyant sur une étude statistique beaucoup plus sophistiquée, aboutissait à un résultat contraire. D'où provenait cette opposition ?

Tout simplement des techniques analytiques employées. L'enquête faite par le département de la Santé mettait en œuvre des méthodes analytiques de routine, sans salles blanches, sans réactifs purifiés, etc. Les teneurs en plomb mesurées n'étaient pas celles contenues dans le sang des patients, mais celles des réactifs chimiques, des seringues ou des récipients utilisés ! Ces teneurs étaient naturellement très supérieures à celles qu'on cherchait à mesurer. D'où l'illusion des médecins qu'avec des teneurs assez élevées, il ne se produisait rien, et qu'*a fortiori*, rien ne risquait de se produire pour les teneurs annoncées par Patterson !

D'un autre côté, les études avancées par Patterson ne convainquaient personne, car elles étaient statistiquement insignifiantes. Elles étaient considérées comme anecdotiques.

Voilà un débat que l'on rencontrera souvent et qui n'a de cesse d'empoisonner les sciences de la Nature. D'un côté, l'idée que la statistique, la loi des grands nombres rachète tout, y compris la mauvaise qualité des mesures physiques ou chimiques. De l'autre, l'idée que la qualité dans l'analyse, dans l'examen de quelques cas, peut l'emporter sur toute analyse d'ensemble. Dans le cas présent, le département de la Santé des États-Unis avait scientifiquement tort. Il eut également tort de couper les crédits de recherche à Patterson, même si ce dernier utilisait à son endroit des épithètes que les règles de conduite d'un gentleman réprouvent, même si leur choix ne contrevenait aucunement à la rigueur scientifique ! Les médecins qui se solidarisèrent avec le département de la Santé et retardèrent l'élection de Patterson à l'académie nationale des Sciences pendant vingt ans avaient eux aussi grand tort !

La vérité scientifique finit toujours par triompher. Des études plus détaillées, combinant à la fois études statistiques et études cliniques, ont permis d'établir que le plomb est toxique même à faibles doses, en tout cas aux doses qui existaient dans l'environnement urbain des années 1970.

Ces études ont mis en évidence quelques faits de toute première importance :

Le plomb est ingéré de deux manières : un tiers par la respiration, deux tiers par les boissons et les aliments. Environ 90 % du plomb absorbé sont rejetés selon des délais variables, mais près de 5 % restent stockés, notamment dans les os. Notre corps est donc un véritable accumulateur de plomb. La teneur en plomb du sang augmente par équilibration avec les os. Ainsi, le plomb ingéré à faibles doses et accumulé au fil du temps cause des troubles mentaux et nerveux qui peuvent se révéler très graves, notamment chez les jeunes enfants. Une étude sérieuse menée à Baltimore a montré que ces effets étaient particulièrement nets parmi les enfants des ghettos utilisant des ustensiles peints avec des peintures au plomb. Effectué indépendamment de celui de Patterson, ce travail a commencé à se répandre dans les milieux médicaux, puis politiques, et c'est alors que l'on a commencé à parler également des effets nocifs du plomb contenu dans l'essence.

J'ignore comment ce mouvement s'est traduit aux États-Unis par l'adoption de lois prohibant le plomb dans l'essence. Je sais que le rôle de quelques sénateurs courageux et d'un Président responsable ont été décisifs. J'admire surtout la manière dont les législateurs américains ont su vaincre en l'occurrence les puissants lobbies de la construction automobile !

En France, pour des raisons prétendument industrielles, nous avons pris dix ans de retard. Les constructeurs français fabriquaient des voitures utilisant de l'essence sans plomb à l'intention des Allemands ou des Suisses, mais refusaient obstinément de le faire pour nous ! Attitude d'autant plus absurde que la vente de voitures n'a fait qu'augmenter, en Allemagne et en Suisse, après l'interdiction du plomb dans l'essence !

Pourtant, si, malgré ce retard, la France a enfin compris les dangers du plomb, il ne faudrait pas s'en tenir à celui qui est contenu dans l'essence.

Le plomb domestique est tout aussi dangereux. L'eau,

les aliments sont des vecteurs essentiels d'absorption du plomb. Les sources des deux plus grands dangers domestiques sont les peintures et la tuyauterie, donc l'eau.

Il n'est donc pas inutile de rappeler ici quelques conseils pratiques exprimés en termes scientifiques, mais simples à comprendre.

Naturellement, les tuyauteries en plomb sont à proscrire. Elles continuent d'exister dans les vieilles maisons, mais, paradoxalement, cela n'est pas trop grave. En effet, les dépôts de toutes sortes qui affectent ces canalisations forment un revêtement qui évite le contact eau-plomb. Les installations plus modernes sont parfois plus dangereuses. Les tuyaux n'y sont plus en plomb, mais les soudures ou les cuivres contiennent souvent du plomb facilement soluble.

L'idéal serait de contrôler les diverses variétés d'eau en mesurant leurs teneurs en plomb. C'est d'autant plus difficile que la présence de plomb dans l'eau se mesure en parties par milliard (donc en grammes par kilotonne) et nécessite donc des moyens d'analyse coûteux et sophistiqués ; on ne peut espérer que contrôler des équipements types.

En revanche, des études de cas permettent de formuler quelques directives simples. La première est de faire couler l'eau avant de l'utiliser pour les aliments. La stagnation de l'eau dans les tuyaux allonge le temps de réaction chimique et augmente donc sa teneur en plomb (et en tout autre métal toxique). La seconde consiste à ne pas utiliser l'eau chaude coulant des robinetteries pour préparer les aliments. La vitesse des réactions chimiques croissant exponentiellement avec la température, les eaux chaudes contiennent beaucoup plus de plomb que les eaux froides. En combinant les deux recommandations, on n'aura aucun mal à conclure que les eaux chaudes stagnant dans les tuyaux sont les plus nocives.

Du côté des peintures, le danger est surtout pour les enfants qui portent des jouets à leur bouche. Il faut éviter les jouets peints avec de la peinture au plomb, généralement de couleur blanche.

Le mercure

Après le plomb, c'est peut-être l'élément chimique dont la notoriété est la plus grande dans les problèmes d'environnement. Cette célébrité a débuté en 1950 dans la baie de Minamata, au Japon, lorsque des pêcheurs japonais et leur famille furent frappés par une maladie nerveuse jusqu'alors inconnue.

Les symptômes, simples et tragiques, suivaient la même séquence fatale : affaiblissement musculaire, perte progressive de la vision, paralysie, coma et mort. L'examen à l'autopsie révélait que les victimes avaient le cerveau sérieusement lésé au niveau même des cellules.

Alarmées par cette étrange « épidémie » qui ne frappait que les pêcheurs, les autorités japonaises eurent tôt fait de remarquer que les oiseaux de mer, mais aussi les chats domestiques, étaient atteints des mêmes symptômes, avec les mêmes effets. Le poisson était le dénominateur commun. Chaque population qui s'en nourrissait était atteinte. L'analyse des poissons révéla rapidement la cause du mal. Tous recelaient des teneurs élevées en mercure. Une enquête menée promptement par les autorités permit d'identifier le

« pollueur » : une usine traitant du mercure et qui relarguait ses effluents dans la mer.

Le fait divers japonais se reproduisit un peu partout dans le monde, soit par accident, soit par négligence industrielle. En Irak, au Guatemala, au Pakistan, en Suède, aux États-Unis, on signala des cas variant dans leurs détails, mais aux causes identiques. En moins de dix ans, les autorités médicales furent partout saisies du problème et sommées d'y répondre.

Le mercure est dans la nature un élément peu abondant. On dit que c'est un élément en « traces ». Dans les roches de surface, son abondance est estimée à environ une partie par million (1 ppm), autrement dit un gramme par tonne ! Dans les eaux, elle est d'un gramme par million de tonnes ! Il est si peu abondant que seules des méthodes d'analyse ultra-sensibles permettent de le détecter et de l'analyser.

Il est néanmoins plus abondant dans les êtres vivants, dont certains le concentrent d'un facteur 100, voire 1 000. Il est bien sûr encore plus abondant dans les mines de mercure où, associé au soufre, il donne ce minéral rouge vif qui a fait la fortune d'Almaden, en Espagne, et que l'on appelle le cinabre. En fait, les seules concentrations dangereuses pour l'homme proviennent de l'homme lui-même et de son activité, soit dans l'environnement des mines de mercure, soit, plus souvent, dans son utilisation industrielle.

La toxicité du mercure a été bien étudiée depuis lors, notamment la maladie que l'on désigne aujourd'hui du nom de Minamata.

Peu toxique à l'état métal (qui, rappelons-le, est liquide à la température ordinaire), il est extrêmement toxique à l'état de composé, notamment sous la forme de composés d'hydrocarbures (les $CH_3\,Hg^+$). Ces composés toxiques peuvent se former soit sous l'action de bactéries dans la nature, soit grâce à des réactions chimiques dans. le corps humain.

La toxicologie du mercure étant bien étudiée, l'origine de la pollution par le mercure bien identifiée, reste à aborder la question de la prévention.

Il faut sérieusement réglementer l'élimination des déchets industriels. C'est fait dans beaucoup de pays, mais cela requiert une vigilance constante. Il faut en outre réduire l'utilisation des colorants au mercure. L'abus de tapis rouges (colorés au mercure) est à proscrire ; celui des moquettes d'intérieur rouges est à surveiller. En revanche, l'utilisation du mercure à l'état d'amalgame, comme en dentisterie, semble sans danger.

Il convient enfin de laver soigneusement les poissons. Patterson (encore lui) a découvert que le mucus qui entoure les poissons concentre tous les métaux, le plomb comme le mercure. Un lavage avec une brosse fait tomber la teneur en mercure d'un facteur 100.

Cela dit, en l'état actuel des choses et de la législation, les cas d'intoxication par le mercure devraient rester limités. Il ne faut certes pas relâcher la vigilance, les contrôles, ni la fermeté. Mais, en dehors des risques d'accidents particuliers, il n'y a pas lieu de s'alarmer exagérément.

Économiser la planète

Les études systématiques et la naissance
de la géochimie médicale

A partir des études effectuées sur ces deux métaux par des voies totalement différentes — l'une comme produit latéral d'une recherche individuelle, l'autre à la suite d'une « épidémie » locale ; l'une résultant d'une intuition individuelle, l'autre d'une alerte sociétale —, il était normal que l'on en vînt à s'interroger sur la nécessité d'une approche plus systématique du problème de la toxicité des métaux. Il y a 92 éléments chimiques, il existe des milliers de composés courants : ne faut-il pas examiner cas par cas leurs potentialités toxiques ? D'autant plus que les statistiques médicales invitent à se pencher sur l'influence de l'environnement sur telle ou telle maladie. Lorsqu'on constate que dans tous les pays industrialisés, les cancers des voies respiratoires augmentent beaucoup plus vite que ceux des voies digestives, on peut légitimement se demander s'il ne faut pas y voir l'effet de l'inhalation d'un air de plus en plus vicié. Lorsqu'on examine les statistiques de l'Organisation mondiale de la Santé et qu'on constate que les cancers du côlon sont beaucoup moins fréquents au Japon (3 cas sur 100 000) qu'aux États-Unis ou au Danemark (14 cas sur 100 000) ; que, en revanche, les cancers rectaux rassemblent Japon et Etats-Unis au milieu du tableau (5 cas sur 100 000) ; que, pour l'ensemble du système digestif, la constellation Danemark - Grande-Bretagne - Belgique - Canada - Finlande présente les plus hauts risques, alors que le Chili, Israël ou le Portugal paraissent courir les plus faibles —, on peut se demander si ces résultats ne doivent pas être mis en relation avec des qualités différentes d'environnement, donc avec la toxicité de certains métaux ou composés absorbés à doses variables au gré des différences de développement industriel ou agro-alimentaire de ces pays.

Les autorités scientifiques américaines ont entrepris au milieu des années 1970 une série d'études destinées à mettre en évidence ces relations de causalité à l'aide d'enquêtes statistiques globales. L'idée était de réaliser une véritable cartographie médicale des divers types de grandes maladies, puis, à partir de ces cartes et des teneurs en éléments relevées dans les atmosphères, les sols, les eaux des divers sites, de chercher à repérer des corrélations soit globales, soit locales.

De telles études sont très difficiles à réaliser de manière profitable, car on y est confronté à des choix difficiles. Si l'on agrège les données médicales, on parle de n'importe quoi. Si on se met à les détailler, on ne dispose plus d'assez de cas.

Ainsi, chercher à savoir si tel élément chimique provoque le cancer revient à postuler qu'il y a une causalité unique à cette maladie, alors que beaucoup de médecins défendent l'idée d'une typologie multiple. A l'inverse, opérer une étude statistique sur les cancers du côlon, du rectum, etc., conduit à accumuler une masse de données médicales, mais avec un faible nombre d'analyses géochimiques fiables sur les eaux, l'atmosphère, les aliments, etc.

Ces analyses géochimiques, sur quoi faut-il d'ailleurs les faire ? Sur les eaux de boisson ? Sur les aliments ? Mais, avec le développement des transports alimentaires, les unes et les autres ont des origines géographiques si variées que la notion de paramètre local n'a plus de sens. Sur l'atmosphère ? Le lien géographique est plus sûr, mais c'est postuler que l'absorption par les voies respiratoires est signifiante.

A cela s'ajoute encore une qualité analytique douteuse dès que l'on se met à rechercher à tout prix les trop grands nombres, comme on l'a vu dans le cas du plomb ; c'est encore plus vrai à cause de la nature des composés chimiques sous lesquels l'élément est présent, paramètre néanmoins essentiel, comme on l'a vu dans le cas du mercure.

Pour ma part, je ne suis pas étonné si ce travail n'a donné que peu de résultats concluants. Cette méthode systématique, aveugle, a rarement fourni, dans toute l'histoire scientifique, d'importants résultats. Elle est logique, pétrie de bon sens, et pourtant elle ne donne rien ! François Jacob, en biologie, a justement fustigé cette approche. Pour ce qui concerne les systèmes naturels complexes, je me sens autorisé à faire de même. La démarche scientifique dans les sciences de la Nature, dont le but est de découvrir des déterminants simples sous l'apparence complexe des faits, procède plus de l'étude de cas choisis, à paramètres réduits, où alternent modèles théoriques et expériences (ou observations), que de ce genre d'études où l'on espère voir la vérité sortir toute seule de corrélations multiples. Si ces études systématiques ne sont jamais totalement improductives, leur rapport qualité/prix reste des plus médiocre.

Revenons néanmoins sur ces études menées aux États-Unis et cherchons malgré tout à cerner leurs quelques résultats positifs.

La corrélation la plus nette que j'y ai trouvée est celle qui lie le taux de cancers du tube digestif à la consommation de bière ! Le détail des composants de ce breuvage n'étant pas abordé, il serait intéressant de traiter cet aspect en complétant l'étude par d'autres faits puisés dans les pays à forte consommation de bière, mais où elle est préparée de manière différente ; l'Australie, le Mexique et la Chine me paraissent de bons candidats.

Hormis cette corrélation que l'on aurait intérêt à approfondir, mais qui relève strictement du domaine médical, deux indices paraissent intéressants. Ils concernent le cadmium et le selenium. Tous deux impliquent le cancer.

La concentration en cadmium dans le sang semble corrélée positivement avec le taux de cancers mortels gastro-intestinaux. Des études faites sur des rats en laboratoire ont paru confirmer cette relation de cause à effet.

Le cas du selenium mérite davantage attention. Le point de départ est ici différent : une recherche clinique a semblé montrer que si l'on ajoute un peu de selenium (élément voisin du soufre, mais plus rare) aux aliments absorbés, le développement de cancers de divers types — aussi bien de la peau, du tube digestif que du foie — est réduit. Une étude faite dans divers États d'Amérique du Nord sur les teneurs des sols et des eaux en selenium a confirmé cette hypothèse. On a d'abord établi une relation entre la teneur en selenium des eaux et des sols et celle du sang des hommes et des femmes habitant l'État. Puis on a relevé le fait que les États où le selenium est le plus abondant (Colorado, Kansas, Nebraska, Dakota, Wyoming) sont ceux où l'on note le plus faible taux de cancers. Naturellement, on peut aussi avancer que ce sont des États où l'activité industrielle est faible, où l'air frais des Rocheuses est le meilleur, que la cause de la raréfaction des cancers n'est donc pas le selenium. Mais cette étude, confortée par les expériences faites sur les rats, reste sans doute à approfondir.

Certes, une étude établit une corrélation entre le cuivre et les cancers de l'intestin. Une autre, entre les crises cardiaques et la teneur en chrome de l'air. Mais certaines études les contredisent ; d'autres encore soulignent leur caractère non représentatif. Bref, rien n'est encore concluant.

Pourtant, il faut se rendre à l'évidence : on n'arrête pas ce type d'études. D'une part, elles paraissent logiques et sont bien comprises par tous ceux qui n'entendent rien à la recherche, mais qui souvent en décident ou l'administrent. D'autre part, l'essor des ordinateurs et des méthodes d'analyse automatique vient renforcer le point de vue de ceux qui souhaitent voir multiplier de telles enquêtes. Mieux vaut donc les orienter que les combattre.

L'idée consiste, à partir de quelques observations simples, à les approfondir ou à les relayer par des études de cas utiles. Dans le genre, l'étude sur le selenium doit être poursuivie.

Énumérons-en quelques autres.

Le lien entre le lithium et les maladies dépressives est désormais bien connu. L'étude de populations isolées vivant dans des régions aux sols et aux eaux à haute teneur en lithium constituerait une étape importante. Les îles indonésiennes au volcanisme andésitique semblent *a priori* des cibles privilégiées.

La précipitation de carbonate de calcium dans le circuit sanguin est à l'origine de maladies cardiaques mortelles. L'étude des mécanismes de précipitation du carbonate de calcium dans l'eau de mer (dont la composition, rappelons-le, est voisine de celle du sang humain) a mis en évidence le rôle d'inhibiteur du magnésium. Une manière de vérifier si ce mécanisme est transposable à l'homme serait d'étudier une région où les roches sont riches en magnésium (Nouvelle-Calédonie, Corse du Nord) et d'y comptabiliser les maladies cardiaques par précipitations calciques, etc.

Il y a là tout un champ d'étude pour une géochimie médicale des populations humaines développées, qui peut nous apporter beaucoup. Naturellement, il faudra, dans ce cadre, comparer par exemple les populations soumises à l'environnement industriel et celles qui en sont plus isolées ; celles qui utilisent pesticides et engrais chimiques, et celles qui recourent à des méthodes plus primitives, etc.

Quand on parle de toxicité de produits ou d'éléments chimiques, il faut bien distinguer deux types de situations limites qui ne sont associées que par le nom du produit dangereux : la toxicité lente à basse teneur, la toxicité brutale à haute teneur.

Nous venons de voir que, pour la toxicité lente, la voie à emprunter est d'abord celle de la recherche scientifique, et qu'en dehors des quelques éléments que nous avons répertoriés, il n'y a pas lieu d'effrayer les populations par une propagande faisant croire à une menace diffuse, multiple et non identifiée. Le respect des législations sur le plomb, le mercure et l'arsenic me paraissent pour l'instant de bonnes garanties (nous laissons ici de côté les éléments radioactifs, sur lesquels nous reviendrons).

Nous reviendrons également sur les accidents et catastrophes liés à l'industrie chimique, qu'il s'agisse d'accidents d'usine, d'accidents de transport ou d'un stockage inadéquat de déchets. Cette question est totalement différente et relève plus de la législation et de la technologie que de la recherche scientifique.

Dans le domaine des risques continus, deux sources de dangers essentielles doivent être étroitement surveillées : les polluants agricoles et les polluants atmosphériques. L'utilisation intensive des engrais et pesticides a certes permis à l'agriculture moderne de multiplier par cinq ou dix les rendements à l'hectare, et il n'est pas douteux que si les risques de famine mondiale se sont (momentanément) éloignés, c'est sans doute grâce à leur emploi. Pourtant, les meilleurs spécialistes de ces questions invoquent désormais les dangers de telles pratiques pour l'homme. La toxicité des nitrates est aujourd'hui bien étudiée et bien prouvée. Celle du D.D.T. également. La toxicité d'un certain nombre de produits destinés à traiter fruits et légumes est aussi bien identifiée. Ces produits passent dans le circuit alimentaire soit par l'eau potable, soit par les aliments eux-mêmes. La réglementation se développe au fur et à mesure de la mise en évidence des risques. Les États-Unis ont en ce domaine une organisation plus efficace et une législation plus stricte que la nôtre.

Peut-être faut-il aller encore plus loin ? Peut-être faut-il revenir à une agriculture moins chimique ? L'académie des Sciences des États-Unis a récemment réuni un groupe de grands experts pour étudier ce problème. Leur rapport affirme qu'avec les progrès de la biologie moderne qui permettent de sélectionner les semences, de manipuler génétiquement les espèces, on peut obtenir des rendements agricoles élevés tout en réduisant l'usage des produits chimiques. Voilà une voie importante à creuser. Il y a là matière à un travail de coopération entre toxicologues, agronomes et généticiens capables de prendre en compte de multiples paramètres sans pour autant prôner le retour à l'ère de la cueillette !

La seconde source de préoccupation concerne l'atmosphère des villes. Chacun suspecte son influence néfaste sur la santé des enfants et des adultes, chacun est convaincu de la nécessité d'améliorer la situation actuelle. Toutes les statistiques sur les maladies pulmonaires indiquent en effet de forts taux d'accroissement. Pourtant, en ce qui concerne l'Europe, on ne voit pas encore se dessiner de stratégie claire.

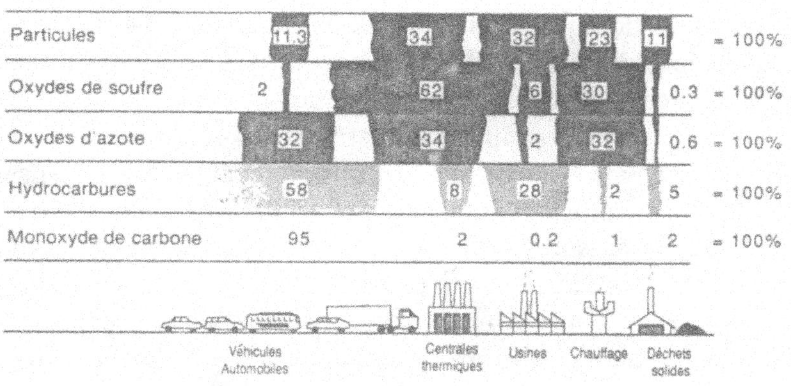

FIG. 2. — Schéma montrant l'origine des divers composants « polluants » de l'atmosphère terrestre.

Cherchons à dégager quelques lignes de réflexion qui pourraient guider une telle action. Il convient de distinguer dans l'atmosphère deux types de composants : les gaz et les aérosols, autrement dit les poussières.

Dans les villes, les poussières sont de dix mille à cent

mille fois plus abondantes que dans les campagnes. Lorsque ces poussières sont de taille supérieure à 20 microns, elles sont arrêtées à l'orée du système respiratoire et généralement expectorées. Au-dessous de cette dimension, elles sont inhalées dans les poumons. Leur action est multiple : elle peuvent irriter ou blesser les alvéoles pulmonaires et provoquer à la longue des lésions graves ; elles peuvent aussi agir chimiquement en se dissolvant dans le sang et en injectant dans le système circulatoire les composés qu'elles portent.

L'origine de ces poussières est diverse. Les deux grandes sources sont l'incinération à l'air libre et les voitures (en particulier lorsque l'huile brûlée est mélangée à l'essence). Dans les villes du sud des États-Unis, on a réduit leur abondance par des mesures pratiques : interdiction des feux, filtration des engins industriels et automobiles.

La seconde source de pollution urbaine est gazeuse. Divers gaz empoisonnent l'air des villes. Citons-en quatre : le bioxyde de soufre (SO_2), l'oxyde nitreux (NO), l'oxyde de carbone (CO) et l'ozone (O_3) (sans oublier le plomb, bien sûr). Tous sont extrêmement toxiques pour les humains, bien qu'on ne connaisse que de manière très imprécise les seuils de tolérance. Le SO_2 est souvent d'origine industrielle ; la présence des trois autres met en cause l'automobile. Dans le premier mètre à partir du sol, les proportions de ces gaz sont très élevées dans les grandes villes. C'est à ce niveau que respirent les enfants en bas âge.

Portez vos enfants dans vos bras, ils se porteront mieux ! Pas de poussettes basses, des landaus ! Voilà un conseil pratique directement issu de l'observation et que chacun peut appliquer.

L'ozone est surtout abondant dans les villes ensoleillées du Sud à fort trafic automobile. A Los Angeles, par exemple, la teneur en ozone de l'air est parfois de 10 à 20 fois supérieure à ce qu'elle est dans une ville comme Montréal. Cet ozone est fabriqué à partir de l'oxyde d'azote (N_2O) qui, soumis aux rayons solaires au sol, se dissocie, libère de l'oxygène libre qui réagit lui-même sur les produits organiques présents dans l'atmosphère.

Les oxydes d'azote et de carbone proviennent pour une grande part de la combustion incomplète des gaz d'échappement des voitures.

Le bioxyde de soude a des origines plus variées. Une partie vient des gaz d'échappement automobiles, mais une proportion beaucoup plus importante résulte de la combustion des charbons et est répandue par les cheminées d'incinération des usines.

A ce dualisme poussières-gaz, il conviendrait d'ajouter les processus d'interaction entre ces deux états. Ces processus favorisent la création de nouveaux composés ou la condensation de vapeurs, engendrant ces brouillards des villes dont le plus célèbre est le *smog* californien, mais dont on peut rencontrer des variantes plus noirâtres à Lagos ou à Mexico.

La question de la qualité de l'air des villes n'est pas du domaine de la recherche, ni même de la mise au point de procédés. Elle relève de la décision politique et des choix d'investissements. Les procédés de filtrage ou de catalyse permettant des combustions complètes existent. Encore faut-il les utiliser !

La première priorité consiste à mettre en chantier une législation obligeant les maires des grandes villes à installer des observatoires de la qualité de l'air qui mesureraient chaque jour les teneurs en poussières, en certains gaz toxiques et en plomb, et qui publieraient hebdomadairement les résultats. La seconde sera de fixer des normes admissibles pour tous ces produits. La troisième consistera enfin à prendre les mesures nécessaires. Parmi celles-ci, l'obligation d'équiper les voitures de pots catalytiques n'est qu'un premier pas.

Ce programme n'a rien d'utopique. Il est peu à peu mis en œuvre dans toutes les villes américaines et japonaises, et les résultats ne se sont pas fait attendre. La qualité de l'air s'y est nettement améliorée. Ces efforts se heurtent néanmoins toujours au même obstacle : *l'automobile*. Le *smog* de Los Angeles ou de San Francisco, comme celui de Tokyo, n'ont désormais plus qu'une seule source : les gaz d'échappement.

En résumé, on peut dire que ce chapitre a permis de distinguer trois cas. Le cas du plomb et du mercure, où les études scientifiques ont conduit à des résultats à tous égards spectaculaires. Le cas des études menées sur divers éléments chimiques selon une méthode systématique et logique, mais trop lourde et peu rigoureuse, qui n'ont donné que peu de résultats. Le cas des gaz polluants des villes : on en connaît les dangers, on dispose des technologies permettant de les contrôler, mais l'action achoppe sur des considérations économiques ou psychologiques dont l'automobile est le symbole.

3

L'ozone

L'air des villes est pollué, toxique ; des actions vigoureuses sont à entreprendre d'urgence pour remédier à cet état de fait. Mais, à l'échelle de la planète entière, divers indices nous font penser que l'atmosphère elle-même est en train de se transformer dans une direction catastrophique.

L'atmosphère terrestre est l'enveloppe gazeuse qui entoure la Terre et dont l'équilibre subtil, à la fois chimique et thermique, a permis le développement de la vie à sa surface. Cet équilibre est unique dans tout le système solaire. Aucune autre planète, aucun autre satellite n'a maintenu comme elle la température de sa surface aux environs de 25° ; aucune autre planète, aucun autre satellite n'a accumulé comme elle à sa surface l'eau et l'oxygène propres à la vie ni n'a réussi à arrêter les rayonnements ultraviolets qui décomposent si vite la matière vivante.

Ce subtil équilibre qui s'est établi il y a très longtemps — l'apparition de la vie date d'au moins 3,5 milliards d'années — et qui s'est maintenu à travers les âges géologiques, va-t-il être détruit ?

L'homme, produit le plus achevé de l'évolution biologique, va-t-il mettre en péril cette niche écologique pourtant indispensable à sa survie ?

Sans prétendre répondre immédiatement à cette question, il est bon de souligner que tous les scientifiques qui s'intéressent à l'atmosphère se la posent aujourd'hui.

Le problème apparaît par le biais de composants atmosphériques qui n'en constituent cependant qu'une toute petite partie. L'atmosphère est composée de 80 % d'azote et de 20 % d'oxygène. Aucun de ces deux gaz majeurs ne pose aujourd'hui de problème. En revanche, l'activité humaine modifie la teneur de l'atmosphère en ozone, en gaz carbonique, en méthane, trois gaz dont la proportion totale n'atteint pas les 5 pour dix mille ! Ces trois gaz peu abondants jouent néanmoins des rôles essentiels dans le maintien de l'équilibre de l'atmosphère. C'est là un exemple assez rare où des composants ultra-minoritaires exercent une action aussi déterminante.

Pour bien comprendre les dangers qui nous menacent, nous allons être obligés de pénétrer dans le domaine des sciences de l'atmosphère. Sans un minimum d'appréciation des mécanismes en jeu, on raconte en effet tout et le contraire de tout. Quand on ne sait rien, l'écologie finit par relever de la foi : on croit ou on ne croit pas. Notre propre but est plutôt d'éclairer et de convaincre, comme l'a si bien fait Gérard Megie dans un remarquable ouvrage consacré à l'ozone.

L'ozone

Lumière et molécules

Le comportement de l'atmosphère est déterminé par un phénomène physique de base qui est l'interaction entre la lumière et les molécules. Cette interaction obéit aux règles de la physique quantique. Un corpus de connaissances assez complexes est requis si l'on veut tout expliquer, mais le phénomène peut être compris assez simplement si l'on se contente de l'approche qualitative que nous allons adopter.

L'atmosphère terrestre est un mélange gazeux. Ce mélange est composé de plusieurs sortes de molécules d'abondance variable : des molécules d'azote (N_2) et d'oxygène (O_2), ces deux gaz constituant 99,9 % de l'ensemble ; des molécules de gaz carbonique (CO_2), d'eau (H_2O), d'ozone (O_3) et de méthane (CH_4), qui ne sont présentes qu'à l'état de traces. S'y ajoutent quelques atomes libres d'oxygène (O), d'hydrogène (H) et d'argon (A).

Suivant la propriété fondamentale des gaz, les molécules sont libres de leurs déplacements, elles se rencontrent et se heurtent assez rarement.

Les molécules de l'atmosphère sont constituées par l'assemblage de quelques atomes. Ces atomes liés dessinent des formes géométriques, soit en haltères (comme N_2 ou O_2), soit en triangles (comme CO_2 ou H_2O). Ces liaisons ne sont pas rigides et les atomes peuvent se déplacer les uns par rapport aux autres, tourner, vibrer tout en revenant toujours à une position moyenne.

Mais — c'est là qu'interviennent les lois de la physique quantique — ces mouvements ne sont pas quelconques. Ils sont de types et en nombre bien définis. Chacun correspond à une dépense d'énergie déterminée, de telle sorte que les dépenses d'énergie d'une molécule ne peuvent se faire que par « sauts ». On dit que les états d'énergie d'une molécule sont « quantifiés », c'est-à-dire constituent une série d'états distincts, comme les barreaux d'une échelle. Pour passer d'un barreau d'énergie à un autre, il faut fournir au système une quantité d'énergie suffisante, d'un coup, en une seule impulsion. Comme pour sauter d'un barreau à un autre, il faut avoir l'énergie qui permet de poser son pied d'un coup sur le barreau supérieur. De petits efforts successifs, de petits piétinements sur le barreau inférieur ne serviraient à rien ; en tout cas, ils ne permettraient pas de monter !

Dans le cas de la molécule, il en va de même. Pour la faire passer d'un état à un autre, il faut lui donner d'un coup l'énergie nécessaire.

C'est là qu'intervient la lumière.

La lumière est faite d'un mélange de vibrations. Chaque vibration a une longueur d'onde, autrement dit une couleur. Lorsqu'on fait passer la lumière dans un prisme, on sait que ce dernier la décompose en diverses couleurs. Dans le cas de la lumière blanche visible, chacun connaît son spectre violet, indigo, bleu, vert, jaune, orangé, rouge. Une analyse plus fine révèle qu'en fait, chacune de ces couleurs renferme à son tour de nombreux composants, de nombreuses raies.

La lumière transporte de l'énergie. Il suffit d'avoir attrapé un coup de soleil ou d'avoir éprouvé une sensation de chaud en s'approchant d'une lampe pour en être persuadé.

A partir d'une telle constatation, nul ne sera surpris si

l'on affirme que chaque composant de la lumière, chaque couleur transporte une certaine quantité d'énergie, chacune sous une forme particulière. Chaque couleur transporte des paquets d'énergie dont les caractéristiques sont fonction de cette couleur. Autrement dit, les paquets d'énergie ont des valeurs différentes suivant la couleur. Nous retrouvons là une autre manifestation du caractère « quantifié » de la nature dès que l'on passe à son observation microscopique la plus fine.

Mettons en présence de la lumière et des molécules ; autrement dit, éclairons par un faisceau de lumière un gaz composé de molécules. La lumière va « chauffer » les molécules comme elle chauffe notre peau. Mais que signifie *chauffer*, à l'échelle des molécules ?

Les molécules absorbent l'énergie venant de la lumière. Mais la nature leur interdit de le faire n'importe comment. L'énergie d'une molécule est « quantifiée ». Pour elle, la seule manière d'absorber de l'énergie consiste à passer d'un état d'énergie à un autre, d'un « barreau » à un autre sur l'échelle de l'énergie moléculaire.

Parmi les couleurs de la lumière, la molécule va « choisir » celle dont les paquets d'énergie coïncident par leur valeur avec les « inter-barreaux » disponibles. A l'aide de ces paquets d'énergie, elle pourra s'exciter et passer à un état d'énergie supérieur.

Du même coup, la lumière qui aura traversé le gaz de molécules aura perdu (au moins en partie) la couleur correspondante. Par exemple, si elle était blanche en entrant, elle paraîtra colorée à la sortie. Plus dense sera le gaz, plus importante sera l'absorption de la couleur considérée.

Ce phénomène fait correspondre aux molécules des couleurs données, des absorptions spécifiques. Parmi les multiples longueurs d'ondes qui constituent la lumière blanche, chaque molécule possède une série de raies d'absorption dont le regroupement s'appelle « spectre d'absorption » de la molécule.

Ce spectre est caractéristique de la molécule donnée. Comme une signature caractérise un individu, chaque molécule possède son spectre individuel. La molécule d'azote (N_2) a un spectre, la molécule d'oxygène (O_2) en a un autre, la molécule de gaz carbonique (CO_2) un troisième, etc. On comprendra donc qu'à l'inverse, l'étude du spectre lumineux ayant traversé un gaz moléculaire permet d'identifier la nature de ce gaz et d'en mesurer la concentration.

La lumière traversant un gaz moléculaire est donc amputée de certains de ses composants. Qu'advient-il du gaz lui-même ? Ayant absorbé de l'énergie lumineuse, il a gagné de l'énergie. Cette énergie gagnée par les molécules sert à exciter ces dernières, qui s'agitent plus fortement. Or, le degré d'agitation des molécules d'un gaz porte un nom simple : c'est la *température* de ce gaz. Lorsqu'on éclaire un gaz avec la « bonne » longueur d'onde lumineuse, ce gaz s'échauffe, sa température augmente.

Résumons-nous. Une lumière traversant un gaz y perd un certain nombre de composants colorés. Cette perte sert à augmenter la température des molécules du gaz. Chaque type de molécule absorbe ainsi sa couleur. Ce mécanisme élémentaire consiste dans le transfert quantique de certains composants de l'énergie transportée par la lumière pour passer d'un barreau d'énergie à un autre dans l'échelle des niveaux d'énergie de la molécule. Ainsi s'expliquent aussi bien l'action de filtrage des rayonnements ultraviolets par l'ozone que la fixation de la température de l'atmosphère.

La répartition de l'énergie dans l'atmosphère

On part du spectre d'énergie lumineuse provenant du rayonnement solaire. L'absorption lumineuse par les diverses molécules atmosphériques modifie ce spectre et explique le spectre lumineux mesuré au sol. Après absorption partielle et réflexion par le sol, un nouveau spectre est émis, venant du sol et dirigé vers le ciel. Après la traversée de l'atmosphère, celui-ci repart vers l'espace, amputé de parties absorbées par l'atmosphère. Nous reviendrons sur ce point fondamental de la modification du spectre au cours de sa réflexion au sol (avec un comportement différent entre la mer et la terre).

Ce phénomène que nous venons de traduire en qualité (c'est-à-dire en couleur) peut aussi se mesurer en quantité (c'est-à-dire en unités d'énergie). Brossons-en un bilan sommaire, mais qui précisera les idées.

Sur 340 unités d'énergie venant du Soleil et arrivant sur la Terre sous forme de radiations, en majorité dans le domaine visible, 100 unités sont réfléchies par les nuages et renvoyées dans l'espace. Suivant les mécanismes que nous avons évoqués, 70 unités sont absorbées par les molécules de l'atmosphère qui sont donc chauffées par elles ; 170 unités atteignent le sol et chauffent donc la surface de la Terre. Au total, la Terre et son atmosphère absorbent 70 % de l'énergie incidente.

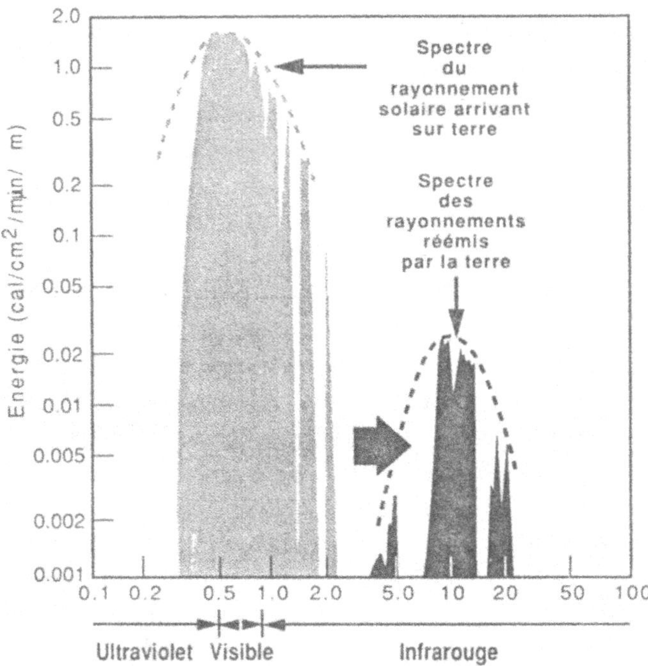

FIG. 3*a*. — Spectre « lumineux » arrivant sur Terre et réémis par la Terre. On notera que la réémission affaiblit l'intensité du spectre (sa hauteur) et déplace le spectre de la zone visible vers la zone infrarouge.

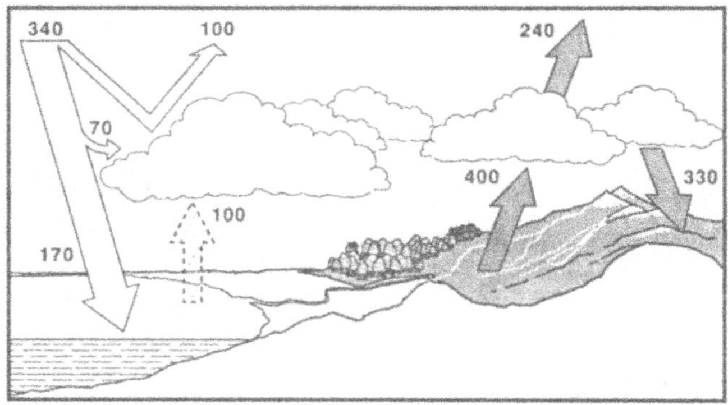

FIG. 3*b*. — Schéma montrant comment l'énergie solaire se distribue.

Or, on constate que sur de très longues périodes, la température de la Terre à sa surface est à peu près constante. La Terre doit donc d'une manière ou d'une autre réémettre ces 70 % d'énergie. Sinon, l'atmosphère s'échaufferait continuellement et sa température ne ferait qu'augmenter.

La Terre réémet effectivement sous forme de radiations l'énergie qu'elle a absorbée dans son atmosphère ou au sol, mais elle le fait dans une partie du spectre qui est invisible et qu'on appelle l'infrarouge.

Pourtant, si, *au total*, la Terre et son atmosphère réémettent autant d'énergie que ce qu'elles reçoivent du Soleil, la manière dont cet équilibre est réalisé obéit à une géographie. Autrement dit, l'équilibre est global et non local. Localement, l'absorption peut excéder les pertes, ou vice versa. On le comprend d'autant mieux que, l'axe de rotation de la Terre étant perpendiculaire au plan dans lequel elle tourne autour du Soleil, les rayons lumineux solaires traversent une atmosphère d'autant plus mince qu'ils atteignent une région proche de l'équateur. Vers les pôles, les pertes excèdent l'absorption ; vers l'équateur, c'est l'inverse. D'où une zonation thermique de la planète et de son atmosphère.

A cette géographie globale se superpose une géographie locale plus subtile et plus saisonnière. La répartition des continents et des océans, leur faculté différente d'absorber et d'émettre cette énergie des ondes lumineuses, la variabilité de l'ensoleillement entre hiver et été, engendrent une structure des températures complexe et mouvante qui se traduit par l'image capricieuse, fluctuante et largement imprévisible de notre « météo ».

A cette géographie thermique, il faut bien sûr ajouter une troisième dimension, à savoir l'éloignement du sol. La répartition en masse de l'atmosphère n'est pas uniforme avec l'altitude. Les forces de gravité ont tendance à densifier l'atmosphère vers le bas. Plus on s'élève, plus on s'éloigne de la Terre, et plus l'atmosphère se raréfie. Le nombre de molécules de gaz par centimètre cube diminue statistiquement lorsqu'on va du sol vers l'espace. Cette diminution n'est pas identique pour toutes les molécules qui composent l'atmosphère. Ainsi les molécules d'eau sont beaucoup plus abondantes vers le sol. A l'inverse, les molécules d'ozone sont concentrées vers 35 km de hauteur.

Cette structure complexe induit une distribution des températures elle-même complexe. Lorsqu'on s'élève, la température diminue jusqu'à 10 ou 20 km, puis, sous l'influence de l'absorption des radiations ultraviolettes par l'ozone, elle s'élève à nouveau, vers 35 km, pour décroître derechef entre 50 et 85 km, atteignant alors − 100 °C. Au-dessus de 90 km, la température augmente à nouveau, en même temps que l'air se raréfie. On passe graduellement au vide interplanétaire.

On imaginera sans peine que pour les couches jusqu'à 50 km, la géographie joue un rôle dans la répartition verticale des températures. On a donc là une structure éminemment complexe, tant pour la répartition de l'air (c'est-à-dire des molécules qui composent l'atmosphère) que pour ce qui concerne les températures.

Ce qui ajoute encore à cette complexité, c'est son évolution temporelle. L'atmosphère n'est pas seulement une structure statiquement complexe, c'est une structure qui varie, se modifie, bouge sans cesse avec le temps.

L'ozone

La dynamique de l'atmosphère

Sans entrer dans les détails de ces mécanismes, il est sans doute bon d'en donner quelques éléments, ne serait-ce que pour en faire apprécier la complexité. D'autant que nous aurons à y faire appel en divers endroits de ce livre.

Nous avons dit que la densité des gaz et leur température n'étaient pas uniformes et obéissaient à une certaine géographie (à trois dimensions). Cette double répartition se traduit aussi par une géographie de la pression des gaz. Les zones riches en gaz et chaudes ont une pression plus élevée que celles qui sont froides et où l'air est raréfié. A partir de ces hétérogénéités de pression, les masses d'air vont se mettre en mouvement pour tenter d'uniformiser cette distribution, de faire en sorte que la pression soit partout identique. La tendance de l'air est donc de « couler » ou plutôt de « voler » des zones de hautes pressions vers les zones de basses pressions. C'est ce que la physique nous enseigne, en particulier depuis que Mariotte a découvert sa fameuse loi liant température, densité et pression pour tous les gaz (à condition qu'ils soient quelque peu dilués).

Pourtant, l'observation des vents, faite assez longtemps en avion, mais que les satellites ont rendue aujourd'hui particulièrement aisée et spectaculaire, nous apprend qu'ils se déplacent beaucoup plus volontiers parallèlement aux zones d'égales pressions que des hautes vers les basses pressions. Au lieu de couper les courbes de niveau de la carte des pressions, ils semblent s'enrouler dessus, suivre les gradins d'égales pressions. Comme si l'eau, au lieu de couler des sommets vers les plaines, se plaisait à suivre les volutes dessinées par les terrasses !

L'atmosphère violerait-elle la physique des gaz ?

Bien sûr que non. Mais, pour lever cette apparente contradiction, il faut faire agir une force supplémentaire, qui se superpose aux forces de pression et qui est liée à la rotation de la Terre : la *force de Coriolis*.

Cette force de déviation agit sur tout corps, toute masse liés à la rotation de la Terre. Elle est à son maximum au pôle où un homme placé verticalement tourne avec la Terre. Elle est nulle à l'équateur où un homme placé verticalement ne subit aucune force de rotation. Elle varie entre les deux, déviant la trajectoire d'un mobile qui se déplace du nord vers le sud ou du sud vers le nord. Quand une petite masse d'air commence à se déplacer sous l'effet des forces de pression, la force de Coriolis entre en jeu et dévie sa trajectoire vers la droite si le mouvement a lieu dans l'hémisphère nord, vers la gauche s'il a lieu dans l'hémisphère sud.

Cette déviation de la trajectoire continuera jusqu'au moment où la force de Coriolis équilibrera la force due aux différences de pression, l'une et l'autre s'annulant. Le vent suivra donc les courbes d'égale pression. Une telle circulation, où la force de Coriolis équilibre les forces de pression, est dite *géostrophique*.

Pourtant, le vent va finir par « couler » des zones de hautes pressions vers les basses pressions. En effet, un autre effet entre en jeu : la friction entre les masses d'air, qui va finir par dévier un peu le vent et le faire « tourner » vers les basses pressions.

Ces effets complexes expliquent pourquoi les photos

prises de satellites présentent toujours des volutes courbes s'enroulant et se déroulant.

Comme dans le cas de · la structure thermique, la dynamique de l'atmosphère obéit à une double logique, la seconde se superposant à la première et la modifiant largement. La résultante de cette double logique fait que les masses d'air chaudes et denses de l'équateur vont monter en altitude vers le nord tout en étant déviées par la force de Coriolis vers l'est, donnant ainsi l'impression de venir de l'ouest.

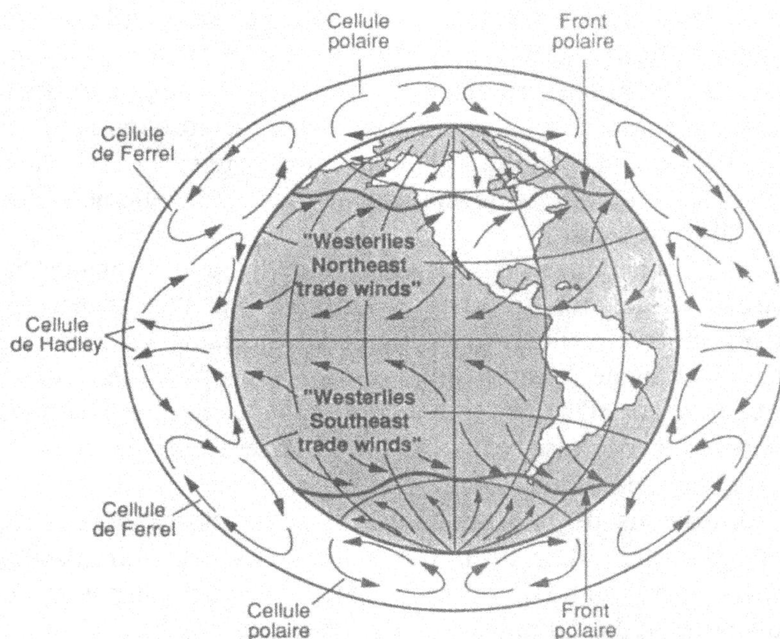

FIG. 4. — **Schéma illustrant la circulation générale de l'atmosphère terrestre.**

Ce sont ces vents qui rendent les voyages aériens New York-Paris plus courts qu'en sens inverse. Ces vents d'altitude dirigés vers le nord sont compensés par des vents de surface venant du nord vers le sud et qui sont des vents frais. Les vents chauds du sud se refroidissent et tombent vers la surface aux altitudes moyennes. A cette circulation qui se produit de part et d'autre de l'équateur s'en ajoute une autre, quasi symétrique, amenée par les régions polaires.

Pourtant, si, sur le plan statistique, la circulation atmosphérique est bien celle-là, elle est perturbée par les conditions locales et d'abord par la répartition continent/océan, par les reliefs terrestres, par les saisons, entre autres nombreux facteurs. Cette circulation est si complexe que sa prédiction précise à long terme est totalement impossible. On se contente de prévisions à très court terme, opérations qui s'effectuent dans tous les services météorologiques du monde et dont chacun de nous peut jauger la précision d'après les annonces qui nous sont faites journellement par les divers médias.

Tout cela concerne la circulation de la basse atmosphère, située au-dessous de 50 km d'altitude, que l'on appelle la troposphère. Celle-ci est séparée de la haute atmosphère par la couche chaude qui coupe l'atmosphère en deux. Même si elle n'est pas totalement étanche, cette séparation, appelée tropopause, constitue une barrière pour la circulation atmosphérique.

Au-dessus de la tropopause, dans la stratosphère, l'air est très rare. Mais il circule pourtant et cette circulation revêt une grande importance pour la compréhension du phénomène lié à l'ozone et qui nous menace.

En résumé, si le détail de la structure de l'atmosphère

et de son évolution sont extrêmement complexes et imprévisibles, leurs grandes lignes sont désormais bien comprises. Lorsqu'on s'intéresse à des moyennes annuelles ou mensuelles de température, de direction des vents, etc., on constate que la science météorologique est beaucoup plus à l'aise pour analyser et prédire.

La « couche » d'ozone

La molécule d'ozone, formée par trois atomes d'oxygène associés en triangle, a la propriété particulière d'absorber les rayonnements ultraviolets. Ces rayonnements existent dans le spectre émis par le Soleil, dans une partie invisible à nos yeux que l'on appelle l'ultraviolet, puisqu'elle se situe vers les courtes longueurs d'ondes, au-delà du violet.

La mince « couche » d'ozone située vers 35 km d'altitude absorbe ainsi les rayons ultraviolets solaires. Il ne faut pas se représenter cette zone comme composée d'ozone pure, mais comme un domaine d'altitude où l'ozone est plus concentrée qu'ailleurs tout en restant un constituant très mineur, dont l'abondance se mesure toujours en parties par million. Pourtant, cette absorption des rayonnements ultraviolets a deux conséquences. D'une part, elle échauffe la « couche » d'ozone et provoque l'inversion thermique dont nous avons parlé, laquelle est à l'origine de la stratification de l'atmosphère. D'autre part, elle protège la surface de la Terre des rayons ultraviolets. Or, les effets de ces rayons sur les êtres vivants et en particulier sur l'homme sont considérés comme très nocifs : ils provoquent par exemple des cancers de la peau, des mutations nombreuses, et, à hautes doses, ils empêchent toute vie.

Mais voici qu'on nous dit que sous l'effet de produits chimiques émis par l'homme, cette « couche » d'ozone serait en train de se détruire, c'est-à-dire que la teneur de l'atmosphère en ozone à cette altitude serait en train de diminuer. Il y a là de quoi s'inquiéter, et d'abord s'informer.

La première question — la plus simple mais, on va le voir, la plus importante — est : pourquoi y a-t-il une couche plus riche en ozone entre 35 et 55 km d'altitude, et non pas une répartition uniforme de ce gaz dans tout le volume de l'atmosphère ? Après tout, l'atmosphère est un système dynamique, animé de vents violents, soumis à des régimes désordonnés et turbulents : comment se fait-il qu'elle ne soit pas chimiquement homogène, bien mélangée, mais au contraire stratifiée ?

Pour comprendre la formation de la « couche » d'ozone, il faut à nouveau faire appel à l'interaction de la lumière et des molécules, en allant cette fois un peu plus loin. Comme nous l'avons dit, les molécules éclairées, recevant de la lumière, absorbent une partie de l'énergie lumineuse pour peu que cette dernière permette les sauts quantiques entre niveaux d'énergie de la molécule. Sous l'effet de cette absorption, la molécule vibre, tourne ou se déplace. Mais supposons que cette absorption d'énergie soit très intense : la molécule vibre si fort que les atomes qui la constituent finissent par se détacher. La molécule se trouve alors cassée, disloquée, et ses atomes libérés.

Ainsi la molécule d'oxygène O_2, formée par la liaison de deux atomes d'oxygène, soumise au rayonnement solaire, se dissocie et donne naissance à deux atomes d'oxygène libres. Ces atomes d'oxygène libérés ne supportent pas la liberté. Ils vont chercher immédiatement à réagir, à se lier et à former une autre molécule.

Les candidats disponibles pour le mariage sont d'abord les deux molécules les plus abondantes : l'azote N_2 et l'oxygène moléculaire O_2. L'azote est inerte : peu d'espoir de ce côté-là. Reste l'oxygène. Effectivement, l'atome d'oxygène libre O réussit à se lier avec la molécule d'oxygène O_2 pour créer la molécule d'ozone O_3.

Ce double mécanisme de dissociation de l'oxygène moléculaire et de formation de la molécule d'ozone n'est pas très efficace. Sur un million de molécules d'air, il ne se formera que 3 ou 4 molécules d'ozone ; ce sont pourtant elles qui, petit à petit, vont constituer la « couche » d'ozone.

Cette formation d'ozone ne se produit qu'entre 30 et 50 km pour deux raisons simples. Au-dessus de 50 km, il n'y a plus assez d'oxygène. Au-dessous de 30 km, le mécanisme de dissociation de l'oxygène en oxygène atomique n'est plus possible, car le spectre solaire qui parvient à cette altitude ne possède plus les bonnes longueurs d'ondes, celles qui peuvent être absorbées par les molécules d'oxygène et qui permettent de sauter d'un barreau à l'autre dans l'échelle d'énergie de la molécule d'oxygène.

On semble avoir compris le pourquoi de la « couche » d'ozone. Pourtant, il manque encore à notre schéma un élément important : le (ou les) mécanisme(s) par quoi l'ozone est détruit. En effet, si un tel mécanisme n'existait pas, l'ozone continuellement produit ne ferait que s'accumuler et sa teneur dépasserait les quelques parties par million — 8 ou 9 — qui constituent sa concentration maximale dans la stratosphère.

Ces mécanismes par lesquels l'ozone est détruit ont fait et font encore l'objet de discussions et même de disputes parmi les spécialistes.

Sydney Chapman, qui fut le pape de la science de la haute atmosphère, avait proposé un mécanisme impliquant seulement les diverses espèces d'oxygène : oxygène atomique (un atome d'oxygène), oxygène moléculaire (deux atomes d'oxygène), ozone (trois atomes d'oxygène). Puis les progrès de la science ont conduit peu à peu à mettre en doute cette théorie.

Pour résoudre ce qui apparaissait alors comme une énigme, on dut faire appel à un mécanisme fondamental et pourtant très subtil de la chimie, à savoir la *catalyse*.

La catalyse est l'action indispensable jouée par certaines espèces chimiques dans le déclenchement d'une réaction sans être pour autant consommées par elle. On appelle ces espèces des catalyseurs. Régénérés après avoir servi, leur abondance après la réaction est la même qu'avant.

Ce sont des radicaux libres comme OH ou NO, présents en très faibles quantités dans la haute atmosphère, qui catalysent les réactions de destruction de l'ozone. C'est l'action de ces espèces qui permet d'expliquer l'équilibre qui s'est établi entre trente et quarante kilomètres d'altitude et qui persiste depuis plus de deux milliards d'années. Deux milliards d'années durant lesquelles la vie continentale s'est développée à l'abri des rayons ultraviolets sous la protection de cette « couche » d'ozone aujourd'hui menacée.

La combinaison des effets de la chimie et de la lumière permet donc de comprendre la répartition verticale de l'ozone. A partir de là, on a pu comprendre la distribution des températures de l'atmosphère selon l'altitude, puisque la « couche » d'ozone constitue une couche chaude qui inverse la tendance au refroidissement avec l'altitude. Sans nous étendre davantage sur cet effet, nous avons également souligné, pour montrer que la « couche » d'ozone ne fait pas que nous protéger des rayons ultraviolets, qu'elle contribue à stabiliser la structure thermique de l'atmosphère. Aussi étonnant que cela puisse paraître, voilà donc un constituant mineur de l'atmosphère, dont l'abondance se mesure en parties par million, et qui n'en exerce pas moins une influence déterminante sur son comportement.

Géographie de l'ozone

Pourtant, la chimie et les lois de l'optique quantique ne permettent pas à elles seules de comprendre la répartition géographique de l'ozone. Car l'ozone a une géographie !

L'ozone de haute altitude est à son maximum aux pôles, et ce, vers l'équinoxe de printemps. Il atteint en revanche un minimum dans ces mêmes régions en automne. C'est d'ailleurs vers cette époque que l'on a observé récemment le « déchirement » de cette couche.

Tout semble donc centré sur les pôles, alors que tout devrait au contraire être dominé par l'équateur ! De fait, l'ozone se forme d'abord parce que le rayonnement solaire décompose l'oxygène moléculaire en atomes libres, lesquels se lient à la molécule d'oxygène pour produire l'ozone. Or, le maximum d'ensoleillement se produit vers l'équateur, c'est donc là que l'ozone devrait être lui aussi à son maximum.

Mais il faut se souvenir que température et absorption par les molécules sont liées, et que, si l'ozone est activement produit dans la stratosphère équatoriale, celle-ci est également plus chaude, donc sa pression plus élevée. Ainsi, pendant l'hiver, une circulation stratosphérique s'établit, qui va de l'équateur vers le pôle. La circulation de la basse atmosphère est, nous l'avons vu, plus complexe, mais sa tendance est peu différente. Le pôle, pendant l'hiver, est plongé dans la nuit. Rien ne l'éclaire. Rien n'y provoque la destruction de l'ozone, puisque les fameux radicaux libres catalyseurs de destruction ne peuvent s'y créer. L'ozone peut s'y accumuler.

L'été y inverse le mouvement. L'ozone accumulé est chauffé constamment par le jour « éternel ». Les masses d'air s'élèvent et émigrent vers l'équateur.

A ce mouvement de balancier viennent se superposer d'autres mouvements plus compliqués dus à la force de Coriolis, qui fait que la frontière entre stratosphère et basse atmosphère est plus ou moins étanche selon les endroits, que des courants de retour naissent ou ne naissent pas, etc. Mais la tendance générale est bien traduite par le mouvement de balancier des transferts d'ozone entre équateur et pôle au gré des saisons.

Variations

La description, même rapide, des phénomènes qui déterminent les teneurs et la répartition de l'ozone nous permet de comprendre un fait d'observation essentiel : la variabilité de la répartition de l'ozone. La « couche » d'ozone n'a rien d'une sphère d'épaisseur et de teneur uniformes. Sa forme, son épaisseur, ses teneurs varient dans l'espace et dans le temps.

Dans l'espace : nous avons évoqué les échanges complexes entre zones équatoriales et zones polaires, les effets d'ensoleillement différentiel qui induisent une météorologie stratosphérique compliquée.

Cette géographie varie aussi avec le temps. Il existe bien sûr un cycle diurne lié à la variabilité géographique de la durée du jour et de la nuit entre l'équateur et les pôles ; un cycle saisonnier, avec l'effet de « balancier » gouvernant les mouvements d'air stratosphérique ; mais aussi un cycle pluriannuel dû au cycle solaire de onze ans. Les mécanismes chimiques étant induits par la lumière, on conçoit que les variations d'éclairement, donc d'activité solaire, ont des répercussions fondamentales sur l'équilibre de la « couche » d'ozone.

A cela se superposent des phénomènes fortuits, imprévus, non périodiques et pourtant fréquents : les éruptions solaires qui lâchent de brutales bouffées de lumière, mais plus encore les éruptions volcaniques qui projettent dans la stratosphère poussières et espèces chimiques comme l'oxyde de soufre ou l'acide chlorhydrique, propres à favoriser la destruction de l'ozone par les divers mécanismes catalytiques déjà évoqués.

On voit donc que cette distribution capricieuse, dont la géographie varie au gré des jours, des saisons, des années, est difficile à exprimer quantitativement.

Si la « couche » d'ozone était uniformément étendue à 35 km d'altitude avec une concentration uniforme d'environ 8 parties par million, il suffirait de quelques points de mesure pour en apprécier les variations. Mais comment le faire dès lors que le choix même du point de mesure, du jour, de l'heure n'aura aucune signification générale ? D'autant plus que les effets dont nous allons parler sont de quelques *pour cent* inférieurs à la variabilité naturelle géographique et temporelle ! Comment mettre en évidence des variations de 2 ou 3 % dans un paysage dont les contrastes sont de 10 à 15 %, pour un élément dont l'abondance n'est que de quelques millionièmes, dilué dans l'atmosphère au milieu des composants majeurs que sont l'oxygène et l'azote ?

Les chlorofluorocarbures ou C.F.C.

C'est dans ce contexte général qu'il convient de situer la situation d'alarme que nous connaissons.

En 1974, alors que trente ou quarante scientifiques au plus de par le monde se préoccupaient de l'ozone atmosphérique, Sherley Rowland et Mario Molina, de l'université de Californie, à Irvine, entre Los Angeles et San Diego, travaillaient à comprendre les effets potentiels de certains composés chlorés industriels sur la composition de l'atmosphère en procédant à des expériences de laboratoire où ils combinaient irradiations lumineuses et effets catalytiques. A l'issue de leur recherche, ils déclarent que le rôle majeur des composés chlorés est de détruire l'ozone. Ils décrivent toute une série de processus par lesquels ces composés chlorés peuvent se combiner à l'ozone et en déterminer la destruction.

Parmi les produits chlorés dont ils ont expérimenté les

effets figurent des produits industriels fabriqués en abondance que l'on regroupe alors sous le nom de FREON (marque déposée par Du Pont de Nemours) et que l'on englobera bientôt dans le terme plus général de C.F.C. (chlorofluorocarbures).

Ces produits chimiques, dérivés des hydrocarbures pétroliers, ont des propriétés variées extrêmement intéressantes. Ils ne sont pas toxiques, ils sont ininflammables et faciles à fabriquer. On les utilise dans trois domaines principaux : les aérosols, que ce soit ceux des mousses à raser ou des produits de nettoyage à pulvériser ; les mousses synthétiques isolantes comme les polyméthanes ou des polystyrènes ; enfin, la réfrigération et la climatisation. L'industrie mondiale en produit plus d'un million de tonnes par an.

Rowlands et Molina font remarquer que ces produits, lors de leur destruction ou de leur utilisation, induisent une augmentation des teneurs en composés chlorés dans l'atmosphère, et qu'ils peuvent donc conduire à la destruction de la « couche » d'ozone.

La conjecture de Rowlands et Molina connaît un retentissement considérable. On peut s'interroger sur les raisons de l'impact soudain de cette simple hypothèse fondée sur des expériences de laboratoire, mais que rien alors n'est encore venu étayer.

Rowlands et Molina n'étant pas des spécialistes de la propagande médiatique, il faut rechercher ailleurs les causes du succès immédiat de leur découverte.

Tout le monde était à cette époque sensibilisé au problème de l'ozone stratosphérique, non pas à cause des C.F.C., mais de l'avion supersonique Concorde. Souvenons-nous que, parmi les arguments avancés pour critiquer l'avion supersonique franco-britannique, on avait prétendu que les émissions de fuel dans la stratosphère allaient détruire la « couche » d'ozone. L'affaire avait fait si grand bruit, les affirmations des scientifiques américains avaient été si péremptoires que cette peur avait eu pour effet de tuer dans l'œuf le programme américain de développement d'avions supersoniques !

En fait, les affirmations des scientifiques étaient totalement erronées. Non seulement Concorde ne détruit pas l'ozone stratosphérique, mais il en fabrique ! Il en augmente la teneur. Personne ne parle plus de ce danger aujourd'hui.

Pourtant, l'épisode avait sensibilisé l'opinion.

Du côté des spécialistes de la haute atmosphère, non satisfaits par les théories existantes et conscients des limites du cycle de Chapman (même amélioré par la théorie des catalyseurs OH et NO), l'hypothèse de Rowlands et Molina venait à point, d'autant plus que l'augmentation des teneurs en chlore dans la basse atmosphère venait d'être confirmée.

La mesure de l'ozone

Si les composés chlorés industriels étaient susceptibles de détruire l'ozone, cet effet devait se traduire par une diminution des teneurs en ozone dans la stratosphère. S'engagea alors une série de campagnes de mesures pour estimer cette variation.

Comme nous l'avons souligné, il s'agit là d'une entreprise *a priori* difficile, car la teneur naturelle de l'ozone varie dans le temps et dans l'espace. A cette difficulté intrinsèque s'ajoute celle des mesures elles-mêmes.

L'ozone se mesure à l'aide de moyens optiques, soit à partir du sol, soit à partir des satellites. Dans les deux cas, il s'agit de déchiffrer un spectre complexe, enregistré par des spectromètres. Ce spectre est la superposition de tous les spectres de toutes les espèces chimiques présentes dans l'atmosphère et qui absorbent des rayonnements. On comprend donc que le déchiffrage en est difficile. Mais lorsqu'on veut en outre utiliser ce dépouillement sur un plan quantitatif, le problème devient on ne peut plus ardu. Comprendre les interactions entre lumière et molécules est déjà une entreprise complexe ; dégager des lois et les utiliser pour effectuer des mesures précises est encore moins aisé. Pourtant, en l'espace de trente ans, les scientifiques sont parvenus peu à peu à mettre au point des instruments de mesure fiables.

Ceux qui sont utilisés depuis le sol sont les plus précis, mais les moins représentatifs. Ils sont fixes, nécessitent une grande attention, donc un personnel qualifié. Ils sont donc limités en nombre et en répartition.

Ceux qui se trouvent à bord des satellites couvrent toute la Terre ; s'ils sont plus robustes, ils sont moins précis, et ils dérivent avec le temps sans qu'on puisse les réparer.

En fait, les scientifiques utilisent les deux approches, les comparent, les combinent, essaient d'en tirer des informations significatives.

De cette série de mesures qui s'étendent sur la période 1979-1985, les spécialistes ont cru pouvoir déduire une diminution de la teneur en ozone de la stratosphère de quelque 2 à 3 %.

Mais soyons clairs : ces affirmations ne sont en rien convaincantes. Quels que soient les prodiges de statistiques employés, on peut sans grand effort refuser le qualificatif *signifiants* aux effets observés. Comment admettre des effets moyens de 1 à 3 % au milieu de fluctuations compliquées qui en font 15 ou 20 ?

Plus important peut-être est le doute jeté sur la causalité attribuée à cette variation supposée. 1974 correspond à un maximum d'ensoleillement, 1985 à un minimum. Quoi de plus naturel que l'ozone ait diminué ? D'autant plus qu'en 1982, l'éruption du volcan mexicain El Chichón a projeté dans la haute atmosphère des composés chlorés susceptibles de détruire l'ozone.

Les spécialistes les plus rigoureux considèrent donc que ces estimations ne sont pas signifiantes. N'étant pas spécialiste de ces questions, mais ayant une grande habitude de l'observation des phénomènes naturels et du traitement des grands nombres, ayant acquis au fil du temps une méfiance croissante envers les traitements statistiques des données naturelles qui font apparaître alternativement effet réel ou artefact, je me range sans hésiter du côté de ceux qui estiment que rien n'indique clairement une variation de la teneur moyenne en ozone de la stratosphère.

Tout autre est l'observation du « trou » d'ozone de l'Antarctique.

Le « trou » d'ozone antarctique

L'ozone est systématiquement mesuré dans l'Antarctique depuis les années 1960. On y vérifie largement le phénomène déjà souligné qui fait qu'au printemps, la teneur en ozone y est maximale, alors qu'elle atteint un minimum absolu en automne. Ces variations sont de l'ordre de 12 %.

Pourtant, à partir de 1983, les Japonais signalent un phénomène nouveau. Le minimum se creuse. En octobre,

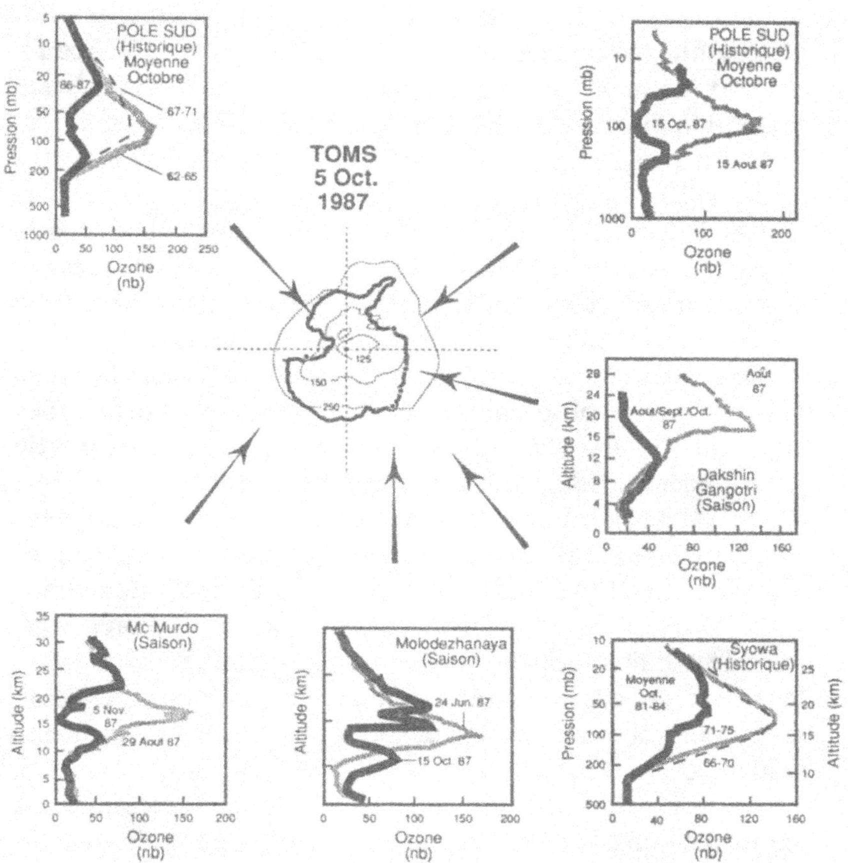

FIG. 5. — **Schéma illustrant la baisse des teneurs en ozone au-dessus de** l'Antarctique.

ce n'est plus une diminution de 12 à 15 % que l'on observe, mais de près de 30 % ! En 1984, la diminution continue. En 1985, les Britanniques confirment les observations japonaises : l'ozone a diminué en septembre et octobre depuis 1980. Cette diminution est continue, d'une ampleur considérable, puisqu'elle atteint 40 %. Néanmoins, le trou se comble rapidement après octobre. On parle de « trou » pour traduire de manière spectaculaire ce qui n'est en toute rigueur qu'un minimum. On parle ainsi d'un « trou » qui n'en est pas un dans une « couche » d'ozone qui n'en est pas une !

Les Britanniques n'hésitent pas à imputer cet effet aux composés chlorés dont l'abondance n'a cessé de croître dans l'atmosphère. Leur article, publié dans la revue *Nature*, alerte rapidement la communauté internationale.

Des expériences se mettent en place. On mobilise tous les moyens d'observation au sol comme à partir des satellites. 1986, 1987, 1988 sont marqués par autant de campagnes coordonnées et fructueuses.

En effet, si les études statistiques globales n'ont guère convaincu, l'étude du cas antarctique permet rapidement de confirmer l'hypothèse des composés chlorés. Les variations des teneurs en ozone et en composés chlorés sont corrélées tant spatialement que temporellement. Monoxyde de chlore et ozone varient de pair. Les autres catalyseurs potentiels comme les oxydes d'azote ne semblent jouer aucun rôle.

La conjecture de Rowlands et Molina semble donc confirmée, mais, au-delà de ce succès scientifique incontestable, l'extrapolation semble très difficile.

La diminution est jusqu'ici limitée à l'Antarctique et aux

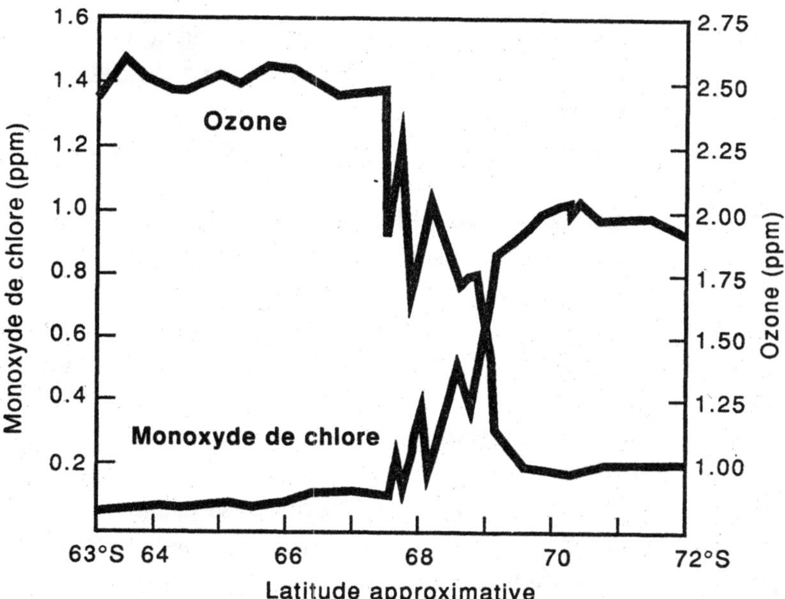

FIG. 6. — Variation de la teneur en ozone et en monoxyde de chlore au-dessus de l'Antarctique en octobre.

mois de septembre et octobre. Va-t-elle s'étendre au-delà ? Pour répondre à cette question, les étés 1988 et 1989 ont été mis à profit pour réaliser des expéditions vers les zones polaires nord, tant au Canada qu'au Groenland et en Scandinavie.

Tout incitait à penser que le même phénomène devait s'y manifester, d'autant plus que l'hémisphère nord produit beaucoup plus de C.F.C. que l'hémisphère sud. Or, surprise : contrairement à ce que quelques Canadiens avides de publicité avaient affirmé trop hâtivement, aucune diminution notable ne fut détectée. Pour ceux qui sont en quête de motifs d'optimisme à tout prix, signalons d'autre part que la campagne 1988 en Antarctique a révélé une diminution plus faible qu'en 1987. Serait-ce l'indice d'une inversion de tendance ?

Les spécialistes restent prudents. Leurs raisons sont solides.

L'action des composés chlorés semble désormais démontrée. Ces composés ont augmenté dans la basse atmosphère d'un facteur deux ou trois au cours des vingt dernières années. Or, l'air de la basse atmosphère contamine celui de la haute atmosphère avec une extrême lenteur. L'étude de la dissémination des produits radioactifs émis par les bombes atomiques expérimentées dans l'atmosphère a montré que ce temps de transit se mesurait en dizaines d'années. Pour les transferts de masse, la tropopause est une barrière extrêmement efficace. D'où la crainte : devra-t-on attendre dix ans pour constater les effets véritablement catastrophiques des C.F.C. aujourd'hui disséminés dans la haute atmosphère ? Le « trou » d'ozone n'est-il pas le signe avant-coureur d'un phénomène de plus grande ampleur, désormais inéluctable ?

Voilà l'interrogation qui pèse sur nos têtes et à laquelle personne ne peut donner de réponse.

D'aucuns diront que si la « couche » d'ozone se déchire en altitude, ce gaz augmente dans la basse atmosphère et qu'au total, une augmentation compensant une diminution, l'ensemble finira bien par s'équilibrer.

Certes, l'ozone augmente dans les zones industrielles, notamment celles qui sont situées dans des régions ensoleillées. La dissociation des produits de combustion de l'essence ou du bois sous l'effet des rayonnements solaires produit de l'ozone. Nous l'avons vu dans l'exemple typique de Los Angeles. Mais cet ozone industriel reste largement confiné dans la basse atmosphère où il est détruit par contact avec le sol et les plantes, et il ne représente guère que 10 % de l'ozone stratosphérique. Il constitue un danger supplémentaire par toxicité directe, sans représenter pour autant un substitut efficace pour filtrer les rayonnements ultraviolets si, par malheur, ces derniers n'étaient plus arrêtés à 35 km.

A ces incertitudes géophysiques et géochimiques s'ajoutent des incertitudes médicales. Connaît-on réellement les effets biologiques des ultraviolets ? Certes, les hypothèses néfastes ne manquent pas (cancer de la peau, mutations, etc.). Mais rien n'est sûr. Certains vont même jusqu'à prétendre qu'une telle augmentation favoriserait le bronzage par adaptation naturelle et qu'au bout du compte, les hommes s'en accommoderaient fort bien. Toujours est-il que si la science nous donne des inquiétudes, elle ne nous dispense là encore aucune certitude.

Comment agir ?

L'analyse scientifique est préoccupante mais incertaine. L'examen sur le plan de l'action est paradoxalement plus rassurant. Au point même qu'il y a là de quoi s'interroger.

Dès le milieu des années 1970, alors même que la diminution de la teneur en ozone de l'atmosphère ne faisait l'objet que de controverses techniques, que l'action des composés chlorés n'était démontrée qu'en laboratoire, on s'est engagé dans une série de mesures destinées à limiter la production des C.F.C. Sous la pression des Suédois (qui n'en produisaient pas !), on a commencé à interdire leur utilisation dans les aérosols. Allemands et Américains suivirent cet exemple. La communauté européenne fut plus réticente. L'industrie mondiale se montra assez hostile, arguant que 700 000 emplois étaient concernés par la production des C.F.C. Éternel argument : si vous interdisez, vous créez du chômage... En 1981 s'amorce une discussion internationale qui se conclut en 1985 par la signature d'une convention à Vienne (avant l'annonce du « trou » antarctique !), puis par la signature du protocole de Montréal, regroupant 27 pays dont les États-Unis, le Canada, les pays scandinaves, la Communauté européenne, beaucoup de pays du tiers monde, mais ni l'Union soviétique, ni la Chine, ni l'Inde. Depuis lors, diverses voix se sont élevées pour étendre ce protocole et interdire petit à petit toute production de C.F.C.

Devant cette réaction rapide des autorités politiques, on ne peut qu'être à la fois ravi et étonné. Ravi, parce que c'est la première fois, sans nul doute, qu'on riposte si vite à une menace aussi globale. Étonné parce qu'après tout, les réactions ont presque devancé la mise en évidence scientifique du péril et qu'en d'autres domaines tout aussi dangereux, les réponses sont bien moins promptes !

Force nous est donc de chercher à comprendre : le monde économique, politique et médiatique serait-il sélectivement intelligent et avisé ?

Deux facteurs nous semblent avoir joué un rôle déterminant dans cette affaire : le sens médiatique de la communauté scientifique s'occupant de haute atmosphère, d'une part ; le sens commercial des industriels, notamment de la compagnie Du Pont de Nemours, d'autre part.

Les scientifiques s'occupant de la haute atmosphère sont pour la plupart très liés aux activités spatiales. Ils ont peu ou prou participé aux missions planétaires ou aux premières missions d'exploration de la Terre par satellite. Or, qui dit activités spatiales dit grande habitude des contacts médiatiques aussi bien que politiques. On n'arrache pas des millions de dollars par la simple force de ses idées scientifiques. C'est là d'ailleurs ce qui rebute certains savants. Or, vers le milieu des années 1970, les missions spatiales marquent le pas ; la NASA s'est engagée dans un programme désastreux ; on ne distingue pas bien l'avenir de la navette spatiale. Les spécialistes de l'atmosphère ne savent plus comment ils vont travailler. Les gros laboratoires qu'ils ont bâtis ne peuvent subsister que s'ils sont alimentés par des projets importants. Habitués à des budgets colossaux, à un personnel copieux, à l'assistance de nombreux techniciens qui leur permettent de travailler dans de bonnes conditions, ils se demandent où est leur avenir. Le problème de l'ozone et plus généralement les dangers potentiels touchant l'atmosphère leur apparaissent comme une bouée de sauvetage providentielle. Ils ne vont pas la laisser passer et se transforment à cette fin en infatigables propagandistes.

Ils rejoignent en cela les météorologistes théoriciens auxquels les ordinateurs géants fournissent des moyens de simulation d'une puissance exceptionnelle et qui souhaitent dépasser la simple prédiction du temps — prédiction dont les limites viennent alors d'être fixées par les travaux de Lorenz d'une part, par les techniques d'observation spatiale de l'autre.

Pourtant, le talent de communicateurs des membres de

ce milieu scientifique un peu particulier se heurte aux lobbies industriels, peu disposés à renoncer à leurs sources de profits. D'où le déclenchement des premières actions, la réunion des premières conférences, sans que leurs résultats soient à la hauteur des enjeux.

La seconde phase est liée au changement d'attitude du plus gros producteur mondial de C.F.C., la firme américaine Du Pont de Nemours.

Ses laboratoires de recherche, durement alertés par la propagande de la première période, ont mis au point une série de procédés permettant de substituer aux C.F.C. de nouveaux produits non chlorés. Tout naturellement, Du Pont, pensant peut-être s'emparer d'un marché dont il ne contrôlait que de 30 à 40 %, se mit alors à appuyer le programme de réduction ! Ce revirement précéda d'ailleurs de peu l'annonce du « trou » d'ozone antarctique. Celle-ci ne fit que précipiter le processus, qui s'emballa. Les industriels s'alarmèrent : il fallait certes éliminer les C.F.C., mais pas trop vite ! On devait laisser le temps de mettre en place les procédés de fabrication des nouveaux produits. D'où un certain freinage, nettement perceptible à Montréal.

La propagande médiatique s'est emparée du problème. Sans bien en comprendre le détail, les écologistes font chorus. Les hommes politiques, alertés, semblent pressés d'aller dans le même sens. La menace planant sur la « couche » d'ozone est devenue le problème numéro un de la planète, de notre survie...

Pourtant, face à cette effervescence, quelques résistances ; à commencer par celle des Indiens et des Chinois, désireux de développer leurs propres industries de réfrigération et de climatisation, qui possèdent des scientifiques compétents et qui déclarent que la question ne saurait être tranchée aussi vite, que les pays pauvres ne sauraient ralentir leur développement sous prétexte que les scientifiques des pays riches s'interrogent. Ils posent clairement, à propos de l'ozone, de vraies questions : va-t-on veiller à la protection de l'environnement tout en maintenant la moitié du globe dans le sous-développement ? la défense de l'environnement n'est-elle pas un luxe de pays riches ?

Le cas de la « couche » d'ozone est exemplaire à maints égards. Une science sans certitudes, une médiatisation générale, des prises de position politiques hâtives et pas toujours bien informées, des influences industrielles motivées surtout par le profit, des déclarations de scientifiques parfois plus préoccupés de retombées budgétaires que de vérité, des pays du tiers monde attentifs et intéressés mais qui ne sont pas disposés à payer à la place de ceux qui sont à l'origine des pollutions : tout y est...

Alors, comment se comporter ?

Faut-il, comme certains, déclarer qu'il n'y a aucun danger sous prétexte que tout n'est pas clair ? Ce serait une attitude irresponsable. Faut-il annoncer la fin irrémédiable de toute vie terrestre, détruite par les ultraviolets solaires ? Ce serait s'alarmer prématurément.

L'attitude responsable consiste à poursuivre les observations — celles, par exemple, de l'évolution du pôle Nord et du pôle Sud, ainsi que la mesure des teneurs en ozone partout —, à persister à limiter la production des C.F.C., à continuer d'informer.

A développer aussi la recherche dans des domaines que l'on ne connaît pas bien : par exemple, l'influence exacte des ultraviolets sur les êtres vivants. On sait que ceux-ci provoquent des cancers de la peau, mais selon quelle fréquence ? On sait qu'ils peuvent être à l'origine de certaines mutations : chez quelles espèces ? Comment ?

Le danger potentiel est tel que nous n'avons pas le droit de prendre de risques !

4

L'eau va-t-elle manquer ?

Quittons les péripéties de la molécule d'ozone O_3 pour examiner les aventures d'une autre molécule triatomique toujours centrée sur l'oxygène : l'eau (H_2O). De tous les composés chimiques existant sur Terre, l'eau est sans conteste le plus spécifique et le plus important. Lorsqu'on cherche à situer chimiquement notre planète dans l'ensemble du système solaire et à la distinguer des autres, la Terre, c'est l'Eau.

Et l'eau, c'est la vie.

Non seulement l'eau est le constituant majeur de la matière vivante, mais c'est dans les milieux riches en eau et grâce à cette richesse qu'est apparue la vie, il y a de cela près de quatre milliards d'années. L'essentiel de la matière vivante « molle » est constituée par de l'eau. Que la planète s'assèche brusquement et la vie disparaîtra plus vite qu'elle n'est apparue. La vie n'existe sur aucune autre planète ou satellite du système solaire. L'eau n'y est abondante sur aucune autre. D'un point de vue cosmique, eau et vie semblent donc indissolublement liées. Non que la présence d'eau implique automatiquement la naissance de la vie, mais parce que la présence d'eau en abondance semble une condition nécessaire à l'apparition de la vie, et son absence une impossibilité à son maintien.

Pour l'espèce humaine, et plus généralement pour les mammifères, ce lien avec l'eau est encore plus fort. Notre milieu intérieur est avant tout de l'eau de mer dans laquelle baignent à l'état dilué les molécules organiques dont l'assemblage constitue la matière vivante. Ce milieu intérieur aqueux n'est pas enfermé à l'intérieur des limites de notre corps ; il est constamment renouvelé par l'ingestion d'aliments solides et liquides d'une part, par l'excrétion de l'autre. Que la ration élémentaire d'eau vienne à manquer et c'est la mort. Il en va ainsi pour les hommes comme pour les animaux et les plantes. L'absorption continuelle d'eau conditionne le maintien de la vie. La vie a besoin non seulement d'un stock d'eau, mais aussi d'un flux constamment renouvelé.

Mais cette nécessaire absorption continuelle d'eau par les êtres vivants s'accompagne d'une condition supplémentaire. L'eau absorbée doit être « potable ». Elle peut certes contenir un certain nombre de sels minéraux solubles dont l'absorption par les plantes, les animaux ou les humains servira à fabriquer en permanence la matière vivante, mais elle doit contenir ces substances chimiques sans excès. L'excès est toxique. Le développement du monde vivant a des exigences aussi bien quantitatives que qualitatives à l'égard de l'eau. Celle-ci doit être disponible en quantité suffisante, mais elle doit l'être aussi à un certain niveau de qualité.

Or, les activités humaines menacent aujourd'hui ces réserves d'eau de la planète. En qualité comme en quantité.

L'eau n'est cependant pas qu'un agent de vie. C'est aussi un agent géologique déterminant. A la surface du globe, c'est même le plus important.

Évaporée majoritairement au-dessus des océans et rassemblée en nuages, l'eau est transportée vers les continents. Là, elle se condense en pluie. L'eau de pluie ruisselle, se collecte, coule en suivant les lois de la pesanteur, c'est-à-dire en cherchant à rejoindre par le plus court chemin possible l'océan.

Le périple de l'eau continentale est multiple. Parfois elle emprunte la voie souterraine, parfois elle ruisselle de manière désordonnée sur les pentes, parfois elle sculpte elle-même des voies de transfert spécifiques qui, selon leur taille, s'appellent ruisseaux, rivières ou fleuves.

Mais ce cheminement de l'eau sur le substrat rocheux continental n'est pas neutre et sans effets. L'eau est d'abord un redoutable agent chimique dont le caractère corrosif s'exerce particulièrement bien sur les roches. Elle les attaque et altère leurs minéraux, dissout les ions qui les composent et, finalement, les transforme en ce qu'on appelle un sol. Ce sol pulvérulent va rester plus ou moins longtemps sur place. S'il s'agit d'une pente raide dépourvue de végétation, la survie du sol sera brève. S'il s'agit d'une pente plus douce, la végétation s'installe, retenant les matériaux solides et retardant l'érosion. Si l'homme cherche à utiliser ce sol à son bénéfice, il en accélère souvent la destruction.

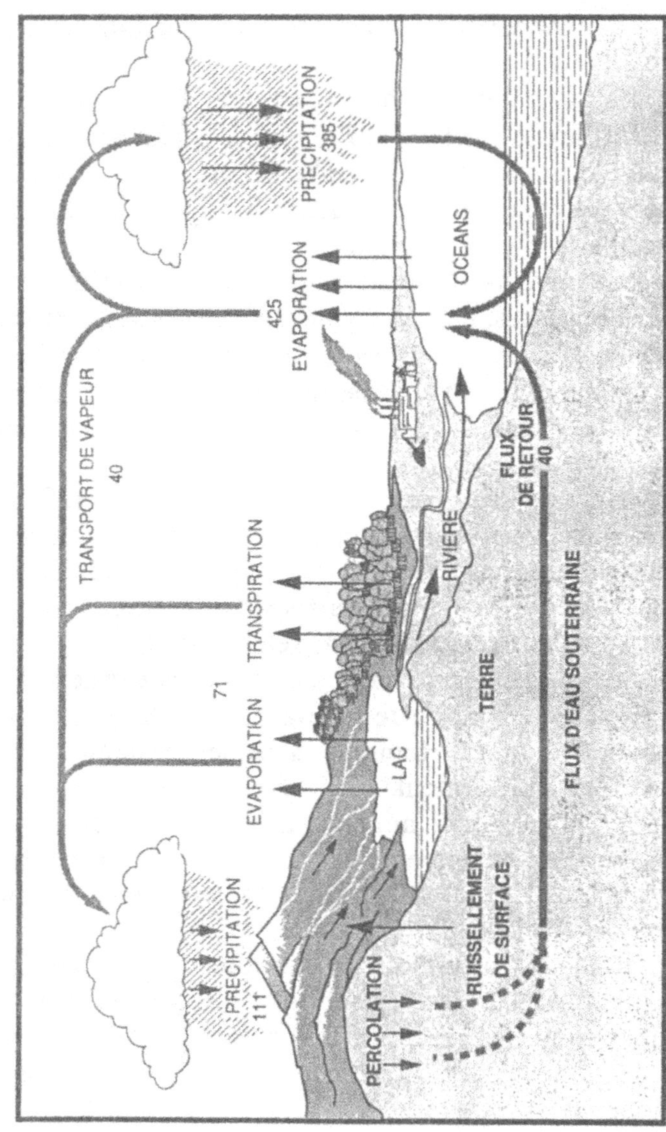

Fig. 7. — Le cycle de l'eau (les chiffres indiqués sont en kilomètre/cube par an).

Car l'eau qui ruisselle ne fait pas qu'agir chimiquement. Elle a le pouvoir de charrier mécaniquement les particules, surtout après les orages. Les rivières boueuses en période de crues sont l'illustration de ce transfert mécanique des produits de l'érosion.

Naturellement, ce scénario est modulé par divers facteurs.

L'altitude, d'abord. Plus elle est élevée, plus l'érosion y est intense, comme si l'eau perdait de son agressivité avec la proximité du niveau de la mer. Nous verrons comment l'homme peut utiliser à son profit cette étonnante propriété.

Le climat, ensuite. L'altération et l'érosion sont d'autant plus intenses que le climat est chaud et humide. La chaleur accélère les réactions chimiques d'altération. Quand la température augmente de 10°, la vitesse d'érosion est multipliée par deux. Entre un pays tempéré et un pays chaud, le rapport des vitesses d'érosion dépasse six. L'action de la température est renforcée dans les pays tropicaux par la grande pluviosité, qui augmente la puissance d'altération. Or, dans certaines régions équatoriales, il tombe de 1 à 2 mètres d'eau par mois, alors qu'il peut n'en tomber que dix fois moins dans les pays tempérés.

Ainsi, l'eau continentale rabote les reliefs créés par les forces internes du globe. La géographie des continents est le résultat de la lutte entre ces deux forces antagonistes : naissance des montagnes et des volcans d'un côté, érosion par les eaux de l'autre. Les matériaux ainsi arrachés aux reliefs continentaux sont transportés par les fleuves vers l'océan. Le transfert se fait soit sous forme de sels dissous, soit sous forme de particules solides. Les dépôts dans le fond de l'océan s'étageront en sédiments de nature diverse.

Retournant à l'océan, l'eau s'y trouvera à son tour brassée, mélangée, transportée, jusqu'au moment où, de nouveau évaporée, elle recommencera son cycle éternellement renouvelé.

Parfois, ce cycle revêt des allures un peu particulières. Il en va ainsi, par exemple, lorsque l'eau est à l'état solide. C'est le cas vers les grandes latitudes ou les grandes altitudes : de l'atmosphère, il ne tombe pas de l'eau, mais de la neige. Agglomérée au sol, cette neige des pôles ou des montagnes finit par donner des glaces. L'eau se trouve alors stockée, en quelque sorte retirée du cycle pour quelques dizaines, centaines ou milliers d'années au moins.

Les plus gros réservoirs de glace sont la calotte polaire antarctique et celle du Groenland. Là sont stockées des quantités considérables d'eau douce. Un réchauffement général du globe ferait fondre ces calottes polaires, entraînant du même coup une montée du niveau des mers.

Tel est le cycle géologique de l'eau, agent de toutes les transformations et de toutes les évolutions de la surface de la Terre.

Pour agir géologiquement, l'eau combine son grand pouvoir de réactivité chimique et son pouvoir de fluide transporteur. Mais son cycle a des conséquences climatiques non moins importantes, que ce soit par le biais de l'humidité ou par son influence thermique.

L'eau a des propriétés thermiques étonnantes. Sa capacité calorifique — c'est-à-dire la quantité de chaleur qu'il faut fournir pour élever sa température — est parmi les plus élevées de tous les composés chimiques naturels. En retour, une masse d'eau chaude véhicule donc une grande quantité de chaleur qu'elle pourra rendre à son environnement en se refroidissant. En outre, l'eau a besoin d'une grande quantité de chaleur pour s'évaporer : chaque molécule d'eau qui s'évapore absorbe une importante quantité de chaleur. Exprimée en termes savants, la chaleur latente de vaporisation représente 540 calories par gramme. Lorsque, à l'inverse, ladite molécule se condense, elle libère cette chaleur latente. Ainsi le cycle évaporation-précipitation transporte-t-il de la chaleur de l'océan vers les continents. La pluie apporte de la chaleur : lorsqu'il pleut en hiver, le temps se réchauffe ; c'est la chaleur latente qui est restituée ! La cause en est cette simple transformation de la vapeur en liquide au cours de laquelle les molécules d'eau, en s'assemblant, libèrent de la chaleur.

A l'échelle planétaire, ce transfert de chaleur a des effets considérables.

A ce transport direct de chaleur se superpose un autre facteur de modifications climatiques dû aux nuages. Les nuages blancs réfléchissent une partie du rayonnement solaire et jouent donc un rôle d'écran, on dit qu'ils augmentent l'*albedo* de la planète. Leur multiplication contribue ainsi à abaisser la température de surface de la Terre. A l'inverse, l'atmosphère humide piège une partie du rayonnement infrarouge réfléchi par la Terre, comme le fait le gaz carbonique, et contribue à l'« effet de serre » réchauffant sur lequel nous reviendrons.

Le cycle de l'eau se trouvant ainsi décrit dans ses grandes lignes, donnons encore quelques précisions utiles avant d'examiner les modifications que l'homme lui fait subir.

Le volume des divers réservoirs de l'eau terrestre, dont la somme s'appelle en termes scientifiques l'*hydrosphère*, est très dissemblable. Si l'on évalue le total de l'hydrosphère à un million d'unités, 972 000 sont contenues dans l'océan ; 20 000 sont stockées dans les glaces polaires ; les rivières ne représentent qu'une unité, soit le millionième du volume des océans ; les lacs représentent 170 fois plus que les rivières ; les eaux souterraines sont nettement plus abondantes et représentent près de 7 000 unités, dont la moitié sont des eaux profondes situées à plus de mille mètres au-dessous du sol (mais ce chiffre est sans doute imprécis à un facteur deux !) ; l'eau présente dans l'atmosphère représente 10 unités ; celle stockée dans les êtres vivants n'est que de 0,4 unité.

A lire de tels chiffres, on pourrait penser que seuls les océans ont de l'importance. En fait, il n'en est rien, car il convient d'examiner ce cycle d'une manière dynamique.

Le *temps de résidence* est le temps moyen pendant lequel une molécule d'eau reste dans un réservoir. Une molécule d'eau reste en moyenne dix jours dans l'atmosphère, cent ans sur les continents, quarante mille ans au sein de l'océan. Les différences de temps de résidence mettent en évidence le rôle dynamique des rivières et de l'atmosphère. Ces réservoirs représentent certes un faible volume, mais le temps de résidence de l'eau y étant très court, ce rôle est d'autant plus important.

En effet, le volume d'eau dans l'atmosphère n'étant que de 10 unités, le temps de résidence y étant de 10 jours, en un an, l'atmosphère aura transporté 360 « unités » d'eau. L'ensemble de l'océan sera donc passé par le stade vapeur en 3 000 ans, ce qui, à l'échelle du temps géologique, est très court. Pour nous autres humains, les eaux continentales sont les plus importantes, puisque ce sont elles que nous buvons, que nous utilisons pour nos besoins, notre agriculture, notre industrie. Ce sont ces eaux qui tombent du ciel, constamment en mouvement, constamment renouvelées, que l'homme pollue désormais et dont les réserves, on s'en aperçoit, ne sont pas infinies.

Suivons à présent le cycle de l'eau en allant de la pluie vers l'océan. Car de sa préservation dépend notre survie.

La pluie souillée

Aux yeux de tout profane, l'eau de pluie est symbole de pureté et de qualité. Comment en serait-il autrement ? N'est-elle pas le résultat d'une évaporation de l'eau de mer, donc d'une véritable distillation ? Et y a-t-il meilleur gage de pureté que l'eau distillée ?

Pourtant, il faut se résoudre à regarder la vérité : l'eau de pluie n'est pas pure, elle l'est même de moins en moins. Elle devient même par endroits toxique !

L'analyse chimique de l'eau de pluie « naturelle » montre déjà que cette eau n'est pas pure. Elle contient des ions dissous comme ceux que l'on trouve dans les rivières, même si c'est en concentration plus faible. La quantité de matières dissoutes varie de 2 à 20 milligrammes par litre d'eau. Par comparaison, l'eau douce des rivières en contient 110 milligrammes par litre, et l'eau de mer 3 500 milligrammes par litre. C'est donc une eau « peu salée » — mais « salée » tout de même, puisque certaines eaux de pluie ne sont que cinq fois moins concentrées que des eaux « douces » ! Elle l'est moins dans les pays éloignés de toute industrie, mais ceux-ci deviennent de plus en plus rares, même si l'Amazonie ou le Congo demeurent des régions relativement vierges. Les ions contenus dans l'eau de pluie sont les mêmes que ceux contenus dans l'eau des rivières : potassium, sodium, calcium, magnésium, sulfates et chlorures, avec une abondance relative plus grande du chlorure de sodium, et moins grande des bicarbonates.

La composition chimique de l'eau de pluie est déterminée par les petites particules solides qui sont transportées par l'atmosphère et que l'on appelle *aérosols*. Ces derniers sont formés de trois composants naturels principaux : les sels marins, extraits mécaniquement lors de l'évaporation de l'eau de mer, sous forme dissoute, et qui se précipitent dans l'atmosphère ; les poussières du sol arrachées par le vent et projetées dans l'atmosphère ; enfin des particules biologiques (bois mort, cendres, etc.) et, périodiquement, les particules émises par les éruptions volcaniques. Après une forte éruption, ces dernières peuvent devenir des composants importants, comme ce fut le cas après celle d'El Chichón, au Mexique, mais elles figurent en général en quantités négligeables.

Toutes ces particules ont des dimensions de l'ordre du micron (millième de millimètre).

95 % de l'eau contenue dans l'atmosphère s'y trouvent sous forme de vapeur diffuse, sauf lorsqu'elle se rassemble en nuages. L'eau y est alors présente dans ses trois états : liquide, solide et gazeux, et de multiples changements de phases ont lieu à l'intérieur même du nuage, les gouttes s'évaporant, se condensant parfois en glace, se sublimant, se recondensant, se mélangeant, etc.

La pluie se déclenche grâce à un phénomène de nucléation autour des particules d'aérosols. Ces dernières jouent alors un rôle de catalyseurs, de déclencheurs. Autour d'une gouttelette d'eau s'en agglomèrent d'autres ; lorsque la masse de cet embryon est suffisante, il tombe dans le nuage, et, au cours de sa chute, heurte d'autres micro-gouttes qui, à leur tour, viennent grossir la goutte en chute ; celle-ci déclenche d'autres condensations sur d'autres particules. Ainsi se produit un phénomène de réactions en chaîne ou en cascade qui donne naissance à la pluie. (Parfois, ce déclenchement a lieu grâce à des particules d'eau elles-mêmes condensées en glace et qui jouent le rôle de germes de condensation.)

La durée de vie d'un nuage est brève : environ dix heures. La durée de vie d'une goutte d'eau est en moyenne d'une heure. A l'intérieur d'un nuage, l'eau passe donc constamment de l'état gazeux (vapeur) à l'état liquide. Ce n'est que lorsqu'elle est à l'état liquide que l'eau réagit chimiquement avec les aérosols et acquiert sa composition chimique. Par ailleurs, en tombant, les gouttes d'eau entraînent les aérosols et poussières diverses et nettoient ainsi le nuage. La seconde averse qui se déclenchera à partir du même nuage sera donc beaucoup plus propre, puisque son eau charriera moins de particules solides pour se charger chimiquement.

Tel est, grossièrement esquissé, le mécanisme par lequel la pluie acquiert sa composition chimique. Il explique que les averses des régions proches de l'océan, réagissant avec les aérosols marins essentiellement constitués de cristaux de chlorure de sodium solubles, sont salées et salent à leur tour les prés avoisinants où paissent les fameux moutons (prés-salés). Dans les régions industrielles, les mécanismes sont identiques, mais la nature des aérosols particulaires change. Aux aérosols naturels s'ajoutent les poussières produites par l'homme et ses industries. Certaines ne sont pas fondamentalement différentes des aérosols naturels : ainsi les poussières issues des carrières. D'autres, au contraire, sont extrêmement dangereuses : ainsi celles qui sont constituées ou qui sont porteuses de composés soufrés, de nitrates ou de phosphates. Déposés sur les particules solides ou à l'état de gaz, des composés comme les oxydes de soufre réagissent avec l'eau pour donner de l'acide sulfurique. De même, les nitrates et les phosphates finissent par produire des acides nitriques et phosphoriques. Ces acides rendent l'eau de pluie *acide*. Or une eau acide attaque la matière vivante tout comme elle attaque les métaux. Cette pluie devient donc dangereuse pour l'homme comme pour les constructions métalliques ou pierreuses.

Son action nocive est multiple. Elle peut d'abord être directe : elle attaque la peau ; inhalée, elle peut contribuer à créer des lésions internes ; bref, elle corrode tous les tissus vivants mis à son contact. Lorsqu'il pleut dans les régions industrielles, il vaut mieux avoir un chapeau sur la tête pendant les dix premières minutes de pluie !

Cette eau acidifie les champs, les forêts, les lacs, les rivières. On a beaucoup décrit les forêts bavaroises ou scandinaves décimées par les pluies acides. Il ne fait pas de doute qu'il existe des cas où les pluies acides ont littéralement troué les feuilles des arbres et endommagé la forêt. Toutefois, il semble que l'on ait quelque peu exagéré ces effets et que la mort de milliers d'arbres dans la forêt souabe soit due autant à des épidémies parasitaires qu'aux pluies acides.

En revanche, l'acidification des lacs scandinaves est un

phénomène incontestable qui a, nous le verrons, des conséquences écologiques graves. Celle des rivières l'est un peu moins. Les effets sur les constructions humaines sont moins directement dangereux, mais économiquement très dommageables. Les bâtiments se dégradent à des vitesses multipliées par dix ou vingt par rapport à la vitesse de dégradation naturelle. Lorsqu'il s'agit de monuments, de sculptures ou de façades prestigieuses, ce n'est pas négligeable (on a bien fait de mettre à l'abri la statue équestre restaurée de Marc-Aurèle à Rome). Les carrosseries des automobiles parquées en plein air sont piquées par les gouttes de pluie et s'altèrent très vite.

Ces effets se caractérisent aisément. On mesure l'acidité d'une eau par son pH. L'échelle pH varie de 0 à 14. Chaque passage d'unité signifie un changement d'acidité d'un facteur dix (cette échelle est logarithmique). La neutralité correspond à un pH = 7. L'eau de mer comme le sang sont légèrement basiques, avec un pH de 8. L'eau de pluie normale est légèrement acide, avec un pH de 6 à 5,8. Dans les zones industrielles, l'eau de pluie voit son pH descendre jusqu'à 5 ou 4, parfois moins : 2,4, comme en Corse en 1974, ce qui correspond à une solution de vinaigre ! A ces pH, l'eau devient corrosive et possède un pouvoir dissolvant très accru.

Quelles sont les causes ultimes de ces pluies acides ? Les deux principales sont les oxydes de soufre et d'azote.

Les composés soufrés proviennent de trois sources :

1. Les traitements de minerais sulfurés ; l'exemple type est l'usine de Sudbury, au Canada, l'un des grands centres mondiaux de production du nickel.

2. La combustion des charbons, dont un certain nombre

contiennent des quantités importantes de soufre. Dans ce registre, les charbons polonais ou les lignites allemands sont particulièrement nocifs. (Je ne résiste pas au malin plaisir de rappeler qu'il y a quelques années, lorsque le mouvement écologique, dominé par les Allemands, se concentrait tout entier contre le nucléaire et citait comme exemples de sources d'énergie acceptables le charbon et les lignites, j'avais brisé quelques lances avec lui en soulignant les dangers combien plus grands du charbon !)

3. L'essence, dont la combustion dégage des quantités non négligeables d'oxyde de soufre.

Quant aux oxydes d'azote, ils proviennent d'abord de la combustion des charbons et du pétrole. Leurs sources majeures sont donc proches des villes et des centrales thermiques.

Les oxydes de soufre sont environ trois fois plus répandus en Europe que ceux d'azote, mais ce déséquilibre tend à décroître sans que la fréquence des pluies acides diminue pour autant. Tout se passe comme si une réglementation plus stricte tendait à réduire l'importance des oxydes de soufre sans empêcher les oxydes d'azote de prendre le relais !

La durée de vie des oxydes de soufre ou d'azote dans l'atmosphère est de quelques jours (jusqu'à 10 pour les oxydes d'azote). Elle leur permet de franchir des distances allant de 200 à 2000 kilomètres.

Sauf en ce qui concerne le brouillard acide des villes polluées, dû le plus fréquemment à des fumées locales et aux gaz d'échappement des voitures, la cause directe des pluies acides repérées en un lieu donné est souvent à rechercher très loin. Ainsi les pluies acides scandinaves ont-elles des origines polonaises, allemandes ou britanniques. Les pluies acides qui atteignent les Appalaches et l'est des États-Unis viennent en majorité du Canada ; à l'inverse, celles qui atteignent Montréal proviennent de la zone des Grands Lacs américains. Ainsi, les réglementations très strictes prises par les Norvégiens ou les Suédois pour lutter contre les pluies acides n'ont-elles eu que peu d'effets sur l'état de leurs lacs et de leurs forêts. Cette migration des pluies acides a suscité des tentatives d'accord entre le Canada et les États-Unis pour y faire face.

Si l'on souhaite appliquer le fameux slogan « les pollueurs doivent être les payeurs », il faut donc sortir des frontières. Techniquement, on n'a aucune peine à remonter à la source des pollutions. Les moyens techniques sont à notre disposition, de la spectroscopie par satellite jusqu'au traçage par isotopes radioactifs de très longue période (sans nocivité aucune !). Encore faut-il que le pays pollueur accepte d'indemniser le pays pollué ! La distance de transport des pluies acides et la géographie de l'Europe devraient permettre de bâtir un programme européen de lutte contre celles-ci qui soit réellement efficace. Protégée à l'ouest par l'Atlantique, au sud par l'absence d'industrie, l'Europe des pluies acides n'a qu'à s'en prendre à elle-même ! L'entrée des Européens de l'Est dans le concert des nations européennes pourrait être mis à profit pour édicter une législation très stricte permettant de lutter réellement contre ce fléau.

Existe-t-il des moyens d'éviter les pluies acides ? On peut sans hésitation répondre par l'affirmative. Les moyens techniques existent pour filtrer les composés soufrés concentrés à la source, qu'il s'agisse de filtres à poussières ou de filtres chimiques. On peut en équiper usines et centrales thermiques à condition de le vouloir, donc de payer. Pour ce qui est des oxydes d'azote, on en revient au problème de l'automobile (déjà évoqué et sur lequel nous reviendrons encore) ; il est certain que des filtres catalytiques bien conçus peuvent déjà diminuer notablement l'émission d'oxydes.

Voilà donc un problème bien identifié, bien compris scientifiquement, dont la solution ne dépend que d'une volonté politique multinationale, par exemple à l'échelle européenne. Pourquoi ne pas chercher à le résoudre avec la même énergie que les questions liées à la protection de la « couche » d'ozone ?

L'eau de surface : ruissellement, rivières et fleuves

L'eau apportée par la pluie sur le continent se partage entre divers trajets possibles.

Le premier est celui de la réévaporation. L'eau retourne dans l'atmosphère. Elle le fait soit directement, soit en transitant par les plantes et leurs feuilles. On parle alors d'*évapotranspiration*. Près de 62 % de l'eau qui tombe du ciel y retourne ainsi directement sans jouer un grand rôle pour nous ni pour la géologie.

Le second est celui de l'absorption dans le sol, puis le sous-sol. Cette eau d'infiltration va alimenter les eaux souterraines, sur lesquelles nous reviendrons.

Le troisième est le ruissellement. L'eau s'écoule sur les sols imperméables en allant bien sûr du haut vers le bas, des sommets vers les vallées, des vallées vers les plaines, des plaines vers la mer. C'est cette eau de ruissellement — qui ne représente que 30 % de l'eau de pluie — qui joue le rôle géologique le plus important.

D'abord lors de sa phase de ruissellement désorganisé, aléatoire, au cours de laquelle elle s'étale sur le sol sans trajet précis. Parfois, ce ruissellement se fait à la surface même ; parfois il emprunte la mince pellicule de terre qui recouvre le sol. L'eau chemine alors entre la surface et le monde souterrain dans une zone non saturée en eau que l'on appelle *vadose*. Mais c'est toujours un cheminement de surface. Au cours de cette phase, elle est en contact avec la roche déjà altérée ou encore dure et solide. C'est là qu'elle l'attaque chimiquement et l'altère. A cette occasion, elle transporte mécaniquement les petites particules du sol qu'elle a isolées par corrosion chimique. La manière dont cette altération et ce transport se font dépend beaucoup de l'existence ou de l'absence de végétation, et du type de végétaux présents. Lorsque le tapis végétal est fait de résineux à racines courtes, le sol est mal retenu et l'érosion va bon train. Lorsqu'aucune végétation n'est présente, l'altération est encore plus efficace et rapide. Ainsi le déboisement ou la disparition des résineux sont-ils des actions qui accélèrent l'érosion. Nous allons voir dans quelle proportion.

Petit à petit, en dévalant les pentes, l'eau de ruissellement s'auto-organise. En rus, en ruisseaux, en rivières, en fleuves, l'eau finit par dessiner sur le sol un canevas de chenaux ramifiés, anastomosés, qui ressemble, vu d'avion (ou de satellite), aux nervures d'une feuille d'arbre. Ce *réseau hydrographique* est une structure née du chaos de l'eau de ruissellement et pourtant extrêmement bien orga-

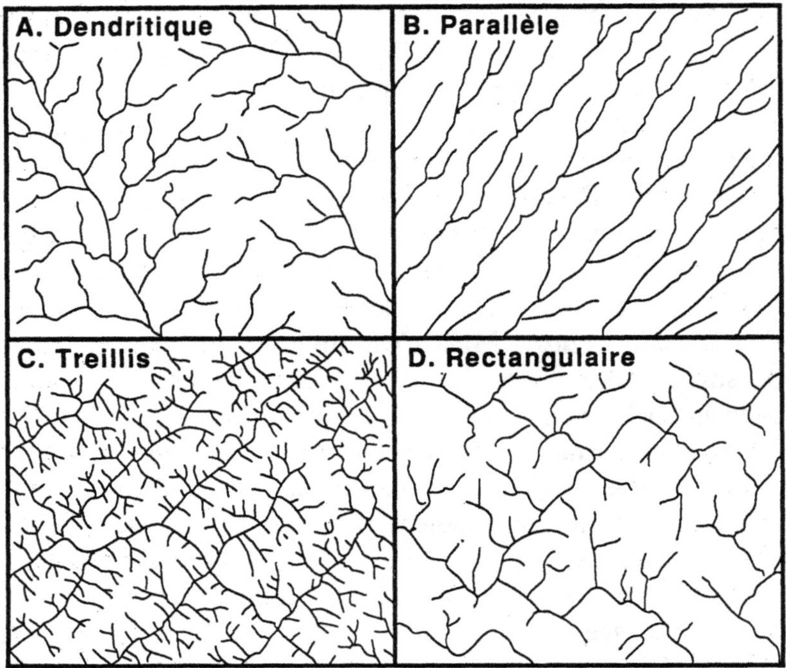

Fig. 8. — Divers types de réseaux hydrographiques.

nisée, obéissant à des règles simples qui dépendent de la pente, donc de l'altitude, et du temps (au sens géologique du terme). C'est là un bel exemple de création spontanée de structures naturelles, d'*auto-organisation*, que, grâce aux progrès de la science moderne des instabilités, on commence à comprendre. Il s'agit d'un véritable réseau de canalisations collectant et évacuant l'eau ruisselant sur le continent, comme s'il avait été construit à cette fin. Il possède une figure visible et une structure cachée. Il est alimenté à la fois par le ruissellement de surface et par l'infiltration souterraine. Autrement dit, les rivières grossissent par l'apport de leurs affluents, mais également par celui de leurs propres berges, apport dont une bonne partie est souterraine, cachée. Le plus souvent, cet apport latéral est au moins équivalent en volume à l'apport de surface, quand il ne lui est pas supérieur. Ce qui suggère qu'il existe, associé au réseau de surface, un véritable réseau invisible, enfoui, dont l'importance est au moins aussi grande que celle du réseau visible. Ce réseau n'a manifestement pas la même forme, il est diffus, étalé ici, resserré là, mais il est interconnecté et communique avec le réseau de surface. Le témoignage le plus évident de l'existence de ce réseau hydraulique caché est l'existence même des sources — source de la Loire au mont Gerbier-de-Jonc, sources du Rhône et du Rhin dans les Alpes, sources du Nil plus mystérieuses encore. Toutes ces sources témoignent de la présence et du rôle de ce monde hydraulique caché ; avec elles, tout le réseau hydrographique se trouve alimenté même en l'absence d'orages. C'est bien la preuve qu'il existe « en profondeur » un stockage de l'eau douce et, en même temps, une fuite continue de ce réservoir. Ce stock est à l'évidence alimenté par la pluie et libéré graduellement ensuite.

Ce réseau caché ne se réduit pas aux sources initiales. Il recèle de multiples réservoirs, des trajets complexes, des sources latérales qui alimentent les berges des rivières et des fleuves. Ses capacités de rétention sont considérables. Compagnon souterrain et invisible du réseau de surface, il l'alimente, joue pour lui un rôle essentiel de régulateur hydraulique. Ainsi, un cours d'eau comme la Somme, dont l'alimentation par le réseau caché est abondante, a-t-elle un débit régulier indépendant des saisons, alors qu'à l'inverse, le Gers, peu alimenté de cette manière, connaît un débit très variable, tantôt à sec, tantôt en crue.

Ayant évoqué ce compagnon caché, revenons à nos réseaux.

Un réseau jeune est un réseau simple fait de rivières droites et parallèles. On en voit sur les pentes raides des montagnes.

Un réseau vieux et évolué contient beaucoup de ramifications secondaires, tertiaires, quaternaires. C'est ce type de réseau que l'on rencontre dans les régions déjà arasées.

Le réseau complexe se développe à partir d'un premier ruisseau, créé lorsque la pente était raide. La nature n'en laissera survivre qu'un tous les cent ou cinq cents mètres, puis un tous les dix ou cent kilomètres. Sélection naturelle progressive, née du hasard. Mais celui-là grossira, captera des affluents, et finira peut-être par devenir aussi grand que l'Amazone !

Pour que cet embryon devienne un large fleuve, il devra avoir grandi plus vite que ses voisins, mais il devra en outre avoir trouvé avant les autres la mer, l'océan ou quelque grand lac, bref, le niveau de référence à partir duquel son énergie « n'existe plus ». C'est en effet l'altitude par rapport au niveau de la mer qui confère à l'eau son énergie mécanique, celle qui lui donne le pouvoir de couler des sommets vers les vallées, des vallées vers la mer, qui la fait s'écouler plus vite sur les pentes raides que sur les aplats. C'est en somme la gravité qui fait courir l'eau.

La conséquence peut paraître paradoxale à première vue : *si l'eau coule de haut en bas, l'érosion se développe de bas en haut.* C'est au bas des pentes que l'érosion est la plus forte, et elle remonte la pente petit à petit. Elle est d'autant plus forte que l'est la différence d'altitude entre la crête et la base. A grande échelle, l'érosion est d'autant plus importante que l'altitude de départ est plus élevée. Voilà les deux règles simples qui, globalement, commandent tout, par-delà les variations des conditions géologiques ou climatiques locales.

Mais à cette règle d'érosion simple et globale s'en superpose une seconde, plus subtile et plus analytique. L'érosion se développe par la combinaison de deux actions : chimique et mécanique. La chimie infiltre, corrode, désagrège, elle dissout tel minéral, préserve tel autre. La mécanique entraîne les grains et particules séparés par la chimie. En même temps, l'érosion mécanique évacue le sol, ramène au contact de l'eau la roche fraîche et permet donc au pouvoir corrosif de l'eau de s'exercer à nouveau. Ces deux types d'érosion se confortent l'un l'autre, tout en n'obéissant pas aux mêmes déterminismes.

L'érosion chimique dépend de la pluviosité et de la température locales, donc du climat. L'érosion mécanique dépend de la force vive de l'eau, donc de l'altitude. L'érosion chimique agit continuellement, progressivement, sournoisement. L'érosion mécanique s'exerce soudainement, lors des orages, des crues. En effet, le pouvoir de transport de l'eau augmente fortement avec son débit. La crue a un pouvoir d'érosion mécanique mille fois supérieur à ce qu'il est en période sèche ou de pluie fine (on le voit bien à la couleur des rivières, claires par petite pluie, boueuses par gros orage).

A partir de ces données, on peut étudier comment

l'homme en vient à exercer une influence sur l'érosion. D'abord par le biais de la végétation, donc de ses plantations et des destructions de forêts. Nous avons déjà évoqué le rôle direct des arbres feuillus dans la retenue des sols. Mais à ce rôle s'en superpose un second vis-à-vis du réseau caché, du réseau d'infiltration souterrain. L'existence d'un tapis végétal réduit et retarde le ruissellement de l'eau ; le réseau souterrain développe alors une multitude de petites poches qui peuvent se remplir d'eau et constituent autant de « retards » au ruissellement. Ceux-ci dépendent des trajets, des formes des cavités, de leurs interconnexions ; ils vont de plusieurs heures à plusieurs semaines. Ce sont les paramètres qui déterminent notamment les inondations, ou plus simplement les crues des rivières et leur débit.

Ces « retards » sont réglés par le réseau invisible que nous avons évoqué ; ils dépendent de la facilité avec laquelle la pluie atteindra ce réseau invisible, donc de la perméabilité de surface. Ils varient selon les branches des cours d'eau, selon la force du réseau hydrographique. Supposons que l'eau ne s'infiltre plus : délivrée par l'orage, elle ira remplir directement les ruisseaux, les rivières ; les trajets des diverses branches du réseau (quand ce dernier est évolué) étant tous très voisins, les vagues d'eau arriveront ensemble au confluent, submergeant les berges. On assistera là au phénomène dévastateur des inondations.

Comment l'homme peut-il provoquer une telle catastrophe, une telle avalanche d'eau ? D'abord et avant tout en détruisant ou en mutilant la forêt, en réduisant le nombre de « feuillus », en particulier dans les parties montagneuses du réseau fluviatile. Mais également en cimentant ou goudronnant les milliers de chemins, sentiers, routes vicinales, en accélérant par là même la collecte de l'eau et en prolongeant par une série d'entonnoirs le réseau hydrographique.

Parfois, ces modifications introduites par l'homme ne vont pas jusqu'à augmenter la fréquence des crues, mais elles accroissent celle des pulsions hydrauliques. Si les dégâts en vies humaines ou en habitats détruits sont incomparablement moindres, les dégâts en termes d'accélération de l'érosion mécanique — qui, ne l'oublions pas, ne se produit qu'à l'occasion des orages et des crues — restent très importants, notamment par la destruction progressive des sols cultivés. Ces phénomènes d'érosion intensive comptent parmi les plus dangereux pour la population mondiale.

Les inondations engendrent des désastres cruels. Au cours d'une année normale, 1985-1986, on a dénombré 626 morts et 1,6 million de foyers endommagés. En 1983, au Setchuan, on a compté 1 300 morts ; 1,5 million d'habitants de cette région de Chine perdirent leur maison et les dommages furent estimés à 5,5 milliards de francs.

En France, même si les morts ne sont pas fréquents, les inondations coûtent chaque décennie plusieurs milliards de francs à la nation.

Or l'influence humaine dans ce fléau est manifeste. Non seulement la fréquence des inondations augmente plus vite que la pluviosité (la Chine, mais aussi la France, en sont des exemples patents), mais l'étude de l'hydrographie d'une zone donnée — avant et après urbanisation — a bien mis en évidence ce phénomène.

A présent que satellites et ordinateurs permettent d'observer et de modéliser simplement les réseaux hydrographiques, il est indispensable de faire des simulations sur tous les bassins versants des grands fleuves, de prévoir leurs hydrographies et de prendre les mesures correspondantes. Ces dernières peuvent être de deux types : construction de barrages en amont, d'une part, reboisement et aménagement de l'autre. Reboiser en feuillus, c'est ce qu'on recommence à faire en France depuis quelques années. De même faut-il aménager les chemins vicinaux en employant des matériaux poreux qui permettent l'infiltration des eaux tout en évitant de réaliser des collecteurs d'eau artificiels.

Une étude menée sur les grands fleuves du monde a permis de mesurer à leur embouchure la composition chimique de leurs eaux, de leurs boues, ainsi que leur débit aqueux et boueux ; on estime qu'actuellement 15 milliards de tonnes de matériaux sont ainsi érodés et transportés annuellement des continents vers la mer. Cette étude a conduit à préciser la contribution de chacun. Ainsi l'Amazone, à lui seul, charrie 1 milliard de tonnes de matériaux vers la mer, alors que le Congo, second fleuve du monde par le débit, n'en charrie que 100 millions de tonnes. Le Yang Tse, dont le débit est analogue à celui du Congo, en charrie huit fois plus que lui. Le Mississipi, dont le débit est la moitié de celui du Congo, en charrie trois fois plus.

Ces comparaisons rapides ont incité les chercheurs à cerner les raisons de ces différences. Leur conclusion est que les bassins de ces fleuves ont des altitudes variées, mais, surtout, renferment des proportions de forêts et de zones cultivées différentes. A partir de ces données, on a pu mesurer l'influence humaine sur l'érosion. Diverses estimations indépendantes permettent de dire, par référence à une érosion qui serait purement naturelle, que *l'homme a globalement multiplié par 2,5 la vitesse d'érosion des sols.*

Cette érosion atteint en priorité les zones cultivées. On estime que l'érosion y est huit fois supérieure à ce qu'elle est en forêt (à climat égal). Ce sont donc d'abord principalement les sols arables qui sont détruits. Pour remédier à cette destruction, on ajoute des engrais, on arrose le plus possible : double désastre ! D'une part, on pollue ; d'autre part, en l'assaisonnant de sels multiples, on tend à « saler » le sol et à le rendre impropre à la culture.

La préservation des sols est donc une priorité absolue. Elle peut se faire par deux techniques :

a) La préservation *in situ,* par la technique bien connue des terrasses ou des plantations épousant les courbes de niveau, reste une méthode simple et éprouvée.

b) La reconstitution à l'aide de transport de graviers, sables, argiles mélangés à du calcaire et de la potasse. Méthodes onéreuses, mais qu'il faut pourtant envisager d'utiliser systématiquement.

La nature met dix mille ans pour créer un sol. L'homme moderne le « détruit » en cinq cents ans ou moins. Le total des terres cultivées du monde diminue chaque année de 1 à 2 %. Peut-on laisser faire ? D'autant que si ces destructions atteignent tous les pays, elles en affectent certains dont l'état de sous-développement commanderait d'éviter de tels désastres !

Les satellites nous permettent d'observer avec soin ces phénomènes ; les techniques de travaux publics et celles de l'agriculture nous donnent les moyens d'y remédier. Il faut s'y mettre ! Pour nous, certes, mais plus encore pour les pays qui n'ont que leur sol pour survivre.

Les eaux souterraines

Les réserves d'eau douce souterraines sont beaucoup plus importantes que celles présentes à la surface (au moins de 5 à 7 000 fois supérieures !). Parmi ces eaux, certaines sont proches de la surface et constituent ce réseau invisible qui « double » le réseau hydrographique. Une proportion plus importante s'enfonce grâce aux trajets privilégiés que lui offrent les grandes failles, créant ainsi un réseau souterrain profond. Songeons que plus de la moitié des eaux souterraines sont situées à plus de mille mètres de la surface !

Ce réservoir souterrain a des comportements variés. Parfois il se comporte en véritable rivière, se propageant, s'écoulant et finissant tant bien que mal par atteindre la surface. Ce type de réseau souterrain est bien connu en pays calcaire, où il fait la joie des spéléologues.

Parfois, il imprègne les roches et constitue de véritables nappes souterraines, souvent captives, prisonnières entre des couches imperméables, enfermées par des structures géologiques complexes. Retrouver ces eaux souterraines, leur trajet, déterminer leur débit, évaluer leur importance, constituent les buts d'une discipline géologique passionnante, *l'hydrogéologie.* Combinant les méthodes de la géologie structurale, de la mécanique des fluides (notamment dans ses applications aux milieux poreux et fissurés) avec celles de la géochimie isotopique (qui lui permettent d'utiliser des traceurs efficaces et de mesurer ainsi les temps de transport des fluides de la surface aux profondeurs), elle permet d'estimer, pour une région donnée, le potentiel hydrologique des profondeurs et d'en dessiner les contours.

Parmi ces eaux profondes, certaines sont fossiles, emprisonnées en profondeur depuis des millénaires. Telles sont les nappes captives du sous-sol saharien, privées du contact avec la surface depuis plusieurs centaines, voire plusieurs milliers d'années. Ces nappes ne s'alimentent plus. Si on les pompe, on les assèche. Il faut donc les traiter comme des gisements et les exploiter comme tels, en prenant en compte les risques d'épuisement de ces réserves.

Des eaux profondes sont associées aux nappes de pétrole et se déplacent avec elles. Elles constituent une gêne pour l'exploitation pétrolière et sont impropres à la consommation humaine.

D'autres enfin sont des eaux chaudes : soit parce qu'elles sont d'origine très profonde (l'on sait que la température augmente en moyenne de 10 degrés par kilomètre lorsqu'on s'enfonce sous terre), soit parce qu'elles se trouvent dans des régions volcaniques où l'augmentation thermique avec la profondeur est beaucoup plus forte. On parle alors d'eaux thermales. Le pouvoir dissolvant de l'eau croissant avec sa température, ces eaux thermales sont chargées de sels minéraux dissous. Beaucoup sont exploitées comme telles et fournissent des eaux de consommation.

D'autres, enfin, ne sont ni thermales ni pétrolières. Ce sont les plus abondantes et les plus intéressantes pour l'homme.

Pendant longtemps, ces eaux souterraines ont été considérées d'une part comme un modèle de pureté absolue, d'autre part comme une réserve quasi infinie.

Leur origine n'était pas bien connue. Venaient-elles

toutes de la surface ou se partageaient-elles entre eaux de surface recyclées et eaux profondes, juvéniles, expulsées de l'intérieur du globe ?

L'analyse des isotopes de l'oxygène et de l'hydrogène des eaux thermales du monde entier, entreprise par Harmon Craig, de l'université de Californie (San Diego), a montré sans ambiguïté que toutes les eaux thermales ou souterraines ont pour origine des eaux tombées du ciel, puis infiltrées dans les profondeurs. La question des origines est donc résolue, et, avec elle, le mythe du « réservoir infini » s'est envolé. Les réservoirs internes n'existent que lorsqu'ils sont renouvelés !

Leur origine ultime étant l'eau de pluie, restait à déterminer la provenance géographique des eaux souterraines. Les travaux menés depuis quelques années, notamment grâce à l'utilisation des traceurs isotopiques du strontium et du thorium, ont permis de montrer que cette provenance était parfois très lointaine et que les eaux souterraines pouvaient parcourir plusieurs centaines, voire des milliers de kilomètres. Celles des Grandes Plaines américaines viennent pour une grande part des Montagnes Rocheuses. Plus près de nous, les nappes du Languedoc sont alimentées par les eaux des Cévennes et du Massif central. Ainsi la source du Lez, qui alimente en eau douce la ville de Montpellier, coule-t-elle à un débit raisonnable alors qu'une sécheresse sévit sur le Languedoc depuis plusieurs années.

Cette indication invite donc à étudier les réseaux souterrains à une échelle géographique régionale afin d'en comprendre la logique chimique ou hydrodynamique. En second lieu, il convient de connaître leur vitesse de régénération. Ces eaux constituent un stock important, certes, mais avons-nous le droit de le pomper sans discernement ?

En ce qui concerne les eaux des plaines de l'ouest des États-Unis, où des forages systématiques ont été effectués, on a pu montrer que les eaux profondes mettaient 150 ans à se reconstituer. Ce chiffre donne une idée des limites dans lesquelles gérer leur exploitation.

Quoi qu'il en soit, voici une priorité absolue pour l'avenir : dresser l'inventaire des eaux souterraines profondes de notre territoire, leur vitesse de régénération, et définir une stratégie rigoureuse d'exploitation. Voilà qui est essentiel pour tous les pays méditerranéens (dont la France), vital pour les pays africains.

Pollutions des eaux

La pureté des eaux souterraines est longtemps restée une réalité. Percolant à travers des roches poreuses, l'eau était pour ainsi dire filtrée de ses particules solides. Les bactéries aérobies et anaérobies se chargeaient du reste, dégradant la matière organique, même si, dans le même temps, l'eau se chargeait d'ions des roches qu'elle traversait (d'où le nom d'eaux minérales souvent donné à ces eaux profondes). Cette eau était pure, potable et consommable.

Pourtant, depuis quelques années, les observations de plus en plus nombreuses sur l'eau des villes nous amènent à réviser cette idée. Les eaux souterraines sont de plus en plus polluées, leurs trajets souterrains ne les purifient plus que fort peu. Il semble que les bactéries, dépassées par leur tâche, n'aient plus le temps de faire leur travail. Nous n'évoquons pas ici ces pollutions « traditionnelles » qui ont constitué la cible privilégiée des études hydrologiques au fil des décennies (cimetières, décharges locales, égouts), dont la multiplication est d'ailleurs devenue dramatique, mais une pollution beaucoup plus générale et généralisée dont la source est à la fois agricole, industrielle et urbaine.

Deux accusés principaux :

1. Les engrais et pesticides agricoles, dont l'abus finit par tout polluer ;

2. Les détergents industriels organiques, dont les films monomoléculaires passent au travers des processus de filtration naturelle, ainsi que les phosphates.

S'y ajoutent les pluies acides, dont l'accumulation dans les réserves stagnantes pose problème, et la pollution des sous-sols des zones urbaines par des produits toxiques que l'on y a trop imprudemment et systématiquement enterrés. L'une des plus spectaculaires de ces pollutions est due aux déchets radioactifs enterrés dans des caves en ciment en zone urbaine : le ciment étant poreux, on a ainsi pollué des nappes phréatiques pour longtemps (sans doute la nappe située au-dessous de Fontenay-aux-Roses est-elle dans ce cas).

Les plus nocifs sont sans nul doute les déchets chimiques soufrés ou nitrés qui transforment certaines eaux d'imprégnation du sous-sol des villes en solutions acides extrêmement corrosives. La diffusion en milieu poreux aidant, de telles sources peuvent polluer de grandes quantités d'eau.

Contre ces menaces, les pouvoirs publics du monde entier — du moins ceux des pays les plus développés — ne restent pas inactifs. Les inventaires des réserves d'eau, leur protection, leur contrôle se multiplient (ainsi, en France, avec le rôle essentiel des Agences de bassins). Mais le problème atteint désormais des dimensions continentales et des mesures encore plus strictes devront être prises, notamment dans les zones alimentaires des nappes.

A côté de ces problèmes, la pollution des rivières et des fleuves est un phénomène spectaculaire non négligeable, mais pourtant second. D'abord parce que les eaux souterraines représentent des réserves au moins 2 000 fois supérieures. Ensuite parce que, par sa dynamique d'écoulement, le fleuve se renouvelle, donc se nettoie lui-même (dès lors, bien sûr, qu'on a fait disparaître la source de pollution). Comme pour les eaux souterraines, les sources de pollution des cours d'eau sont agricoles et industrielles, mais obéissent plutôt à un ordre inverse. Les pollutions agricoles, parce qu'elles sont étendues, diffuses et généralisées, polluent lentement et inexorablement les eaux souterraines. Les pollutions industrielles atteignent plus facilement les rivières et les fleuves dans la mesure où les usines ont tendance à utiliser leurs eaux propres et à les relarguer au même endroit. A cela s'ajoutent les détergents industriels, notamment les phosphates, rejetés par les égouts dans les rivières. Sans compter les pollutions accidentelles, comme celle dont le Rhin a été récemment victime.

La pollution des rivières et des fleuves est naturellement plus facile à détecter que celle des eaux souterraines, puisqu'ils coulent à la surface. Encore faut-il les contrôler. Ce n'est pas le moindre mérite des mouvements écologiques que de monter une garde tatillonne sur les rivières et fleuves des régions industrielles. Pourtant, il faudrait dépasser ce stade et instaurer des contrôles systématiques, dont les résultats seraient rendus publics, de tous les grands cours d'eau d'Europe. Pour les plus grands, ces contrôles seraient journaliers : étude des principaux polluants, des éléments majeurs, de la matière organique. Pour les rivières, un contrôle mensuel suffirait.

Par parenthèse, c'est à partir d'actions de ce type que l'on créera des emplois « utiles » ! Depuis peu, des efforts sont accomplis dans ce sens, mais, faute d'une législation suffisante, ils sont sans commune mesure avec les besoins réels.

Lacs et barrages

Le régime des lacs et ses perturbations par l'homme revêtent une importance particulière : d'une part, parce qu'ils représentent en volume une proportion importante des eaux douces ; d'autre part, parce que les lacs sont des éléments de vie fondamentaux dans certaines régions du globe (Canada, nord des États-Unis, Écosse, Scandinavie, Afrique orientale, etc.). Quant aux barrages, leurs lacs ont beau être artificiels, l'activité générale de ces derniers est tout à fait analogue à celle des lacs naturels.

Un lac est une sorte de petite mer fermée remplie d'eau douce. Telle pourrait être sa définition sommaire. En fait, un lac se renouvelle de manière fondamentalement différente. Il reçoit certes de l'eau douce, comme la mer, mais il perd de cette eau douce par ruissellement ou infiltration, alors que la mer ne perd la sienne que par évaporation. La mer « se sale » ; les eaux des lacs restent diluées. Or, cette présence d'eau douce quasi stagnante va induire un phénomène très intéressant et spécifique aux lacs : la stabilisation et la déstabilisation thermiques créées par l'eau à quatre degrés.

La densité de l'eau, comme celle de tous les liquides, augmente lorsque sa température s'abaisse. Rien de plus logique : lorsque la température diminue, l'agitation molé-

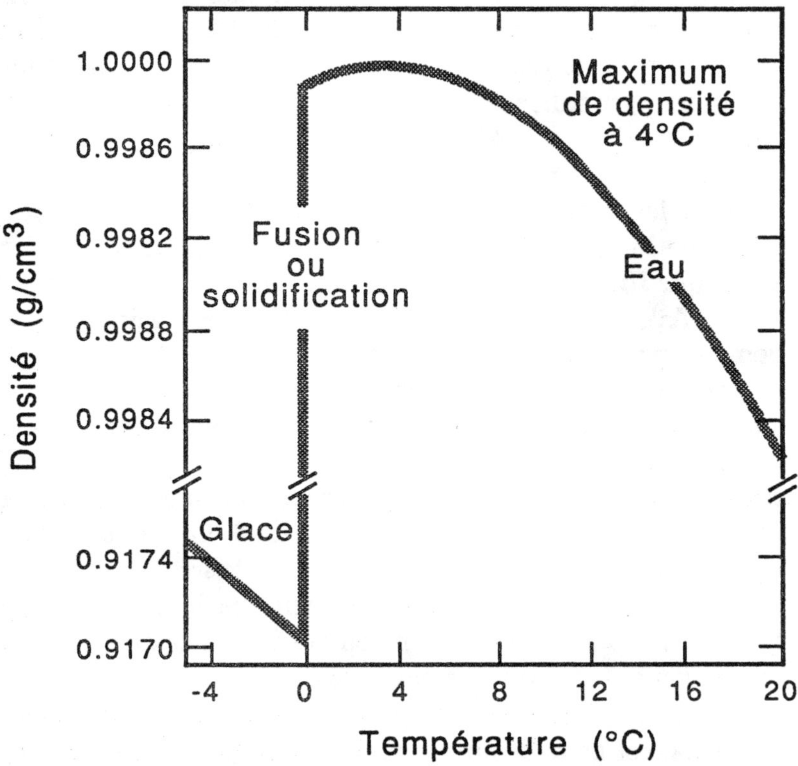

FIG. 9. — Courbe de la densité de l'eau en fonction de la température.

culaire diminue, la matière devient plus compacte, donc plus dense. Ce raisonnement vaut pour tous les liquides. Pourtant, l'eau solide, c'est-à-dire la glace, a une densité inférieure à l'eau liquide ! La glace flotte sur l'eau ! Sans vouloir s'étendre sur ce sujet, on peut noter que cette anomalie est due à la forme spéciale de la molécule d'eau. La conséquence en est que la densité de l'eau n'augmente avec le refroidissement que jusqu'à 4 °C. A température plus basse, la densité de l'eau diminue, annonçant en quelque sorte son passage à l'état solide. Le résultat net de ce phénomène physico-chimique assez étrange — ou à tout le moins particulier — est que la densité de l'eau passe par un maximum à 4 °C. *L'eau à 4 °C est plus « lourde » que l'eau à d'autres températures.*

Dans les régions tempérées et froides, ce phénomène physique induit pour les lacs un comportement saisonnier étonnant. En été, la température de surface est voisine de 25 °C. Avec la profondeur, la température diminue rapidement pour se stabiliser vers 6 ou 7 °C. La zonation thermique correspond à une zonation par densité. Les eaux les plus froides sont les plus denses, elles sont donc localisées vers le fond. Lorsque l'hiver approche, la température de surface diminue. Arrive un moment où la couche d'eau proche de la surface atteint 4 °C. Catastrophe ! L'eau la plus « lourde » est « en haut ». Instabilité ! Le lac bascule tête en bas. Les eaux de surface « tombent » au fond ; celles du fond viennent en surface. Les eaux du lac se trouvent ainsi brutalement brassées.

Ce mélange a des conséquences importantes, car eaux de surface et eaux des profondeurs sont fondamentalement différentes. Les eaux de surface, bien éclairées par le soleil d'été, ont développé une matière vivante abondante, tant en plancton qu'en algues bleues ou vertes et en plantes aquatiques. Les eaux des profondeurs, à l'inverse, sont riches en nitrates et phosphates, en carbone de décomposition, mais pauvres en oxygène que les bactéries ont consommé en détruisant la matière organique. Le brassage des eaux va donc charrier des produits nourriciers en surface, de l'oxygène et de la matière vivante vers les profondeurs.

L'hiver va mettre en place une nouvelle stratification stable au-dessous de 4 °C. Au printemps, avec la fonte des glaces et le réchauffement de surface, le phénomène inverse se produit. Apparition d'une couche à 4 °C vers le haut. Nouvelle culbute pour les eaux. Nouveau mélange.

Ainsi le changement des saisons réalise un brassage des eaux du lac, renouvelant l'oxygène et les produits nutritifs là où ils faisaient défaut, assurant le développement de la vie.

A partir de ce « scénario type », on peut imaginer diverses variantes :

Dans les lacs des pays chauds où aucun hiver ne peut générer une couche de surface à 4 °C, la stratification est stable au fil de l'année. On distingue une couche de surface aérée, éclaircie, à vie bien développée, et une couche profonde stagnante, sans oxygène, où les fermentations bactériennes réduisent la vie active.

Dans les lacs des pays méditerranéens, les inversions sont non pas régulières et saisonnières, mais impromptues et aléatoires. Elles se produisent à l'occasion de coups de froid occasionnels. Leur situation est intermédiaire entre celle des lacs bien mélangés et celle des lacs bien stratifiés.

Naturellement, le comportement du lac dépend aussi de sa dimension, de sa profondeur, de sa géométrie. Mais cette instabilité à 4 °C nous fournit sans conteste la clef de son comportement physique et l'une des clefs de son évolution biologique, donc chimique.

L'une des clefs, car l'autre réside dans la nature des eaux douces qui l'alimentent, et plus précisément dans leur composition chimique. Lorsque ces eaux ont traversé des terrains de nature géologique variée — granites, grès, etc. —, qu'elles sont donc riches en sels minéraux divers — potassium, sodium, silicium, magnésium, etc. —, elles vont nourrir le lac, lui apporter les éléments chimiques propres à alimenter les êtres vivants. Le lac lui-même sera donc vivant, avec végétation aquatique et poissons abondants. Lorsque les eaux n'ont traversé qu'un terrain plus ou moins uniforme, pauvre en tout sauf en calcaire, qu'elles sont donc indigentes en sels nutritifs, chargées essentiellement de calcium et de bicarbonates, le lac est clair, mais exempt de vie.

Hélas, ces deux cas extrêmes, théoriques, n'existent pratiquement plus aujourd'hui, sauf dans certaines zones parmi les plus récentes du globe. Les rivières traversent toutes des zones cultivées. Des ruisseaux, des ravines, des ruissellements parcourant les champs viennent s'y déverser. Tous ces écoulements apportent avec eux les engrais divers que l'homme a répandus sur le sol : nitrates, pesticides et surtout phosphates. Acheminés par la rivière, ils se déversent dans le lac. La couche superficielle étant bien éclairée, le lac recevant par sa rivière azote et phosphore en quantités suffisantes, les plantes vertes s'y développent grâce à la photosynthèse. Une végétation abondante, parfois luxuriante, y prolifère. Le lac est devenu *eutrophique*. Sa couleur devient sombre. Si le développement des plantes et des algues se poursuit, des espèces de poissons disparaissent. Le fond se couvre de matière organique et les fermentations s'y développent. Le lac vire au vert sombre, ses eaux se remplissent d'algues vertes. La baignade y est difficile. Seuls les brochets, les carpes et les perches peuvent encore y vivre dans un premier temps ; à la longue, même ces espèces finissent par mourir. En revanche, l'eau qui sortira du lac sera pure, débarrassée de la plupart des nitrates et phosphates. Les pesticides, probablement absorbés par les plantes, auront eux aussi pratiquement disparu. Ainsi le lac eutrophique joue un rôle de filtre chimique pour la rivière qui le traverse. Naturellement, les amoureux de la nature s'alarmeront à juste titre : le lac ne risque-t-il pas de mourir ? Si l'on souhaite y maintenir un équilibre propice à la vie, il va falloir en contrôler l'eutrophisation !

Lacs et barrages n'en constituent pas moins des réserves d'eau de qualité dont nous aurons sans doute grand besoin dans l'avenir.

Leur rôle n'est pas seulement d'ordre chimique. Un lac (et plus encore un barrage) est un régulateur hydraulique extrêmement efficace. D'abord par son action de réservoir à capacité variable. Le niveau d'un lac (ou d'un barrage) n'est pas immuable. Sa capacité de stockage peut varier d'un facteur deux (parfois même davantage). En cas de crue, un lac — ou mieux, un barrage — retiendra l'excédent d'eau et pourra ensuite le libérer lentement. A l'inverse, lorsqu'une saison sèche diminue le débit des rivières, le lac ou le barrage assure une réserve d'eau aux usages multiples : maintien de l'humidité locale, réservoir d'eau potable ou d'eau d'arrosage. C'est pourquoi, sans même évoquer leur utilité potentielle dans la production d'énergie hydroélectrique, les barrages sont des éléments essentiels pour la régulation des cours d'eau capricieux, en même temps que des réservoirs d'eau qui risquent de se révéler on ne peut plus précieux à l'avenir.

La seconde utilité hydraulique des barrages vient de ce qu'ils constituent des niveaux de référence secondaires pour l'érosion. Nous avons vu que l'érosion était remontante et que son intensité était d'autant plus forte que la différence entre le niveau de base et l'altitude de la structure en cours d'érosion était plus grande. Le niveau de base est en général le niveau de la mer, mais, lorsque s'interpose un lac ou un barrage, c'est le plan d'eau de ce dernier qui constitue le niveau de référence. Ainsi peut-on observer sur les hauts plateaux tibétains parsemés de lacs une érosion extrêmement faible, alors qu'ils se situent à 5 000 mètres d'altitude. Quelques centaines de kilomètres plus loin, l'Himalaya, « ouvert » sur la mer, s'érode cinq cents fois plus vite !

A moindre échelle, il en va de même pour tous les bassins hydrologiques convergeant vers un lac ou un barrage. L'érosion y est ralentie, la destruction des sols freinée, la végétation stabilisée. Créer un lac artificiel revient donc à ralentir l'œuvre destructrice de l'eau et à stabiliser des paysages, des montagnes avec leur flore et leur faune.

A ce phénomène de stabilisation dû à l'interposition d'un niveau de base intermédiaire est également liée la stabilisation du bassin des eaux souterraines, qui sont beaucoup mieux retenues par l'existence d'un barrage. A l'instar de l'érosion, l'évolution de la nappe phréatique dépend alors du niveau du barrage, et non plus de celui de l'océan. Là encore, le barrage a un effet de stabilisation des réserves d'eau douce.

Face à tous ces avantages, j'avoue mal comprendre l'acharnement des écologistes à l'encontre des barrages. Je conçois leur peur du nucléaire, je souscris à leur crainte de voir les catastrophes chimiques comme celle de Bophal se multiplier, je soutiens leur lutte pour la promotion d'une agriculture moins « chimique ». Mais je ne comprends pas leur phobie des barrages. Est-ce l'obstacle qu'ils constituent pour les saumons ? Qu'à cela ne tienne ! On peut construire pour ces poissons — qui, au demeurant, n'infestent malheureusement pas nos rivières... — des sortes d'échelles ou d'ascenseurs ! Est-ce la dégradation du paysage ? J'ai cru montrer qu'à terme, cette dernière était plus rapide par érosion qu'en l'absence de barrage. Sans doute du fait de l'eutrophisation, qui est en effet le péril principal, mais ne peut-on pas la contrôler ?

L'étude du développement biologique des lacs, notamment aux États-Unis, en Scandinavie et au Canada, a montré que le paramètre clé de ce phénomène était la teneur de l'eau en phosphore. Pour fabriquer de la matière vivante, il faut du carbone (C), de l'azote (N), du phosphore (P). Le carbone est dissous à l'état de gaz carbonique (CO_2) et absorbé par le processus de photosynthèse. L'azote est généralement dissous à l'état de nitrate (nous verrons que, dans l'océan, c'est là un facteur limitant important). Dans les lacs, des algues vert-bleu ont la propriété de pouvoir absorber directement l'azote de l'atmosphère (il n'en manque pas, puisque l'azote est son premier constituant). Quant au phosphore, il ne peut arriver qu'à l'état dissous, sous forme de phosphates, et son apport naturel est en général faible.

En y introduisant artificiellement du phosphate, on a pu déclencher artificiellement l'eutrophisation d'un lac. L'apport de phosphore cessant, le même lac est redevenu clair. Si l'on veut éviter leur eutrophisation, il est donc impératif de contrôler l'apport de phosphore dans les lacs et barrages. Les sources de phosphore sont : 1) les détergents, 2) les engrais agricoles, 3) les sources naturelles. Comme l'ont montré les études faites au Canada, on peut limiter l'apport en phosphates et contrôler ainsi l'eutrophisation.

Cette opération est difficile à réaliser par voie réglementaire, et il y aurait lieu de la comparer *a contrario* avec ce qui fut fait dans le cas de l'ozone. Il faudrait en effet bannir le phosphore des détergents (lessives et autres). Les industriels s'y refusent. Puissants, ils bloquent toute réglementation. Devra-t-on attendre que l'un d'eux mette au point un nouveau détergent sans phosphore et que, du coup, il devienne (comme Du Pont de Nemours dans l'exemple des C.F.C.) un ardent propagandiste anti-phosphore ? Ou va-t-on enfin obliger les industriels à se passer du phosphore dans leurs détergents et lessives ?

Il s'agit bien ici de linge sale !

Il existe un second facteur d'eutrophisation : la sédimentation excessive. Dans ce cas, le fond se rapproche de la surface, apportant avec lui ses bactéries, ses fermentations, son absence d'oxygène. Pour les lacs, il n'y a pas grand-chose à faire. Pour les barrages, en revanche, on peut les vider et les nettoyer de leurs sédiments.

De ce rapide survol de la passionnante géochimie des

lacs, qui fait l'objet de tant d'études en Amérique du Nord, nous retiendrons ces quelques renseignements essentiels : pour éviter l'eutrophisation des lacs, il faut contrôler leur teneur en phosphore et les récurer régulièrement. A ces conditions, lacs et barrages sont d'excellents milieux biologiques. Sauf... pluies acides !

En effet, ces pluies peuvent acidifier les eaux des lacs et y tuer toute vie animale, voire, à terme, toute végétation. Des exemples étudiés tant au Canada qu'en Scandinavie ont montré les ravages causés par cette acidification des lacs due à l'homme. Le plus spectaculaire est sans doute celui du lac de Sudbury, en Ontario, qui est « mort » avec le développement de la mine de nickel voisine.

Pourtant, les lacs acides peuvent guérir naturellement, mais dans un seul cas : lorsqu'ils sont implantés en pays calcaire. Dans ces conditions, la production intense de bicarbonate par l'érosion revient à « tamponner » le lac et à contrôler son pH. Quand le lac est implanté sur des granites ou des schistes, point de salut ! Il faudra attendre la fin des pluies acides, autrement dit en supprimer les causes...

La gestion de l'eau douce

Il faut désormais parler en ces termes et commencer à élaborer un programme sûr, sérieux et efficace de gestion de ce qui va devenir une matière première précieuse.

Vous n'êtes pas convaincu, la lecture des pages précédentes ne vous paraît pas autoriser un tel pessimisme ?

Examinons donc le problème *quantitativement*.

Globalement, d'abord. Il pleut sur l'ensemble des continents 40 000 km³ d'eau par an. Sur ce total, 25 000 km³ sont évacués vers les mers par des phénomènes de crues de rivières dont l'eau boueuse est inutilisable par l'homme. 5 000 km³ alimentent des régions inaccessibles à l'homme (jungle de Nouvelle-Guinée, par exemple). Restent pour notre consommation 10 000 kilomètres cubes d'eau par an.

Quantité considérable, direz-vous, puisque cela ne représente pas moins de 10 000 milliards de tonnes !

Certes. Mais l'homme en consomme déjà actuellement 3 500 km³, soit un tiers de cette masse.

Optimiste, vous remarquerez qu'avec ce qui est encore potentiellement utilisable, il y aurait de quoi satisfaire trois fois plus d'hommes qu'on n'en compte sur Terre aujourd'hui.

Cet optimisme diminuera sans doute lorsqu'on saura qu'entre 1950 et 1980, la consommation mondiale est passée de 1 000 à 3 500 km³, soit un facteur supérieur à

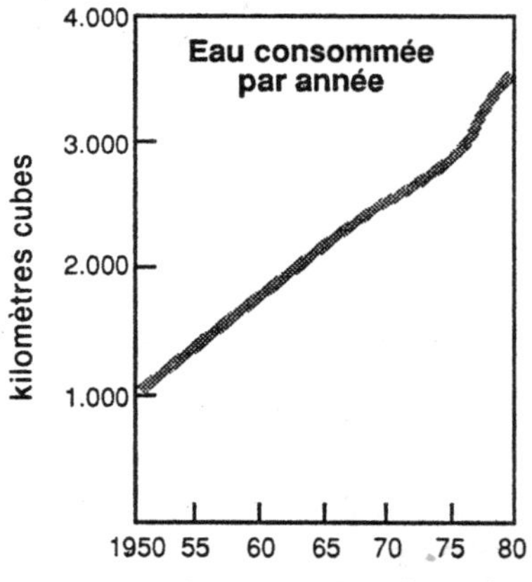

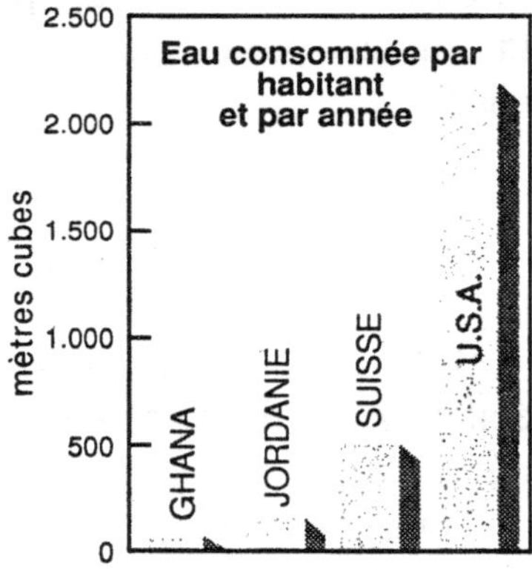

Fig. 10. — Consommation d'eau douce.

trois en trente ans. Trente ans encore, et nous atteindrons la pénurie ? Songeons qu'outre la croissance de la population mondiale, celle du niveau de vie implique une augmentation incessante de la consommation d'eau.

Un citoyen américain consomme 2 000 mètres cubes d'eau par an. Un Ghanéen en consomme 70 fois moins, un Suisse 4 fois moins.

Soyons optimistes et supposons que l'on élève le niveau de vie des pays sous-développés d'un facteur trois (ce n'est pas grand-chose, hélas !). Nous atteignons alors les réserves mondiales.

Il y a vraiment de quoi être inquiet.

Mais ceci est une estimation à l'échelle de la planète. Lorsqu'on descend au niveau des diverses entités régionales, la situation se présente de manière beaucoup plus tragique encore. Sans parler des pays du sud saharien pour lesquels la distribution d'eau pose des problèmes quasi insurmontables, nombre de pays sont déjà atteints par le manque d'eau. En Union soviétique, la mer d'Aral et le lac Baïkal voient leur niveau baisser par suite du pompage excessif de leurs eaux. Les eaux du Nil, du Jourdain ou du Gange sont désormais l'objet d'âpres disputes entre les pays riverains. Le droit de l'amont est mis en question et réglementé. L'aménagement du fleuve Sénégal a mobilisé beaucoup de moyens, sans satisfaire pour autant les besoins locaux. En Californie même, la consommation d'eau a dû être réglementée pendant l'été (une douche par jour, pas de bain !). Plus près de chez nous, la tension sur le marché de l'eau monte : été après été, on note des incidents de plus en plus nombreux entre agriculteurs et maires pour l'utilisation des réserves disponibles.

Abstraction faite des changements climatiques et en s'en tenant à l'observation des évolutions actuelles, nous avons atteint la cote d'alerte.

A quoi l'eau est-elle utilisée par l'homme ?

A l'agriculture, à l'industrie, à l'usage domestique. Les proportions varient selon les pays. En France, 20 % vont à l'usage domestique, seulement 40 % à l'industrie. Aux

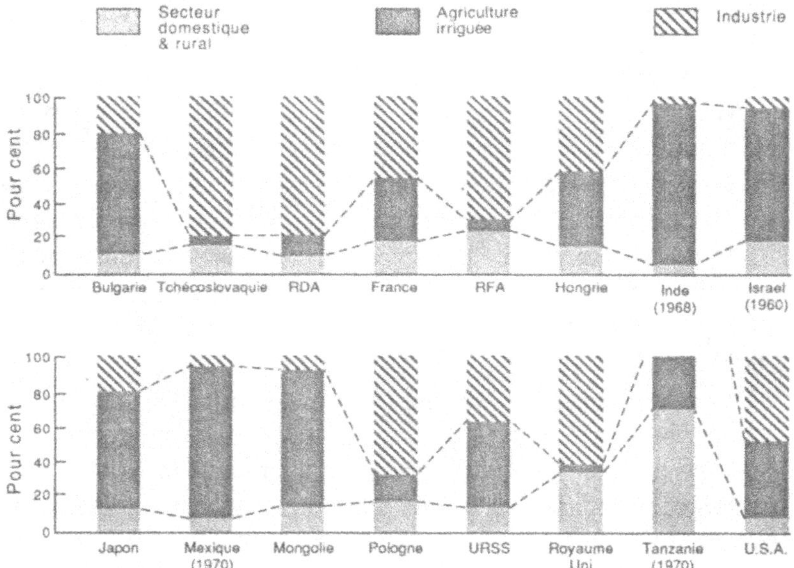

FIG. 11. — Utilisation de l'eau douce dans divers pays.

États-Unis, la part domestique est plus faible : 10 %. Au Mexique, la part industrielle n'atteint que 10 %.

Comment gérer l'eau de la planète ?

D'abord en l'économisant. Deux mesures peuvent être prises :

1. Augmenter l'efficacité de l'irrigation agricole qui, aujourd'hui encore, n'utilise en fait que 20 à 30 % de l'eau d'arrosage déversée. Les procédés dits de goutte à goutte aux racines pendant la nuit doivent être généralisés.

2. Recycler les eaux industrielles. Autrement dit, obliger les industriels à les dépolluer et à réduire leur propre consommation. Ceci ne peut évidemment être généralisé à toutes les activités, mais peut l'être à beaucoup.

Ensuite, en limitant sévèrement la pollution des eaux potables.

En dehors des sources industrielles (notamment par accidents) qui devront à l'avenir être mieux contrôlées et surveillées (journellement, sans doute), les trois sources de pollution endémique sont l'agriculture (en particulier par les nitrates et les phosphates), les déchets des villes et la contamination par les pluies. Cette dernière a déjà été évoquée ; nous reviendrons sur la seconde. Quant à la première, elle requiert la mise en œuvre d'une nouvelle manière de cultiver, moins chimique, plus contrôlée, ayant davantage recours aux progrès de la génétique sélective et du génie génétique qu'à ceux de la chimie minérale.

Le troisième type de mesures concerne le transport de l'eau à grande distance. C'est déjà le cas aux États-Unis : les villes de Los Angeles et de New York sont alimentées en eau potable de cette manière ; des projets encore plus grandioses sont à l'étude. Il nous faut à notre tour entreprendre de tels ouvrages d'art si nous voulons éviter que Marseille, Toulon ou Narbonne manquent d'eau un jour ! L'ère des aqueducs va peut-être redevenir d'actualité.

Le quatrième type de mesures concerne les eaux souterraines. Un calcul rapide montre que s'il faut 200 ans pour former une nappe souterraine profonde, un pompage annuel limité au deux-centième des réserves actuelles permettrait de doubler la quantité d'eau douce disponible sans dilapider le trésor aqueux enfoui dans le sol. Il faut donc s'y tenir dans les pays à l'état de survie hydraulique, comme ceux du Sahel. Il faut également l'envisager dans certaines régions chaudes ou méditerranéennes comme le sud de la France.

Pour coordonner toutes ces actions, il est nécessaire, dans un pays comme la France, de constituer un organisme de gestion de l'eau. Il revient en outre à l'État de mettre en chantier l'inventaire général de l'eau, en y employant tout notre potentiel technique. Cet effort devra être complété en amont par un travail de recherche scientifique sur les méthodes de prospection et d'exploitation des eaux cachées, notamment des eaux profondes. Des procédés géophysiques très sophistiqués ont été mis au point pour la recherche du pétrole ; il faut dès à présent les mettre à profit en leur fixant pour cibles les réservoirs d'eau profonde.

Enfin, toutes ces mesures resteront lettre morte si un arsenal législatif nécessitant des contrôles nombreux et réguliers n'est pas élaboré, adopté et appliqué. Rivières, fleuves, lacs, barrages, pluies, eaux souterraines, tout devra être régulièrement et systématiquement analysé. Les résultats de ces analyses devront être disponibles et commentés.

Car ne rêvons pas : le dessalement de l'eau de mer est certes un procédé utilisable, mais très onéreux à court terme. Le remorquage de la glace des icebergs restera une méthode marginale réservée à d'éventuels Émirats désertiques et riches. Ces deux méthodes étant économiquement peu rentables, mieux vaut décidément prévenir que guérir. Nous en avons les moyens, scientifiques et techniques aussi bien qu'industriels ou agricoles. Tout n'est désormais qu'affaire de volonté et de courage politique.

5

L'océan est-il
le purificateur infini ?

On a longtemps cru que l'océan était un milieu infini aux propriétés purificatrices sans limites. En ce temps-là, on pouvait sans crainte utiliser l'océan comme poubelle du monde, jeter en son sein tous les déchets, toxiques ou non, radioactifs ou pétroliers, aussi bien au large que dans les estuaires ou à proximité des côtes.

Depuis vingt ans déjà, cette illusion a disparu. L'océan n'est plus considéré officiellement comme un réservoir infini. On a enfin réalisé les limites de sa taille comme celles de son pouvoir. On a commencé à comprendre que si l'homme voulait continuer à bénéficier de ses richesses et de ses propriétés bienfaisantes, il fallait le protéger contre les effets nocifs dont l'homme est lui-même la cause.

La pollution la plus apparente et la plus spectaculaire est celle des hydrocarbures. C'est elle qui fait peur et a fait prendre conscience des dangers. Les accidents du

Torrey Canyon, de l'*Amoco Cadiz* ou de l'*Exxon Valdez* sont encore dans toutes les mémoires : ces tonnes de pétrole brut se répandant à la surface de l'océan, ces poissons tués par millions, ces oiseaux asphyxiés, ces plages gluantes, ces rochers noircis... — spectacle d'autant plus horrible qu'à ces images de destruction s'ajoutait presque toujours l'impression que rien ne pourrait arrêter le déversement du fluide visqueux, porteur de mort, qui recouvrait inexorablement la mer.

Moins spectaculaires, mais tout aussi dangereux, les milliers de pétroliers géants qui relarguent discrètement au large, souvent de nuit, leurs fluides empoisonnés. Chaque opération particulière a certes des conséquences moins graves que les accidents majeurs que nous venons d'évoquer, mais leur addition répétée finit par polluer davantage l'océan.

Les liquides organiques d'origine pétrolière ont des effets désastreux sur l'océan en raison de trois de leurs propriétés physico-chimiques qui se combinent, pourrait-on dire, négativement :

1. Ils sont plus légers que l'eau. Ce qui veut dire qu'ils restent à la surface et ne s'enfoncent pas dans les profondeurs océaniques.

2. Ils peuvent s'étaler jusqu'à constituer des films monomoléculaires. Ce qui veut dire qu'un faible volume se déploie sur des surfaces considérables. Une tonne de brut correspond à un volume de quelque 1 200 litres étalés sur une épaisseur d'environ 100 angströms, recouvrant donc une surface de plus de 100 km². Ainsi, un pétrolier vidant son chargement de 1 000 tonnes peut virtuellement polluer près de 100 000 km² d'océan, soit les trois millièmes de la

surface totale des mers. En fait, il ne souillera heureusement jamais une telle surface car, pour s'étaler, l'huile a
besoin de temps ; ce qui permet à la nappe d'être fraction-
née, étirée, détruite.

3. Ce film est imperméable non seulement à l'eau, mais
à l'air. Si le pétrole recouvre l'océan, l'oxygène (et les
autres gaz) n'y pénètre plus.

Or l'océan a besoin de respirer ! L'eau de mer contient
non seulement des sels minéraux dissous, mais aussi des
gaz dissous. Ces gaz — gaz carbonique ou oxygène —
s'échangent continuellement avec l'atmosphère, maintenant
dans la couche d'eau de mer de surface des teneurs plus
ou moins constantes. Or ces gaz dissous jouent un double
rôle : à grande échelle, ils sont partie prenante aux grands
cycles du gaz carbonique (dont nous verrons bientôt qu'ils
sont eux aussi menacés par l'homme) ; à une échelle
réduite, ils sont source de vie. Les cent premiers mètres
vers la surface constituent l'habitat d'un milieu vivant
particulièrement développé. La lumière qui pénètre jusqu'à
près de 80 mètres y provoque la synthèse chlorophyllienne
chez toutes les plantes vertes, en particulier chez les
milliards de petites algues microscopiques que l'on regroupe
sous le nom de *phytoplancton*. Pour avoir lieu, la synthèse
chlorophyllienne a besoin du gaz carbonique qu'elle absorbe
et transforme en matière vivante. Phytoplancton et plantes
constituent d'autre part les aliments des divers animaux,
en particulier des poissons, mais aussi de ces petites bêtes
microscopiques qu'on désigne sous le nom de *zooplancton*.
Ces animaux ont besoin de respirer ; ils ont donc besoin
d'oxygène. Si le renouvellement des gaz avec l'atmosphère
est bloqué par une couverture pétrolière étanche, la vie

végétale et animale disparaît. Le pétrole sur la mer, c'est donc l'asphyxie de toute vie !

Or l'importance de la vie marine est essentielle à tous égards pour l'équilibre général du globe, en particulier pour le cycle du carbone et de l'oxygène qui, comme celui de l'azote ou du phosphore, serait fondamentalement perturbé et transformé par une telle disparition. Les conséquences en seraient catastrophiques, d'abord sur le réservoir d'oxygène planétaire indispensable à notre survie, mais également sur le pouvoir d'autopurification de l'océan. Naturellement, l'effet le plus immédiat concernerait l'alimentation humaine, les poissons constituant un élément essentiel de la nourriture de près du tiers de l'humanité.

Cette action est encore plus nette et dévastatrice sur des surfaces limitées. Parce qu'il est fréquenté par l'homme, mais aussi parce qu'il constitue la niche écologique de quantités d'espèces vivantes, le milieu côtier est le plus vulnérable. La zone littorale intertropicale étant le grand réservoir de matière vivante du monde marin, sa vulnérabilité à la pollution marine est d'autant plus grande.

D'autres milieux fermés ou quasi fermés comme la mer Méditerranée, la mer Caspienne ou la mer du Nord sont eux aussi très vulnérables, et les effets à grande échelle de la pollution s'y font d'ores et déjà sentir.

La première question est de savoir si la nature est par elle-même capable de guérir ces désastres. On pourrait en effet penser qu'en dehors des catastrophes côtières, évitables par des mesures de contrôle appropriées, le reste de la pollution finira par être enseveli ou purifié par l'océan. Hypothèse assez logique, puisque le pétrole est théoriquement biodégradable. Mais, en l'état actuel de nos connaissances, on sait qu'il n'en est rien, du moins à l'échelle du mois ou même de l'année. La biodégradation est un phénomène très lent. Le pétrole répandu sur l'océan stagne pendant plusieurs années et constitue donc un danger réel dont on peut aujourd'hui cartographier l'étendue grâce aux moyens d'observation satellitaires.

Certes, on travaille à combattre ce danger par des moyens artificiels. D'abord par des moyens chimiques. Saupoudrer la mer de produits chimiques capables de détruire les longues molécules organiques et de rendre le pétrole soluble serait l'idéal. Encore faudrait-il qu'un tel produit agisse en petites quantités, sans quoi on aura beaucoup de mal à le répandre efficacement. Meilleure encore serait la solution consistant à sélectionner des souches de bactéries qui se nourrissent de pétrole et le digéreraient en somme assez vite. Malheureusement, si ces bactéries existent, elles agissent encore très lentement ; si elles peuvent à long terme débarrasser l'océan des produits pétroliers, elles ne sont pas à même de réparer rapidement les désastres écologiques (le génie génétique n'a peut-être pas dit son dernier mot à ce sujet, mais nous nous en tenons ici à l'état actuel des choses). Restent les procédés qui permettent de limiter géographiquement les dégâts : tels sont les flotteurs mécaniques ou les produits chimiques dits « surfaçants », car ils empêchent les huiles de s'étaler. C'est ce que l'on emploie.

Une étude systématique a permis d'évaluer la pollution pétrolière en mer. L'homme déverse annuellement dans l'océan 3 milliards de litres de pétrole. La moitié est due aux transports d'hydrocarbures ; l'autre moitié, convoyée par les fleuves ou par l'atmosphère, est donc d'origine continentale.

Pour la partie « transport », les accidents comme ceux du *Torrey Canyon* ne représentent « en moyenne » que le quart de la pollution. Les accidents dus aux forages pétroliers — tels que le *off shore* — n'y contribuent au mieux que pour un pour cent.

Que représentent ces chiffres ?

Une telle pollution se perpétuant pendant un siècle ne représenterait qu'un milliardième du volume de l'océan. Ce qui n'est pas grand chose.

Maintenu en surface, le volume d'huile déversé annuellement pourrait recouvrir la totalité de la surface des océans (si ces huiles avaient le temps de s'étaler jusqu'à des épaisseurs de 100 Å ; heureusement, ces nappes sont détruites, dispersées et digérées biologiquement bien avant d'en arriver là).

Pourtant, les chiffres de la contamination pétrolière des océans diminuent avec le temps. Ils étaient cinq fois supérieurs en 1967, époque où l'on en parlait peu.

Depuis lors s'est organisée une lutte systématique. L'événement qui a déclenché cette réaction est sans conteste l'accident du *Torrey Canyon* où 160 millions de litres de pétrole furent lâchés au large des côtes britanniques. On a rendu les réglementations plus strictes. Les peines infligées par les tribunaux ont été aggravées ; compagnies pétrolières et États n'ont pas tardé à réagir à leur tour.

On a également amélioré les moyens de lutte. Les plus efficaces sont les détergents qui dispersent les nappes d'huile brute, les transforment en gouttelettes et permettent ainsi leur assimilation par l'océan. Les premiers détergents utilisés étaient toxiques : lors de l'épisode du *Torrey Canyon*, leur utilisation a fait plus de mal que de bien. Les détergents actuels sont actifs et non toxiques ; leurs structures chimiques duales, avec une partie qui se lie facilement à l'eau et une partie qui, à l'inverse, se lie à l'huile, permet de casser les grandes chaînes moléculaires. On peut les disperser par avion ou hélicoptère, et leur effet est très rapide. Leur utilisation diminue d'un facteur quatre le coût de la lutte contre les accidents. Alors que l'emploi de moyens mécaniques ou le lavage individuel des plages reviennent à 100 francs par litre, ce coût est ramené à moins de 30 francs dans le cas des dispersants.

Il ne reste plus qu'à disposer de bactéries plus efficaces pour réunir une batterie de moyens appropriés. On est certes encore loin du compte, mais cet exemple montre que la technologie moderne est capable de résoudre les problèmes mêmes qu'elle engendre.

Le danger des produits pétroliers étant clairement identifié, on étend la question à d'autres produits. Plutôt que d'attendre, comme d'habitude, que la menace soit à nos portes, ne peut-on pas s'interroger avant qu'il y ait urgence ? Les rejets de produits industriels ou toxiques vont-ils polluer l'eau de mer et la rendre dangereuse ?

Pour répondre à cette question, livrons-nous à un petit calcul approximatif.

Prenons la production mondiale de quelques matières premières potentiellement toxiques, et multiplions-la par 100. Nous avons là une estimation de cette production totale pendant un siècle (à supposer qu'elle soit constante, ce qui est sûrement faux, mais permet de fixer les idées). Supposons que l'on dissolve toute cette production dans l'ensemble de l'océan dont la masse est $1,4.10^{18}$ tonnes (1,4 suivi de dix-huit zéros). On obtient alors l'augmentation de concentration que l'on imposerait ainsi en moyenne à l'eau de mer.

Il ne reste plus qu'à comparer ce chiffre à la concentration naturelle (actuelle) de l'eau de mer en ces divers éléments (voir tableau ci-dessous).

Éléments	Production annuelle (en tonnes)	A Augmentation de concentration de l'océan due aux rejets de toute la production pendant 100 ans	B Teneur moyenne naturelle	A/B en %
Fer (Fe)	520.10^6	10^{-6}	4.10^{-10}	$2,5.10^4$
Manganèse (Mn)	8.10^6	$5,7.10^{-10}$	10^{-11}	57
Chrome (Cr)	3.10^6	2.10^{-10}	$3,3.10^{-10}$	~ 1
Nickel (Ni)	7.10^5	5.10^{-11}	$4,8.10^{-10}$	0,1
Plomb (Pb)	3.10^6	2.10^{-10}	1.10^{-12}	200
Phosphore (P)	150.10^6	1.10^{-8}	4.10^{-8}	0,25
Soufre (S)	54.10^6	3.10^{-9}	3.10^{-3}	1/1 000 000
Uranium (U)	10^4	1.10^{-12}	3.10^{-9}	1/10 000

Cet exercice, effectué pour quelques éléments essentiels, fait apparaître plusieurs cas :

Pour des éléments comme l'uranium et le soufre, l'océan ne serait nullement affecté.

Pour le phosphore et le nickel, voire pour le chrome, la concentration de l'océan varierait de 10 à 100 %. Comme elle est très faible, ceci n'aurait aucune conséquence dangereuse.

L'océan est-il le purificateur infini ?

Pour le fer, le plomb ou le manganèse, la concentration de l'océan serait multipliée respectivement par 25 000, 200 ou 50, mais cette concentration serait juste un peu plus toxique qu'aujourd'hui.

Cet exercice met en évidence le côté « réservoir infini » de l'océan, qui paraît ainsi demeurer l'une de ses caractéristiques fondamentales. Pourtant, il serait naïf d'en rester là. Car l'océan n'accepterait pas de recevoir de tels nouveaux apports en demeurant inerte. Soit par sédimentation, soit par action biologique, il absorberait une bonne partie de ces « impuretés » et s'autonettoierait.

Prenons deux exemples : le phosphore et le fer. Tous deux sont des constituants de la matière vivante (le premier plus que le second). Une augmentation artificielle de leurs teneurs déclencherait une prolifération de la chaîne biologique et entraînerait finalement un enrichissement de l'océan en poissons. On constate en l'occurence que l'effet d'une « pollution » peut se révéler positif pour l'homme, ou ne pas comporter que des aspects négatifs !

Seconde limitation inhérente à cet exercice : à l'évidence, même une industrie sans morale ni réglementation n'ira pas jeter à la mer la totalité de sa production. Sinon, pourquoi produire ? Il faudrait donc au moins diviser ces chiffres par 10 pour obtenir des estimations raisonnables.

D'un autre côté, on fera remarquer que la dilution de ces éléments dans tout l'océan n'est pas le véritable problème, que les dangers réels sont plus localisés. Si nous faisions la même expérience en la restreignant à la Méditerranée ? Cette mer qui représente 0,5 % du volume total des océans verrait ses teneurs augmenter d'un facteur 200. Les pollutions deviendraient alors sans doute sérieuses pour le fer ou le manganèse, qui ne manqueraient pas de colorer l'eau de mer en rouge ou en mauve !

En fait, s'il permet de donner des ordres de grandeur, l'exercice que nous venons de faire ne peut être compris et utilisé qu'en disposant d'un peu plus de connaissances sur l'océan, son fonctionnement physique aussi bien que chimique.

La circulation océanique

Les masses d'eau océaniques sont animées de mouvements que l'on appelle les courants marins. Ces courants existent en surface, en profondeur, entre la surface et la profondeur, et assurent *à l'échelle du millénaire* un brassage complet de l'eau océanique au niveau du globe.

Les mouvements des eaux océaniques sont déclenchés par deux types de forces :

— l'une est mécanique ; c'est la force d'entraînement qu'exerce par frottement l'atmosphère. Nous verrons que les interactions océan-atmosphère sont déterminantes pour le climat ;

— l'autre est physico-chimique. L'eau salée est plus lourde que l'eau douce. L'eau froide est plus lourde que l'eau chaude. Ainsi, l'eau de mer s'évapore dans la zone équatoriale, se « sale » davantage, dérive vers les hautes latitudes où elle se refroidit. Là, au sud du Groenland — et à un moindre degré au nord de l'Antarctique —, les eaux de surface plongent dans les grandes profondeurs.

A partir de ce centre groenlandais s'organise alors une circulation dans l'obscurité, par plus de quatre mille mètres,

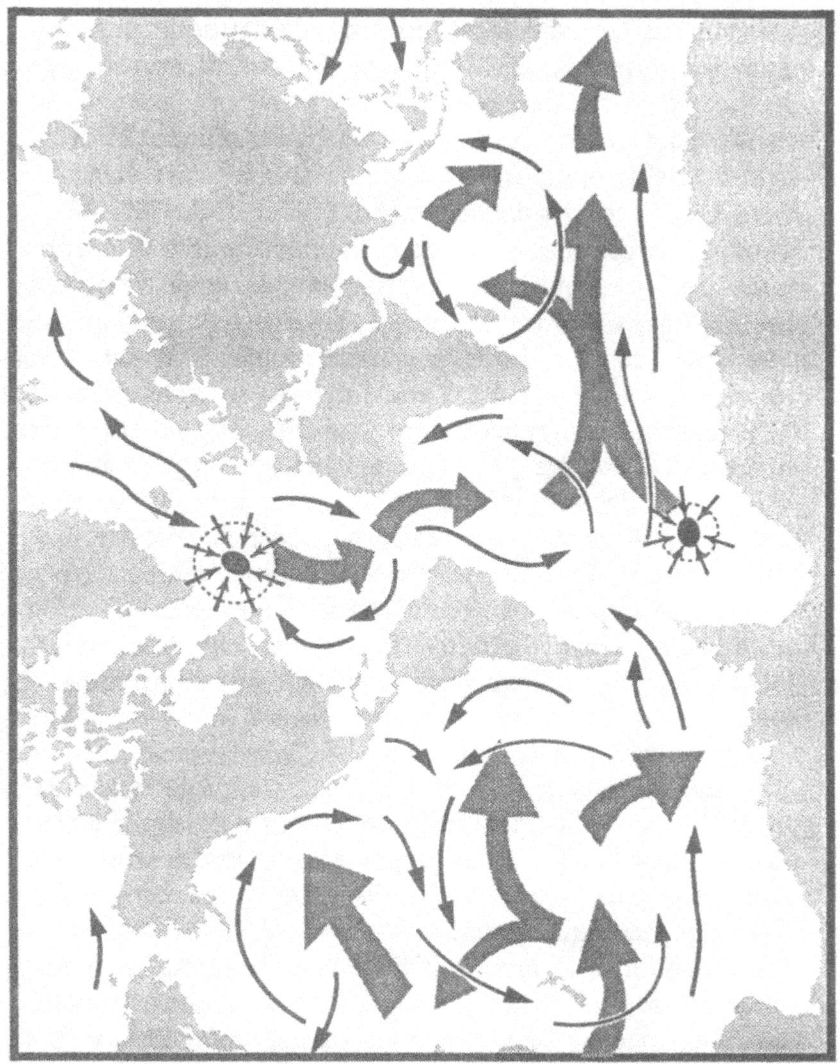

F IG . 12. — Schéma illustrant la circulation océanique. Les grosses flèches illustrent les courants de fond, les petites flèches la circulation de la surface.

qui conduit les eaux profondes de l'Atlantique nord jusqu'aux profondeurs du Pacifique. La température de ces eaux est alors voisine de 5 °C.

La structure physique de l'océan, attestée par la distribution des températures ou de la salinité, est stratifiée. Vers la surface existe une couche d'une centaine de mètres d'épaisseur, soumise à l'entraînement des vents atmosphériques, éclairée et donc chauffée par le soleil. Toute la circulation des courants marins superficiels est localisée dans cette couche. Dans sa grande majorité, la vie y est concentrée. Les courants y sont rapides, les échanges avec l'atmosphère nombreux. Cette couche est le siège des vagues, des tempêtes, et se trouve brassée en permanence.

A partir de 500 mètres et jusqu'au fond, c'est-à-dire jusqu'à 4 500 mètres en moyenne, c'est l'océan profond, froid, obscur, dont les mouvements sont très lents. Ainsi les eaux profondes du Groenland mettront *mille ans* pour atteindre les profondeurs pacifiques, soit une vitesse de 2,2 mètres à l'heure ! Comparez avec les courants marins de surface qui vont à 30 ou 40 km à l'heure !

Cette division entre couche de surface et océan profond n'est pas seulement une commodité de langage. C'est une stratification réelle entre deux couches qui ne se mélangent pas (ou très peu). Les échanges entre eaux de surface et eaux profondes sont très localisés, restreints à certaines zones géographiques précises.

La seconde contrainte qui règle la circulation des océans est la géographie, c'est-à-dire la distribution des continents. Ainsi les océans Atlantique et Indien sont des océans isolés ; la liaison entre eux et avec l'océan Pacifique (qui constitue à lui seul près de 50 % de la surface totale des mers) ne se fait que dans des zones bien définies qui constituent de véritables passages : cap de Bonne-Espérance, détroit de Magellan, îles de la Sonde. Ces communications, notons-le, se font autour du pôle Sud et non du pôle Nord, introduisant par là une dissymétrie fondamentale dans la circulation générale des océans.

Revenons aux liaisons entre océan profond et eaux de surface. Les descentes d'eaux de surface vers les profondeurs ont surtout lieu, nous l'avons vu, au sud du Groenland et, pour une plus faible part, au nord de l'Antarctique. Dans la circulation générale, ces deux zones sont des passages obligés ; cette localisation est une des raisons de l'extrême lenteur de cette circulation.

La remontée des eaux profondes vers la surface s'effectue elle aussi de manière localisée. Les zones de remontée (*up welling* en anglais) sont situées dans des régions côtières, en général au niveau de la zone intertropicale. Cette localisation a une conséquence écologique de première importance. Les courants profonds apportent avec eux des phosphates et des nitrates solubilisés au fond lors de la destruction par fermentation de la matière vivante. Or, phosphates et nitrates sont les compagnons du carbone dans la fabrication de la matière vivante. Aussi les zones où les eaux froides des profondeurs remontent vers la surface sont-elles des zones de forte productivité biologique. Lorsque ces courants atteignent la surface dans les régions ensoleillées où la synthèse chlorophyllienne est active, la productivité biologique de l'océan devient alors très intense.

Ainsi se manifeste dans les cent premiers mètres de l'océan une géographie biologique à forts contrastes. Certaines zones produisent par mètre carré de surface dix mille fois plus de matière vivante que d'autres. Comme toute la chaîne biologique est solidaire (les petits animaux mangeant le phytoplancton, les gros animaux mangeant les petits, etc.), les zones de pêche ou les régions biologiquement importantes représentent des surfaces limitées. Lorsqu'un accident pétrolier atteint ces zones privilégiées, le désastre est encore plus grand qu'ailleurs.

Cette circulation océanique revêt pour nous une importance capitale, puisque c'est elle qui détermine la vitesse avec laquelle les océans vont être mélangés, autrement dit la vitesse avec laquelle ils pourront utiliser leurs formidables réserves d'eau propre pour purifier leur surface souillée.

Pour ce qui est de l'océan total, le temps de mélange est de 40 000 ans ! C'est long, et même très long. Pour la couche de surface, le temps de mélange est beaucoup plus court : de l'ordre de cinquante ans. Ces chiffres ont été obtenus en appliquant à l'océan une « expérience » de traçage dans l'atmosphère : l'injection des produits radioactifs générés par certains essais atomiques dans l'atmosphère, notamment les célèbres expériences américaines de Bikini et d'Eniwetok. Cette méthode est ici complétée par l'utilisation du traceur naturel qu'est le carbone 14. Produit dans l'atmosphère par réaction des rayons cosmiques sur l'azote 14, cet isotope radioactif est incorporé dans certaines molécules de CO_2 et, à partir de là, dissous dans l'eau de surface de l'océan. Les échanges avec l'atmosphère étant permanents, sa concentration de surface est constante. En revanche, dès que les masses d'eau qui le portent s'enfoncent, il est privé de ce contact avec l'air, la radioactivité fait son œuvre et la proportion de carbone 14 par rapport aux autres carbones décroît. De cette décroissance, et connaissant la vitesse de désintégration radioactive (période : 5 900 ans), on déduit le temps depuis lequel l'eau a quitté la surface.

Si nous voulons donner quelque sens aux petits calculs que nous avons effectués plus haut, il faudrait donc les refaire pour la seule couche de surface. Son épaisseur étant de 500 mètres pour 4 500 mètres de profondeur moyenne, nous devrions multiplier les facteurs d'enrichissement par dix. On voit alors que pour les mers fermées, on atteindrait en surface des facteurs dépassant 1 000 pour certains éléments !

Pourtant, comme nous l'avons déjà noté, ce type d'estimation n'est pas suffisant, car l'océan n'est pas un système chimique inerte.

L'océan chimique

Une idée assez répandue consiste à considérer que l'océan est un grand réservoir alimenté par l'eau des fleuves et dont l'évaporation concentre les teneurs en sels dissous. Si l'eau de mer est plus salée que l'eau douce, c'est parce qu'elle aura été concentrée par évaporation. L'océan, dans ce schéma, apparaît comme une grande casserole où une sauce se concentre par évaporation. Il n'en est rien ! Ou plutôt, les choses sont plus compliquées.

Lorsqu'on analyse les sels dissous dans l'eau de mer et les sels dissous dans l'eau des fleuves, on constate en effet que leurs compositions sont différentes. L'eau de mer est dominée par le chlorure de sodium, l'eau des fleuves par le bicarbonate de calcium. C'est là l'indice qu'il s'est passé quelque chose dans l'océan. Celui-ci reçoit bien, pour l'alimenter, l'eau des fleuves, et avec elle les sels dissous qu'elle a « arrachés » aux roches des continents et qu'elle charrie. Mais ce n'est pas la seule source de matières de l'océan. L'atmosphère en apporte aussi : sous forme de poussières, certes, mais surtout sous forme de gaz qui se dissolvent dans l'eau de mer (principalement l'oxygène, l'azote, le gaz carbonique). Le fond de la mer apporte lui aussi des éléments, et de deux manières. D'abord par l'activité volcanique sous-marine, notamment le long de ces grandes montagnes immergées que l'on appelle dorsales ; là s'instaurent des échanges complexes entre l'eau de mer et la roche chaude, qui conduisent à enrichir la première en certains éléments (il s'agit en somme d'une érosion sous-marine à haute température). En second lieu, les sédiments qui se déposent au fond de la mer développent un environnement spécifique, notamment par suite des fermentations bactériennes qui s'y produisent, en particulier à l'interface eau-sédiments ; l'eau de mer extrait alors certains éléments chimiques et en dépose inversement certains autres.

Les apports ne sont donc pas limités aux fleuves.

En outre, la mer est le siège de phénomènes internes qui modifient continuellement son eau. Le premier est le phénomène de sédimentation mécanique. Lorsque des particules solides d'argile ou de silice tombent dans la colonne d'eau, ils absorbent certains éléments, comme le feraient des éponges spécifiques, et nettoient ainsi la zone qu'ils traversent. Ils transfèrent ces éléments de l'eau de mer sur le fond. Bon nombre de métaux, y compris des métaux toxiques, sont ainsi entraînés et extraits de la mer. De beaucoup le plus important, le second phénomène extracteur est l'activité biologique. Pour fabriquer leur matière vivante, les êtres vivants qui se développent en utilisant la mer comme biotope en extraient des éléments essentiels : le carbone, l'azote, le phosphore, à un moindre degré le fer. Certaines espèces sécrétant des coquilles en extraient le calcium (dans les zones chaudes) ou le silicium (dans les zones froides).

Comme on le voit, la composition chimique de l'eau de mer résulte d'une série de phénomènes complexes auxquels se superpose bien sûr l'évaporation, laquelle a pour effet de concentrer encore plus les sels, notamment en surface. Mais l'océan n'est pas pour autant une vulgaire bassine d'eau qui s'évapore au soleil !

Quelles conclusions tirer de tout cela ?

La composition minérale de l'eau de mer est extrêmement constante pour ce qui concerne ses six composants principaux, aussi bien dans sa salinité totale (35,5 g/litre) que dans la composition de cette salinité. Ces composants majeurs sont le sodium, le calcium, le potassium, le magnésium, le chlore et le soufre (sous forme de sulfate).

Les composants de l'eau de mer peuvent se diviser en trois catégories : ceux qui entrent dans la composition de la matière vivante (azote, phosphore, carbone, calcium) ; ceux qui ne sont pas associés à la matière vivante (comme le sodium, le potassium ou le chlore) ; les gaz, enfin, dont le comportement est un peu particulier. Les éléments inertes par rapport à la matière vivante ont dans l'océan des distributions assez uniformes, notamment entre les eaux de surface et celles des profondeurs. A l'inverse, ceux qui participent à la composition de la matière vivante ont des distributions qui varient avec la géographie et la profondeur. La couche de surface, siège de la photosynthèse, havre de vie, voit chuter sa teneur en ces éléments : ils sont dans la matière vivante, donc déficients dans l'eau. A l'inverse, lorsque l'animal ou le végétal meurt, son squelette tombe au fond ; là, soumis aux bactéries, il se dissout. La matière vivante passe en solution. Les eaux profondes sont donc plus concentrées en ces éléments.

Pour les gaz, le phénomène est plus compliqué. Leur teneur à l'état dissous est en équilibre avec l'atmosphère. D'un autre côté, ils sont soit consommés à la surface, comme l'oxygène ou le gaz carbonique, soit transformés par les fermentations en profondeur.

La connaissance de ces phénomènes généraux, combinée à celle des courants d'échanges entre eaux de surface et eaux profondes, permet de comprendre la distribution géographique des éléments, et, avec elle, celle des zones à forte productivité de matière vivante.

Notons que si les éléments majeurs se trouvent à des concentrations relativement faibles, les autres éléments sont à des concentrations extrêmement faibles.

L'opinion générale est que ce système a atteint un état d'équilibre, ou plus exactement un état stationnaire. La teneur des éléments dans l'eau de mer est supposée être constante. Autrement dit, les pertes compensent les apports.

Pour traduire cet état stationnaire, on calcule le temps de résidence des éléments chimiques dans l'eau de mer en divisant le stock total par le flux. C'est le temps moyen qu'un élément demeure dans l'océan à l'état dissous. Pour les éléments participant au cycle biologique, les temps de résidence sont de l'ordre de la centaine de milliers d'années. Pour les éléments inertes, comme le sodium, le temps de résidence est supérieur à dix millions d'années.

Reprenons à présent la question que nous nous étions posée à l'aide de notre exercice introductif, mais en l'examinant à présent à la lumière d'une connaissance plus détaillée de l'océan : l'homme peut-il perturber un tel système ?

Pour les sels constitutifs majeurs, la réponse est claire : aucun danger. L'homme a utilisé au cours de son histoire environ 10^{15} grammes de sel de cuisine. La mer en contient dix millions de fois plus !

Pour ce qui concerne les sels entrant dans les cycles biologiques, notamment le phosphore et l'azote, doit-on être effrayé par le déversement des phosphates et des nitrates agricoles ? Réponse encore négative. Les courants de fond qui remontent près des côtes en apportent annuellement 10 à 100 fois plus que ce que l'homme extrait de ses usines. Dans le même laps de temps, la décharge de ces sels dans l'océan ne peut qu'augmenter sa productivité biologique... pour notre plus grand bénéfice !

Restent les gaz et les métaux.

Pour ce qui est des gaz, le danger vient des déchets pétroliers et de la couverture imperméable qu'ils fabriquent. En dehors de cela, la teneur en gaz de l'océan n'est pas menacée par les combustions humaines. Nous verrons qu'à l'inverse, l'océan joue un rôle de régulateur extrêmement important vis-à-vis de l'atmosphère et de sa composition.

Du côté des métaux, les calculs auxquels nous avons procédé peuvent globalement être considérés comme optimistes mais, sans préconiser l'absence de vigilance, il n'y a pas de crainte à avoir pour l'océan au large. En revanche, il n'en va pas de même pour les zones côtières ni pour les mers fermées. Nous l'avons constaté à propos des accidents liés au mercure.

La composition chimique de l'océan est une résultante. Une série de sources (fleuves, sédiments, volcanisme) apporte des éléments chimiques. Une série de mécanismes, tous liés à la sédimentation, les soustrait de l'eau de mer : il s'agit de l'adsorption (avec un d) sur les particules, de l'absorption (avec un b) par la matière vivante, ou tout simplement de la précipitation sur le fond.

La composition de l'eau de mer est le résultat de cette addition et de cette soustraction.

Il semble bien que la partie qui disparaît, enfouie dans les sédiments, est d'autant plus importante que l'apport l'est également. Plus on apporte, plus il en disparaît. Tant et si bien que la composition de l'eau de mer change fort peu.

Cette composition serait, dans cette hypothèse, extrêmement constante. Un mécanisme de régulation global viendrait compenser à chaque instant des modifications introduites de l'extérieur. Supposons par exemple que les fleuves, par suite d'une altération privilégiée des calcaires, apportent brutalement davantage de calcium ; les organismes fabriquant des tests en carbonate de calcium vont alors proliférer, et le calcium finira par se sédimenter au fond de la mer. Supposons maintenant que le volcanisme sous-marin apporte brutalement beaucoup plus de magnésium ; les argiles du fond de la mer vont absorber davantage de magnésium et, finalement, la teneur en cet élément restera constante. Les géochimistes pensent que l'addition de tous ces mécanismes régulateurs finit par constituer un processus naturel extrêmement puissant qui assure à l'eau de mer, à travers les âges géologiques, une composition constante.

Contrairement à ce que pensaient certains, dont le célèbre géologue écossais Joly au début du siècle, l'eau de mer ne se « sale » pas progressivement au fil des temps géologiques. Sa salinité est restée quasiment constante pendant leur plus grande durée. Des géochimistes comme Robert Garrels, aujourd'hui disparu, ou Dick Holland, de Harvard, ont cherché à tester cette hypothèse en étudiant des dépôts marins anciens afin d'y déceler des variations de composition. Leurs recherches pourtant minutieuses se sont soldées par la constatation de la constante de la composition chimique de l'eau de mer au cours des temps géologiques. Les indicateurs en sont multiples : teneurs des sédiments anciens en certains éléments significatifs comme le bore ; rapport Sr/Ca ou Ba/Ca, constant dans les fossiles anciens en dépit des vicissitudes des variations des rapports oxygène 16-oxygène 18 ; etc.

Tout concourt à laisser penser que l'océan est régulé, contrôlé, maintenu en état stationnaire. Si on y injecte brutalement tel ou tel élément chimique, « il » réagit globalement, et, après une période de perturbation, finit par recouvrer sa composition initiale.

Ce mécanisme de contrôle doit jouer également si les perturbations sont provoquées par l'homme. Que l'homme injecte trop de nitrate dans l'eau de mer, et le plancton proliférera, ramenant finalement la teneur en nitrate à des niveaux à peu près constants.

Pourtant, ce mécanisme régulateur n'opère pas avec la même vitesse pour tous les éléments.

Les géochimistes de l'océan ont défini un paramètre qui mesure bien le comportement d'un élément chimique dans l'océan : c'est, nous l'avons vu, le *temps de résidence* de cet élément, autrement dit le temps qu'il passe dans l'océan à l'état dissous. Lorsque l'élément a un temps de résidence élevé, il reste longtemps en solution. Par conséquent, il a le temps d'être bien mélangé, bien brassé, et sa concentration est analogue dans les divers endroits de l'océan. Si on perturbe brutalement sa concentration, par exemple par un apport humain, il mettra un certain temps à recouvrer son équilibre antérieur. Lorsqu'un élément a un temps de résidence bref, c'est que son passage à l'état dissous dans l'océan est lui aussi relativement bref. Concentré ici, dilué là, il n'a donc guère le loisir de s'homogénéiser. Une perturbation introduite par l'homme sera localement bien marquée, mais elle disparaîtra assez vite, balayée par le mécanisme régulateur.

Parmi les éléments qui ont des temps de résidence courts, de l'ordre de quelques années, figurent certains que nous avons déjà évoqués : le fer (5 ans), le plomb (8 ans). Des éléments toxiques comme le cuivre, le zinc, le calcium, le mercure, ont eux aussi des temps de résidence assez brefs (de quelques dizaines d'années).

Ceux qui ont des temps de résidence longs, comme le potassium, le sodium ou le chrome (plusieurs dizaines de milliers d'années) ne présentent guère de dangers pour l'homme.

De cette discussion un peu technique — mais on ne peut parler de tout en ne sachant rien ! —, nous pouvons conclure, en ce qui concerne les éléments chimiques et l'océan global, qu'il n'existe pas de *risque de polluer l'océan mondial moyen, quand bien même nous y reverserions la totalité de notre production d'uranium ou de mercure.*

A une époque où on évoque à tout propos des dangers sans les hiérarchiser, il n'est pas inutile de dire cela haut et fort. Cette absence de risques ne concerne bien sûr que l'océan dans sa globalité. Les phénomènes de concentrations locales ne sont nullement exclus par ce raisonnement : des éléments toxiques peuvent se concentrer ici ou là, dans telle ou telle espèce vivante, tel ou tel contexte particulier.

Mais il est encore plus impératif de souligner que ce raisonnement ne s'applique :

— ni aux *produits chimiques organiques* qui se concentrent à la surface, qu'il s'agisse des produits pétroliers ou des pesticides comme le D.D.T. ;

— ni aux *mers fermées*, aux bras de mer ou aux zones de stagnation ;

— ni, surtout, aux bordures de l'océan, c'est-à-dire aux *régions littorales*. Les côtes, mais également la zone du plateau continental sous-marin et les zones d'embouchures, sont des lieux où peuvent se concentrer des produits toxiques, en quelque sorte comme de petits gisements minéraux naturels. Il y a là, au demeurant, des études à mener pour savoir comment les éléments toxiques peuvent se concentrer dans les sédiments du plateau continental et favoriser des milieux locaux à forte toxicité. Les coquillages peuvent jouer là un rôle important et constituer de dangereux vecteurs de toxicité.

Sans revenir sur les dangers représentés par les produits pétroliers, sur lesquels nous avons ouvert ce chapitre, nous devons insister sur d'autres produits organiques industriels présentant un risque pour l'océan : les pesticides, en particuliers le D.D.T., et les « surfaçants » introduits dans les lessives. L'observation par satellites a permis de détecter des nappes de ces produits organiques qui paraissent se déplacer à la surface de l'océan. Certes, il semble qu'avec le temps, ceux-ci se dégradent. Mais la vigilance s'impose, de même qu'une étude systématique portant sur la présence de ces produits. Car les chiffres montrent que leur abondance dans l'océan ne cesse d'augmenter. Là encore, le développement de bactéries à action spécifique devrait permettre à l'avenir de le nettoyer.

Pour les mers fermées, les difficultés sont inversement proportionnelles à leur dimension. Sans parler de la mer d'Aral et de la Caspienne, trois mers sont menacées : la mer du Nord, la mer Noire et la Méditerranée. Ces trois mers sont bordées par des nations industrieuses et industrielles. Leurs surfaces et leurs volumes sont limités. Les brassages par les courants y sont faibles. Les communications avec le grand océan aussi. Potentiellement, elles sont menacées de pollution : par les produits pétroliers, mais peut-être aussi par des polluants comme le mercure, le plomb ou le cadmium. Actuellement, pour ces éléments toxiques, nous sommes encore loin d'une vraie menace, mais la situation requiert *qu'un programme scientifique soit élaboré avec cartographie géochimique systématique et surveillance satellitaire des déchets pétroliers.* Une telle étude a été menée par les pays riverains de la mer du Nord, mais rien de comparable n'a encore été fait pour la Méditerranée. C'est le moment de le faire.

L'océan est-il le purificateur infini ?

Côtes et embouchures

La pollution des côtes est un sujet si bien établi et documenté que nous n'avons nul besoin de souligner à son propos la nécessité de travaux d'étude et de prévention. Un dispositif se développe un peu partout. Ici on étudie les courants marins côtiers ; là on installe des digues pour provoquer ou contrôler l'ensablement ; partout on légifère afin de réduire la pollution venant tantôt de la terre, tantôt de la mer. Nul besoin d'insister ici sur ce chapitre pourtant important de la pollution. Les intérêts économiques liés au tourisme et à la pêche étant en jeu, les réactions naturelles de la société se mettent en marche. Pas assez vite, certes, avec des lacunes, mais enfin...

Peut-être faut-il insister néanmoins de nouveau sur un point particulier concernant les zones côtières des régions intertropicales. Comme nous l'avons dit, c'est là que se situe la grande réserve biologique du monde. Il importe de la protéger et de la préserver de la pollution, en particulier pétrolière. Une observation permanente par satellite devrait y être instituée par les organismes internationaux. En cas d'alerte, cette observation déclencherait une série de moyens destinés à disperser des nappes parfois non identifiées dont les dégâts cumulés peuvent se révéler considérables.

Parmi les divers sites côtiers, les *embouchures des fleuves* constituent des zones particulières qu'il convient d'observer avec soin. Un flux d'eau douce entre dans une masse d'eau salée. L'eau salée est plus dense, le flux d'eau douce va donc pénétrer « en haut ». Au contact, un front oblique sépare eau douce et eau salée.

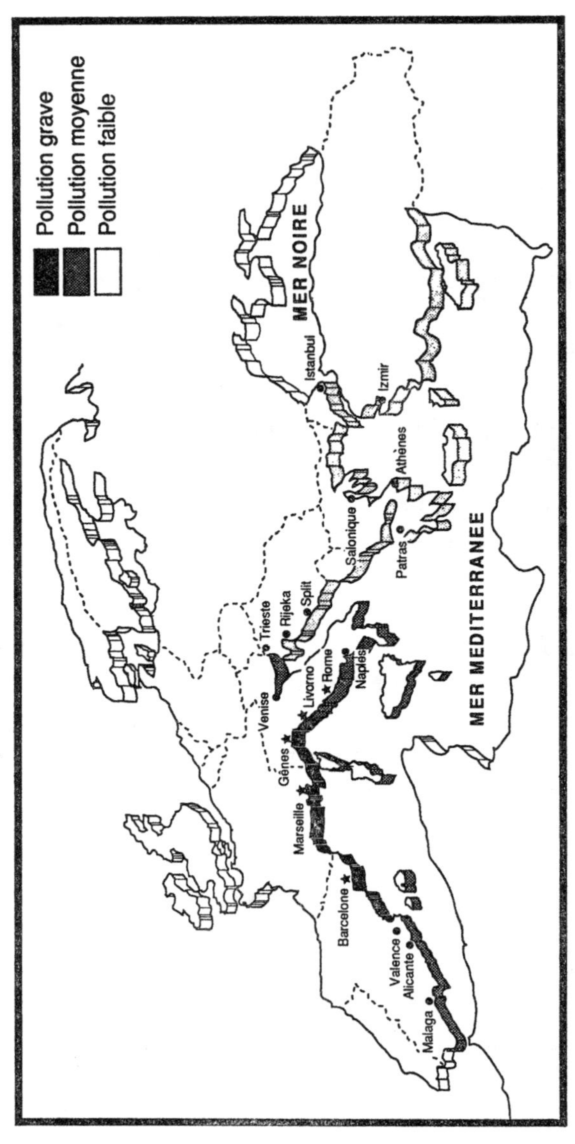

FIG. 13. — Pollution des plages méditerranéennes.

De plus, l'eau douce charrie des particules de sédiments en suspension — surtout en période de crues — qui vont avoir tendance à se développer à l'embouchure. Avec ces dépôts de sédiments, divers éléments chimiques vont se piéger.

Ainsi les embouchures des grands fleuves sont des zones où s'opère une chimie complexe mais qui, globalement, va faire l'effet d'un filtre pour l'océan. Nombre de produits polluants apportés par le fleuve, qu'il s'agisse de composés organiques ou de composés toxiques minéraux, vont se piéger à l'embouchure.

Les zones d'embouchures constituent de ce fait des zones particulièrement polluées. La source des pollutions y est souvent le fond lui-même. Les sédiments deviennent des substrats, des agents de transport pour les substances polluantes. Il est donc impératif d'aménager les estuaires, de favoriser leur débouché en haute mer, d'éviter ainsi la création de zones à forte pollution.

Peut-on conclure ce chapitre sur l'océan par des suggestions qui risquent d'apparaître comme iconoclastes ?

Jeter un produit à la mer semble aujourd'hui parfaitement incongru, voire criminel. *Pourtant, nous suggérons de jeter en pleine mer (pas près des côtes !) le lisier des élevages bretons, en même temps que les déchets des exploitations minières de fer ou les surplus de phosphates et de nitrates.* Tous ces déchets ne peuvent qu'être bénéfiques. Ils permettraient un développement du plancton, donc catalyseraient le développement de la chaîne biologique. Pourquoi s'en priver ? Pourquoi s'en tenir à une attitude défensive ?

Pourquoi l'homme devrait-il ne modifier la planète qu'à son détriment ? Pourquoi ne chercherait-il pas à l'aménager à son profit ? Commettrait-il là un crime contre nature ?

Cela ne l'incitera que davantage à se montrer vigilant en ce qui concerne :
— les produits pétroliers,
— les pesticides,
— la protection des zones côtières,
— la surveillance chimique des mers fermées.
Vigilance, mais non aveuglement.

L'océan, bien utilisé, reste un facteur d'équilibre, d'épuration et d'alimentation de très grande capacité.

Sachons le protéger... et l'utiliser !

Reste, bien sûr, une grande question, sans doute la plus importante : celle des réserves alimentaires et, plus généralement, celle de l'équilibre des espèces vivantes dans l'océan.

Cette question est du ressort de l'écologie marine ; je manque de compétence pour en traiter correctement, mais nous l'évoquerons à nouveau.

6

L'homme modifie-t-il le climat ?

Vers le milieu des années 1950, plusieurs étés successifs furent pluvieux. La cause de ce désastre, unanimement dénoncée par les anciens de mon village languedocien, était les explosions atomiques dans l'atmosphère. Choqué par cette explication que je jugeais antiscientifique et obscurantiste, j'avais découpé un petit dessin humoristique que j'avais collé sur un de mes cahiers de lycéen. On y voyait deux hommes préhistoriques allumant du feu avec un silex. A l'écart, un troisième homme plus âgé les observait en fronçant les sourcils. Dans la bulle qui était reliée à sa bouche, on lisait : « Avec leurs expériences, ils finiront bien par détraquer le temps ! »

Peut-être avais-je tort d'en rire.

L'homme a peut-être bel et bien détraqué la marche du temps qu'il fait, autrement dit du climat.

Pourtant, avant d'emboîter le pas à ceux qui considèrent

cette action comme avérée, il est sans doute bon d'examiner la question avec soin, d'un œil critique.

La presse et les autres médias sont si remplis d'informations et plus encore d'affirmations qu'on est presque gêné de devoir exposer une fois de plus le problème ; pourtant, il le faut bien si l'on veut pouvoir en parler. Car à force de supposer que tout le monde sait tout, on contribue à ce que personne ne sache rien et qu'au raisonnement scientifique se substituent les affirmations péremptoires : opinions d'experts contre opinions d'experts. Comme la facilité d'accès aux médias n'a aucun rapport avec la qualité scientifique de ce qu'on y exprime, on finit par laisser raconter n'importe quoi. L'opinion que chacun peut se faire est la résultante d'opinions dissonantes, une sorte de moyenne psychosociologique qui n'a qu'un très lointain rapport avec la vérité ou le doute scientifiques. Comme, sur ce sujet, la politique s'en mêle, il n'est pas étonnant que les anathèmes aussi bien que les âneries tombent dru.

J'espère ne pas ajouter à la confusion des esprits.

L'« effet de serre »

La température à la surface du sol terrestre est de 25° en moyenne. Elle varie au gré des saisons et suivant la géographie, selon une logique bien comprise sur le plan phénoménologique, tout au moins dans ses grandes lignes. Ces paramètres essentiels sont la latitude et l'altitude.

Depuis au moins 3,4 milliards d'années, cette température moyenne a été maintenue dans des limites assez strictes, comme en témoignent l'existence d'espèces vivantes fossiles de type voisin, ou, plus directement, les températures fossiles déterminées à l'aide des rapports isotopiques O^{18}/O^{16} mesurés sur les restes de fossiles marins.

Il a donc dû exister, et il existe sans doute encore, des mécanismes régulateurs qui ont maintenu ces douillettes conditions de surface pour la vie, et plus tard pour l'homme. Bref, il existe sur Terre une sorte de thermostat climatique. Ceci est exceptionnel dans le système solaire. Sur Vénus, la température de surface est de 450° ; sur Mars, elle atteint sans doute — 10 à — 30°, avec des variations considérables. On se doute qu'on a cherché depuis longtemps à comprendre pourquoi la température terrestre était maintenue autour de ces températures favorables à la vie.

L'explication, connue depuis la fin du XIXe siècle, est une conséquence de l'interaction entre les molécules de l'atmosphère et le rayonnement solaire, comme dans le cas de l'ozone déjà évoqué, mais, ici, les acteurs moléculaires sont le gaz carbonique (CO_2) et l'eau-vapeur (H_2O). Comme pour l'ozone sont en jeu des composants mineurs de l'atmosphère : le gaz carbonique n'en représente que 350 parties par million, la vapeur d'eau, que 100. Comme pour l'ozone, la capacité de ces molécules à absorber de la lumière, donc à se réchauffer, joue un rôle fondamental. Mais deux éléments, l'un résultant de l'autre, diffèrent des phénomènes évoqués dans le cas de l'ozone.

Les molécules de gaz carbonique et d'eau absorbent de la « lumière invisible » (c'est-à-dire non détectable par l'œil) dont le spectre se situe au-delà de la lumière rouge et que l'on appelle donc infrarouge. Or cette lumière infrarouge qu'absorbent ces deux molécules n'est pas celle émise directement par le Soleil, mais celle réémise par le sol vers le ciel (voir le début du chapitre 3). Cette réémission de lumière, donc de chaleur, est piégée par le gaz carbonique et l'eau comme le sont les rayons lumineux par les parois d'une serre. D'où le nom désormais célèbre d'« effet de serre ».

Le spectre des rayonnements émis par le Soleil est surtout situé dans la région dite visible (du rouge au bleu). Après sa traversée de l'atmosphère — avec des réflexions sur les nuages et diverses absorptions minimes (les rayons ultraviolets sont arrêtés par l'ozone) —, les rayons lumineux visibles parviennent au sol sans trop de dommages. Ils chauffent le sol dont les constituants atomiques vibrent à leur tour et réémettent donc de la lumière. Mais ces vibrations sont plus lentes, la longueur d'onde s'est déplacée. Alors que l'émission était située dans le visible, la réémission l'est dans l'invisible, l'infrarouge. Et c'est ce rayonnement de réémission infrarouge qui est piégé par les molécules de gaz carbonique et d'eau dispersées dans l'atmosphère.

Le mécanisme décrit ici qualitativement a été calculé avec précision pour connaître la contribution des divers composants de l'atmosphère à sa température au sol.

Une atmosphère composée uniquement d'azote et d'oxygène (soit, quand même, 95 % de ses constituants !) aurait au sol une température de — 15 °C. La température clémente que nous connaissons est donc bien due à l'« effet de serre » créé par l'eau et le gaz carbonique. Leurs contributions estimées sont à peu près égales.

Or — et c'est là tout le problème qui nous concerne —

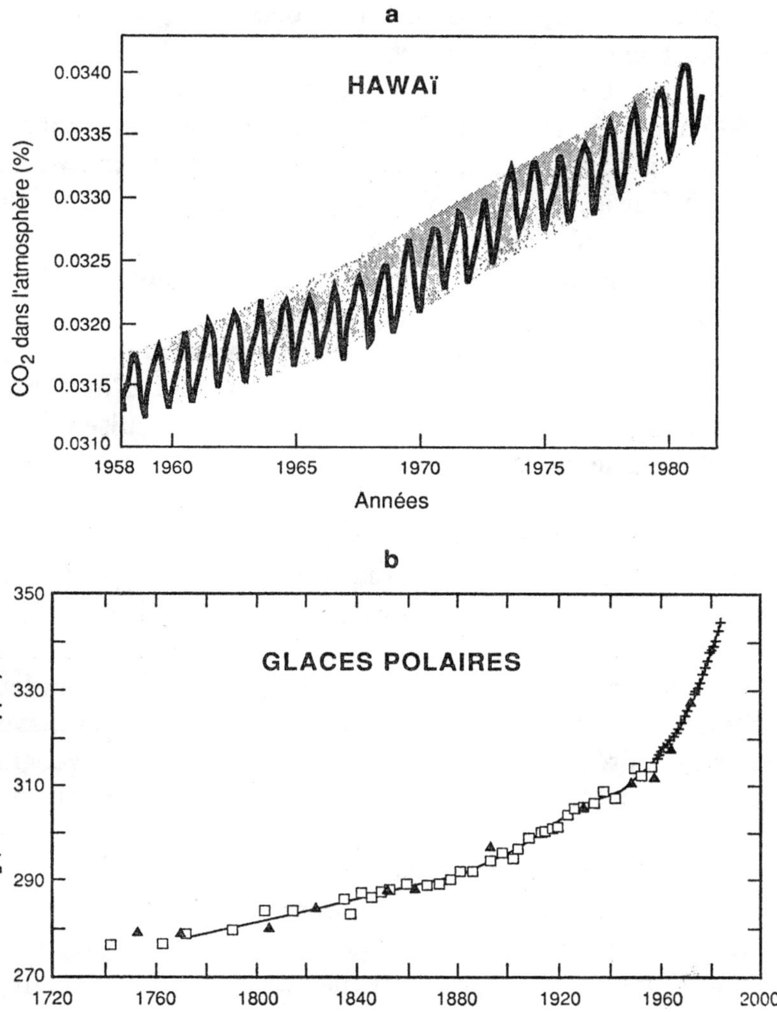

FIG. 14*a-b*. — Variation des teneurs en gaz carbonique dans l'atmosphère au cours du temps.

on constate que, depuis quelques décennies, la teneur en gaz carbonique de l'atmosphère augmente. Cette augmentation est bien mise en évidence par les observations systématiques faites par Charles Keeling, de l'université de Californie (San Diego), au sommet du volcan éteint Mauna Loa, à Hawaï, depuis 1957. L'évolution temporelle montre sans ambiguïté l'existence de fluctuations saisonnières et une lente augmentation de la moyenne annuelle d'une trentaine de *ppm*. Cette augmentation a été observée en divers endroits du globe et constitue aujourd'hui un fait scientifique qui n'est contesté par personne. L'« effet de serre » aidant, les observations de Keeling conduisent donc à prédire une augmentation de la température moyenne de la Terre.

Pour s'en assurer, on s'est reporté aux enregistrements des températures depuis cinquante ans. Ceci n'est pas simple ni facile, car elles varient d'un lieu à l'autre, elles fluctuent avec les saisons et avec les conditions météorologiques locales. On a donc toutes les peines du monde à obtenir une température moyenne du globe. Pourtant, avec quelques précautions et grâce à quelques repères géographiques, on peut estimer les variations de température à signification planétaire. Comme prévu, elles montrent une augmentation moyenne continue.

Lorsque ces deux constatations furent faites, vers le milieu des années 1960, notamment par Roger Revelle, de l'université de Californie, premier « mentor » de Keeling, on ne douta pas que l'on avait découvert un effet important.

Il ne restait qu'à identifier la cause de l'augmentation de la proportion de gaz carbonique dans l'atmosphère afin

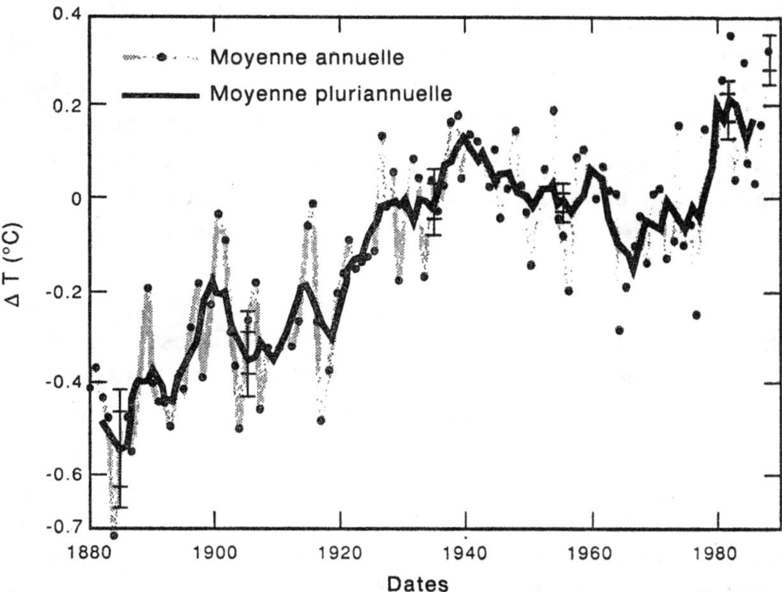

FIG. 15. — Variation des températures moyennes des derniers 80 ans.

d'être peut-être en mesure de prévoir l'évolution du climat terrestre.

Ce fut rapidement fait, grâce aux études menées par Hans Suess, lui aussi à San Diego, à l'aide du carbone 14. La teneur en carbone 14 de l'atmosphère est à peu près constante au cours du temps, sauf lorsque des périodes d'intense activité solaire en augmentent la production. A l'aide de l'analyse des anneaux de croissance des arbres à longue vie, comme les séquoias, il est possible de déterminer la concentration en carbone 14 des atmosphères passées (en comptant les anneaux, on calcule l'âge ; en mesurant le carbone 14 actuel, on déduit sa décroissance radioactive).

Hans Suess constata que depuis la période industrielle, la teneur en carbone 14 par gramme de carbone avait décrû. On avait donc ajouté au carbone atmosphérique un carbone pauvre en carbone 14. Ces sources de carbone exempté de carbone 14 sont les combustibles fossiles dans lesquels le carbone 14 est mort depuis longtemps, puisque sa période n'est que de 5 800 ans et que ces matériaux sont vieux de plusieurs millions d'années.

Ces études fondées sur le carbone 14 ont été depuis lors affinées et confirmées à l'aide de celles faites notamment grâce aux rapports isotopiques carbone 13/carbone 12.

La cause de l'augmentation du CO_2 est donc la combustion des charbons et des pétroles liée à l'activité industrielle.

Le fautif, c'est l'homme.

La démonstration paraît complète, imparable, sans échappatoire ! Une théorie, une observation, une prédiction confirmée, une interprétation démontrée : c'est presque le paradigme de la méthode scientifique qui se trouve réalisé !

A partir de là, les scénarios alarmistes, voire catastrophistes, se succédèrent et continuent à se succéder. Et pourtant...

Pourtant, les choses sont moins simples.

Où l'histoire se complique

Un examen plus attentif et plus rigoureux des faits scientifiques conduit en effet à s'interroger.

Contrairement à une croyance naïve aujourd'hui trop répandue, le raisonnement scientifique ne se réduit pas à des syllogismes simples emboîtés les uns dans les autres.

Pénétrer les mystères de la nature demande un peu plus que du bon sens. L'analyse quantitative, les recoupements multiples sont autant d'étapes qu'il ne faut pas court-circuiter avant de conclure.

Revenons à l'« effet de serre »... On possède la courbe d'accroissement du taux de gaz carbonique dans l'atmosphère et un modèle théorique permettant de calculer le régime thermique de l'atmosphère. Il est donc théoriquement possible d'appliquer ce modèle pour calculer précisement l'augmentation de température moyenne de la surface du globe, puis de comparer calculs et observations réelles.

Là commencent les difficultés.

La température observée ne correspond pas à la température calculée.

La température de la surface du globe augmente beaucoup moins vite que ce que la théorie calcule.

L'augmentation de la teneur en gaz carbonique ne se traduit pas par le réchauffement escompté par les théoriciens, mais par un réchauffement quasi nul !

Alors ?

La théorie est-elle valable ? Sinon, y a-t-il lieu de s'inquiéter d'une hypothétique augmentation de température du globe ? L'augmentation du gaz carbonique va-t-elle conduire à une modification du climat, comme semblait le montrer le raisonnement de Roger Revelle, ou, au contraire, est-elle sans influence claire sur le régime thermique de notre environnement ?

Cette interrogation se transforme en véritable doute lorsqu'on examine l'évolution thermique du globe sur des périodes dépassant les quelque cinquante années que nous

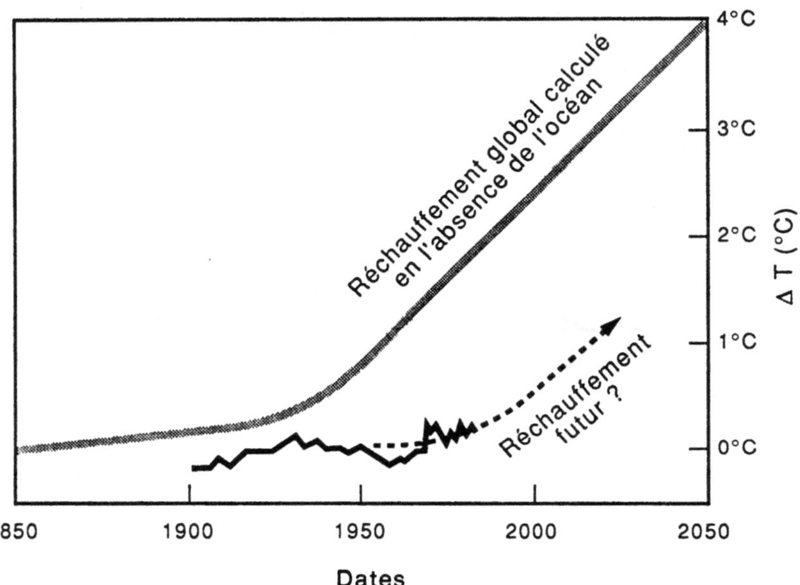

Fig. 16. — Courbe calculée et courbe observée.

avons évoquées précédemment. Cela peut se faire grâce à l'analyse des anneaux d'arbres ou à celle des carottes prélevées dans les glaces antarctiques.

Dans chaque cas, les couches superposées constituent des mémoires annuelles des environnements qui ont régné sur les lieux où les arbres croissaient, où les glaces s'accumulaient.

Dans les deux cas, on fait appel à des mesures isotopiques. Pour les anneaux des arbres, on mesure la composition isotopique de l'hydrogène H/D contenue dans la cellulose. Pour les glaciers, la composition isotopique $O^{18}/$

O^{16} contenue dans les couches annuelles prélevées par carottages dans la calotte antarctique.

Les mesures ont été faites à des endroits différents par des équipes différentes, les premières animées par Samuel Epstein au Caltech, les secondes par Hans Oescher à Berne. Pourtant, les résultats sont identiques. Sur cinq cents ou mille ans d'enregistrement, la température moyenne de la surface du globe a augmenté, avec çà et là des refroidissements passagers. Ce qui est plus troublant, c'est que dans la courbe d'augmentation, la période industrielle n'apparaît en rien comme une phase d'accélération. L'augmentation de température semble un phénomène planétaire purement naturel, bien antérieur à la période d'activité industrielle de l'homme qui semble n'avoir que peu d'influence sur lui.

Troisième élément troublant : lorsqu'on calcule le total du gaz carbonique dégagé par l'homme par ses activités industrielles, on constate que seulement la moitié s'est accumulée dans l'atmosphère. Où est donc passée l'autre moitié ?

Ainsi, toutes nos prédictions quantitatives semblent fausses. Il y a là de quoi s'inquiéter sur la solidité de nos méthodes et de nos connaissances scientifiques !

A partir de là, certains en sont venus à émettre des doutes sérieux sur l'idée d'une augmentation inéluctable des températures de surface et d'une modification artificielle du climat. Lorsque ces affirmations émanent de grands spécialistes des sciences de l'atmosphère, comme Richard Lindzen on peut en effet s'interroger. Voilà en tout cas qui nous oblige à approfondir notre enquête avant de nous prononcer... s'il y a lieu !

Économiser la planète

Reprenons le problème d'un point de vue plus fondamental.

Le cycle géochimique du carbone

Nous venons de voir que la totalité du gaz carbonique libéré par l'homme ne se retrouvait pas dans l'atmosphère. Pourquoi ?

Le calcul du cycle du carbone dans l'océan et ses relations avec l'atmosphère montrent que pour six molécules de gaz carbonique injectées dans l'atmosphère, cinq devraient être absorbées par l'océan. Or il semble que l'océan n'en absorbe que trois. Est-ce qu'on ne comprendrait pas bien le cycle du gaz carbonique sur la Terre ?

L'atmosphère est un réservoir important de gaz carbonique, mais ce n'est pas un réservoir isolé. Il échange du gaz carbonique avec les autres réservoirs terrestres. Pour comprendre ce qui se passe dans le réservoir atmosphérique, il faut élargir l'étude et s'intéresser à l'ensemble terrestre, à tout le bilan du gaz carbonique.

En fait, il vaut mieux parler d'échanges d'atomes de carbone plutôt que de molécules de gaz carbonique, car ces dernières ne sont que l'un des états dans lequel le carbone peut se trouver.

Parmi ces états, on en distingue deux types importants :

— les formes dites réduites, où le carbone est lié à l'hydrogène, comme par exemple dans le pétrole ou la matière vivante ;

— les formes oxydées, comme l'oxyde de carbone (CO) ou le gaz carbonique (CO_2).

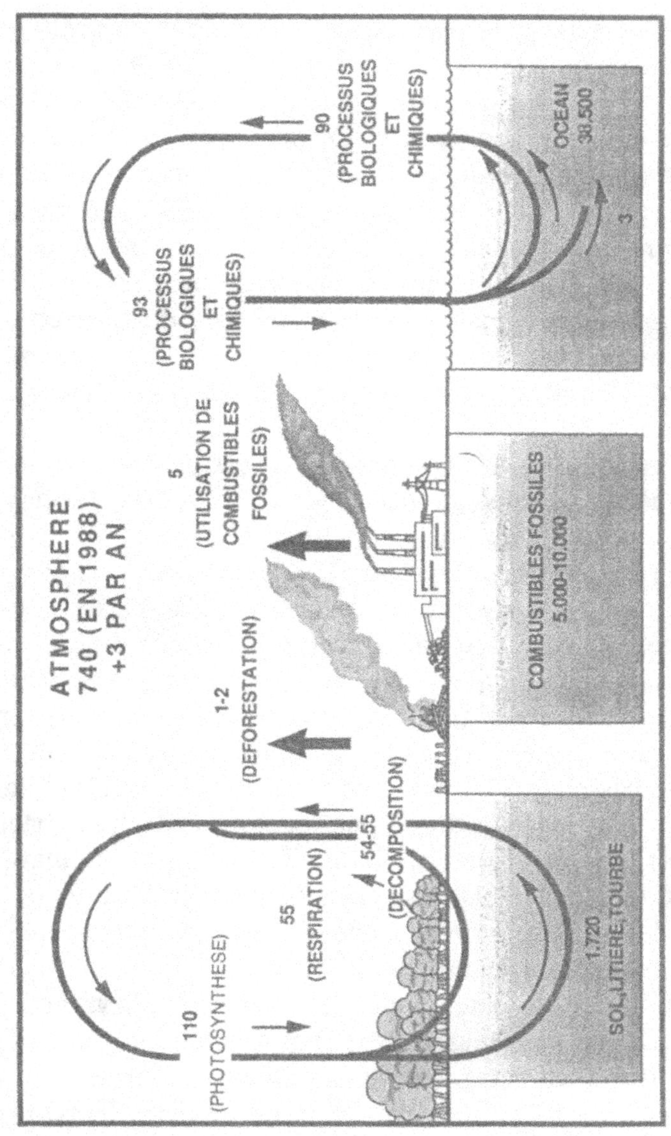

Fig. 17. — Cycle du carbone. Les chiffres sont exprimés en milliards de tonnes de carbone.

Dans la nature, le passage de l'un à l'autre marque un changement de « monde ». Le carbone réduit lié à l'hydrogène, c'est le domaine de la « biologie ». Le carbone oxydé, c'est le domaine « minéral ». Le passage de l'un à l'autre marque le franchissement d'une barrière importante. Si l'on veut disposer d'un repère qui ne s'évanouisse pas ici pour reparaître ailleurs, bref, qui se conserve lors des réactions chimiques, il vaut donc mieux parler de carbone.

L'atmosphère échange son carbone avec deux réservoirs principaux : l'ensemble de la matière vivante (ensemble que l'on regroupe sous le terme général de *biosphère*) et l'*océan*.

L'échange avec la matière vivante est dominé par deux phénomènes physiologiques fondamentaux : la *photosynthèse chlorophyllienne* et la *respiration*.

La photosynthèse chlorophyllienne est peut-être le phénomène le plus important à la surface de la Terre. Il l'est sûrement pour tout ce qui concerne la vie planétaire.

A l'aide d'un pigment appelé chlorophylle, les plantes vertes utilisent l'énergie lumineuse du Soleil pour capturer le gaz carbonique et le transformer en matière vivante (le carbone passe alors de la forme oxydée à la forme réduite). C'est le seul mécanisme (à part quelques réactions bactériennes) qui transforme de la matière minérale en matière vivante. Seules les plantes vertes peuvent le faire. A partir de là, les plantes seront mangées par les animaux et la chaîne biologique s'amorcera.

D'un point de vue global, l'activité photosynthétique retire du gaz carbonique de l'atmosphère. On peut donc penser que plus cette activité est intense, plus le taux de gaz carbonique de l'atmosphère diminue. Les fluctuations saisonnières observées sur la courbe de Keeling reflètent d'ailleurs bien les alternances d'ensoleillement, donc d'activité photosynthétique.

La respiration constitue un phénomène inverse. Les êtres vivants absorbent de l'oxygène et rejettent du gaz carbonique. Ceci est vrai pour les animaux comme pour les plantes. Pour ces dernières, l'activité de jour est dominée par l'absorption de gaz carbonique photosynthétique, mais, la nuit, lorsque cesse la photosynthèse, faute d'ensoleillement, la respiration continue et le dégagement de gaz carbonique l'emporte.

A ces deux processus fondamentaux, les bactéries en ajoutent toute une série d'autres que l'on groupe sous le label de *fermentations*, dont un certain nombre dégradent la matière organique en libérant du gaz carbonique.

De ce tableau, on pourrait déduire que les forêts, les plantes, bref, l'ensemble de la biosphère agissent comme une gigantesque pompe à gaz carbonique pour l'atmosphère. D'où l'idée que l'Amazonie serait le « poumon du monde », absorbant du CO_2 et rejetant de l'oxygène.

Outre le fait que le poumon fait exactement l'inverse, cette image est hélas fausse !

On ne sait pas très bien si, au total, l'ensemble de la biosphère absorbe plus de gaz carbonique qu'elle n'en rejette. On ne sait pas si le bilan en gaz carbonique de l'Amazonie est positif. Car la synthèse chlorophyllienne y est compensée par la respiration des feuilles et des racines et par toutes les fermentations qui ont lieu au sol sous les arbres.

La biosphère comme l'atmosphère renferment à peu près 700 milliards de tonnes de carbone. Elles s'en échangent par an à peu près 100 milliards de tonnes, ce qui est considérable, mais ces échanges semblent à peu près équilibrés. Toutefois, il est bien clair que des fluctuations existent et qu'il est donc possible et même probable que le bilan est tantôt positif, tantôt négatif. D'où des fluctuations dans la teneur en gaz carbonique de l'atmosphère. Mais on ne connaît bien ni les modalités ni le déterminisme de ces fluctuations. Et on ne sait pas bien les mesurer.

Le second grand réservoir qui échange avec l'atmosphère est l'océan. L'échange se fait très simplement par un phénomène physique bien compris des physico-chimistes, à savoir la solubilité des gaz dans l'eau. Le carbone à l'état gazeux dans l'atmosphère peut en effet se dissoudre dans l'eau, ou, plus exactement, une partie de ce gaz carbonique peut s'y dissoudre. Cette dissolution est réglée par une loi simple d'équilibre qui dépend de la température : plus il fait chaud, moins il s'en dissout !

Mais si le phénomène de surface est simple, l'ensemble du processus interne à l'océan est plus compliqué. Le gaz carbonique dissous participe à toute une chaîne de réactions qui passe par les bicarbonates et les carbonates. L'ion carbonate peut, le cas échéant, se lier au calcium pour donner le fameux carbonate de calcium, solide cristallisé qui est à la base des coquilles et des tests d'organismes dont l'accumulation géologique produit le calcaire. A cette chaîne des carbonates s'ajoute et se combine un autre phénomène que nous connaissons désormais fort bien : la photosynthèse aquatique.

Les algues vertes et les plantes aquatiques vertes utilisent la lumière qui pénètre dans l'océan jusqu'à près de 80 mètres pour assimiler le gaz carbonique. A cette fin, elles puisent dans le gaz carbonique dissous de l'océan, déplaçant par là même l'équilibre. Mais ces êtres vivants ainsi que les animaux marins respirent, et, utilisant l'oxygène dissous, rejettent du gaz carbonique dans l'eau. Ce gaz carbonique va entrer dans le bilan de celui qui s'échangera par solubilité avec l'atmosphère. Comme on le voit, tout devient passablement complexe.

Mais ce n'est pas tout.

La fabrication des coquilles calcaires par les êtres vivants est couplée à l'activité biologique, donc à la photosynthèse. Plus la vie se développe, plus il se fabrique de coquilles calcaires, plus il se dégage de gaz carbonique ; on a là l'amorce d'une « pompe » à gaz carbonique.

Mais l'affaire se complique encore. Lorsque les organismes meurent en surface, leur squelette tombe au fond. Si cette chute se fait sur des fonds inférieurs à 2 000 mètres (en moyenne), ils s'accumulent avec les sédiments et amorcent leur devenir de calcaire géologique. Si, au contraire, ils se déposent sur les grands fonds, le carbonate de calcium se redissout, car la pression des profondeurs le solubilise. Le carbone est alors réinvesti dans l'océan sous forme dissoute et la formation des calcaires n'a modifié en rien le bilan du carbone océanique.

Ce comportement du carbone dans l'océan peut être résumé comme le fait Wally Broeker, de l'université de Columbia (New York), quand il pose en principe que l'absorption de gaz carbonique par l'océan est contrôlée par la réaction chimique entre le gaz carbonique et l'ion carbonate pour produire du bicarbonate. C'est cette réaction qui contrôle tout et explique par exemple que, lorsqu'il y a 6 molécules supplémentaires de CO_2 dans l'atmosphère, 5 doivent théoriquement être absorbées par l'océan.

Ces échanges océan/atmosphère représentent eux aussi près de 100 milliards de tonnes par an de carbone. Ils sont donc comparables à ceux qui ont lieu entre l'atmosphère et la biosphère. La partie de surface de l'océan contient à peu près la même masse de carbone que l'atmosphère. En revanche, l'océan profond en contient soixante fois plus et constitue donc une réserve considérable de carbone, d'autant plus que la sédimentation calcaire ou organique enfouit continuellement du carbone et le retire donc du cycle.

L'examen de ces mouvements du carbone à la surface de la Terre nous montre qu'il est bien légitime de parler de *cycle*. Le carbone est transféré continuellement, si bien que si l'on marquait un atome de carbone et le suivait à la trace, on le verrait aller successivement de l'atmosphère à la biosphère, puis, après un passage par l'atmosphère, s'enfoncer dans l'océan pour en ressortir quelques milliers d'années après et continuer son cycle.

A l'échelle de l'ensemble des atomes de carbone, on peut faire une véritable description statistique de ces mouvements et, à partir de là, chercher à en comprendre la résultante, en particulier leur effet global pour ce qui nous concerne au premier chef, à savoir la teneur en gaz carbonique de l'atmosphère.

Ce qui apparaît clairement, c'est que ces échanges sont suffisamment rapides pour que ce qui se passe à un endroit donné du cycle réagisse sur l'ensemble. Rien n'est autonome, rien n'est indépendant. On ne peut plus raisonner avec un début et une fin, une cause simple, un effet proportionnel. On se trouve dans ce que l'on appelle la *logique des systèmes complexes*, avec interactions, rétroactions, contrôles, etc.

Dans un tel système auquel, pourtant, les lois élémentaires de l'équilibre chimique s'appliquent assez bien, les réservoirs ont tendance à se mettre en équilibre les uns avec les autres, et c'est sans doute ce qui explique la constance des conditions géologiques qui ont permis le maintien de la vie depuis 3,5 milliards d'années.

Pourtant, une petite perturbation rapide éloigne le système de l'équilibre. Comment cette perturbation se propage-t-elle ? L'homme, dont l'activité ne dégage que 7 milliards de tonnes de carbone par an (2 milliards pour la déforestation, 5 par combustion du pétrole et du charbon), est-il un perturbateur important ou seulement mineur de ce cycle équilibré ? L'homme et son activité industrielle, avec leurs quelques pour-cents dans le bilan des échanges, sont-ils vraiment une source de perturbation sérieuse ?

La question est de savoir la vitesse à laquelle se propage cette perturbation et, plus décisif encore, celle à laquelle le système absorbera cette perturbation, c'est-à-dire retrouvera son équilibre.

On touche là un problème essentiel, qui est celui des constantes de temps du système. Dans un système géologique, les constantes de temps peuvent être du million d'années ou de l'année. Pour l'évolution de la Terre, ce n'est pas important. Pour l'homme, si.

Que le cycle du carbone soit, géologiquement parlant, autorégulé, voilà qui ne fait guère de doute, car les perturbations qu'a subies la Terre ont toujours été corrigées. Mais à quelle vitesse ces ajustements se sont-ils faits ? En dix ans, en mille ans, en un million d'années ?

Lorsqu'on examine le cycle du carbone avec l'œil du géologue, aux trois réservoirs déjà évoqués il faut en ajouter un quatrième, de loin le plus important en masse : le réservoir rocheux. Le carbone y est stocké soit sous forme de calcaire (à l'état oxyde), soit sous forme de dépôts organiques dont les charbons et le pétrole sont les plus connus. Il s'en extrait par un phénomène géologique fondamental qui est l'érosion et qui remet en circuit les atomes de carbone sous forme de gaz carbonique et de bicarbonates.

Ce réservoir joue un rôle important de régulateur. Mais, comme l'ont montré Robert Berner, de l'université de Yale, et ses collègues, ce rôle est important à l'échelle du million d'années, non du millier d'années.

Ce rôle des temps de réponse est bien illustré par l'explication, donnée par Broeker, de l'insuffisante absorption du gaz carbonique anthropogénique par l'océan. La responsable, d'après lui, en est la lenteur de la circulation océanique. Il a calculé qu'en quarante ans, 10 % seulement de l'océan s'étaient mis en équilibre avec l'atmosphère, expliquant du même coup le déficit d'absorption du gaz carbonique. L'excès de gaz carbonique dans l'atmosphère serait ainsi dû à une circulation océanique trop lente. L'océan n'aurait pas le temps de jouer son rôle de régulateur ! Simple hypothèse, que rien ne contredit mais dont rien ne permet non plus de démontrer la véracité...

Comme on le voit, nombre de connaissances restent encore à acquérir avant de bien comprendre le cycle du carbone et ses fluctuations à l'échelle de temps de la décennie. Voilà un chantier important pour la recherche scientifique.

Le régime thermique de l'atmosphère

La détermination exacte des paramètres qui gouvernent le climat est une tâche aussi difficile que peut l'être la compréhension du cycle du carbone. Ainsi, les difficultés se superposent ! Procédons par ordre. Il convient d'abord de distinguer entre climat moyen et géographie climatique.

Le climat moyen est gouverné par des causes astronomiques (activité du Soleil, nutation et rotation de la Terre, etc.) et par des causes moléculaires (la teneur en diverses molécules qui composent notre atmosphère, absorbent le rayonnement et, par là même, la réchauffent).

La manière dont ce climat moyen se répartit sur le globe est beaucoup plus obscure. On peut certes décrire les climats locaux et en expliquer après coup les causes (répartition terre/mer, latitude, etc.), mais aucun théoricien, jusqu'à présent, n'oserait se prétendre capable d'en dominer les déterminismes et de calculer d'une manière précise des cartes de climat.

Pour ce qui est du climat global, en revanche, on peut penser qu'à grand renfort de super-ordinateurs, il est possible de tenter des simulations, voire des prédictions. Diverses équipes, de par le monde, s'y emploient. Dans cet exercice périlleux, les équipes européennes ne sont pas les plus médiocres.

Posons le problème :

A partir d'un flux de radiations venant du Soleil, et

connaissant la composition chimique de l'atmosphère, les propriétés thermiques et radiatives de ses composés, sa circulation générale, on cherche à calculer la température moyenne de surface.

Cet exercice théorique relativement bien posé, dont la formulation mathématique est relativement bien maîtrisée, recèle pourtant des incertitudes majeures, dont deux mettent en péril l'ensemble du modèle et illustrent le type de difficultés qu'on doit affronter : les nuages et l'océan.

La formation des nuages de pluie ou de neige est un processus mal compris et pourtant essentiel dans toute étude météorologique ou climatique. Supposons que la température de surface augmente par suite d'une augmentation des teneurs en CO_2. Cette hausse de température va accroître l'évaporation de l'eau, donc l'humidité de l'atmosphère. Cette évaporation va absorber de la chaleur, donc faire l'effet d'un modérateur thermique. Mais il va de surcroît se former des nuages. S'ils sont chargés d'eau et de basse altitude (stratus), ces nuages sont très blancs et réfléchissent très efficacement les rayons solaires. Ils forment un véritable écran. Leurs développements vont donc refroidir l'atmosphère et jouer eux aussi un rôle de modérateur thermique. Si, à l'inverse, ces nuages sont des nuages de glace (cirrus) de la haute atmosphère, ils joueront un rôle inverse. Ils laisseront passer le rayonnement solaire incident, puis absorberont le rayonnement infrarouge réfléchi, augmentant l'« effet de serre ». La formation de nuages joue, dans ce dernier cas, le rôle d'amplificateur thermique.

Ainsi l'augmentation de température due au CO_2 peut être compensée (ou non) par une modification du cycle de

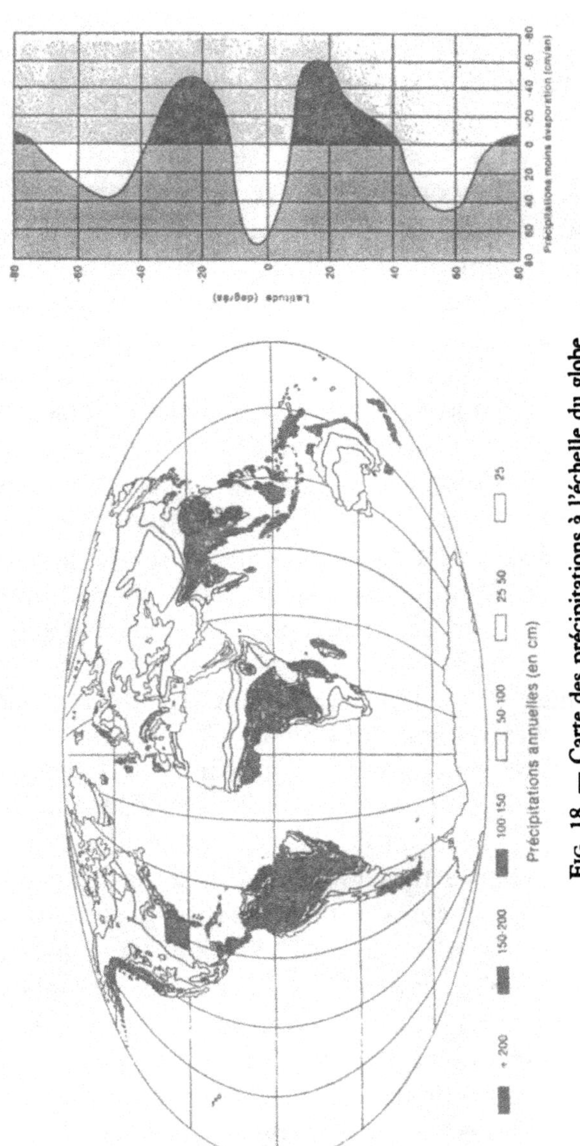

Fig. 18. — Carte des précipitations à l'échelle du globe.

l'eau et la formation de nuages. Or le déterminisme qui guide la répartition stratus/cirrus est à peu près inconnu.

Seconde inconnue : le comportement de l'océan. A la surface, l'océan absorbe les rayonnements solaires et s'échauffe. L'évaporation évacue une certaine quantité de cette chaleur. Les courants de surface qui dérivent vers le pôle transportent de la chaleur et la perdent tout au long de ce trajet au profit de l'atmosphère. En profondeur, la température est très basse (1 °C). Lorsque les eaux des profondeurs reviennent en surface, elles absorbent de la chaleur de l'atmosphère pour se réchauffer. Les remontées océaniques sont pour celui-ci des pompes à chaleur. La manière dont s'effectue le brassage des eaux, en particulier les échanges surface/profondeurs, détermine donc la quantité de chaleur que l'océan est capable d'emmagasiner. Son inertie thermique étant considérable et sa masse très supérieure à celle de l'atmosphère, il joue par conséquent un rôle essentiel dans la fixation de la température de l'atmosphère, dans l'amortissement des fluctuations, bref, dans la détermination des climats.

Or, comme nous l'avons déjà dit pour l'absorption du CO_2, les amples mouvements de l'océan et les modifications que ceux-ci subissent lorsque la température de surface varie, sont encore trop mal connus. Sous l'influence d'un réchauffement de surface, la circulation océanique va-t-elle s'accélérer ? Si c'est le cas, l'océan va jouer un rôle régulateur. A l'inverse, s'il ne réagit que très lentement à ces perturbations, son influence sera nulle sur les phénomènes à l'échelle de temps humaine. L'océan ne sera un acteur essentiel qu'à l'échelle séculaire ou géologique. Nous n'avons là-dessus aucun élément de réponse.

Telles sont les deux raisons qu'invoquent les théoriciens du climat pour expliquer que, contrairement à leurs prédictions, la température du globe ne s'est pas encore élevée comme elle aurait dû, compte tenu de l'augmentation des teneurs en CO_2. Ils attribuent quasi unanimement cet échec de leurs prédictions à un effet de retard, à un problème de délais. Pour eux, cependant, le réchauffement est inexorablement en marche, même si nous n'en percevons pas encore les effets. Prédiction d'autant plus inquiétante que, comme dans le cas de l'ozone, elle tendrait à indiquer que même si nous prenions des mesures aujourd'hui, elles ne serviraient à rien pour enrayer demain cette augmentation !

Ces affirmations sont loin d'être des certitudes ; il est possible que les théoriciens se trompent et que nous n'ayons pas de véritable motif d'inquiétude. La réponse à cette alternative est d'autant plus difficile que les incertitudes liées au cycle du carbone et celles liées à la détermination du régime thermique ne sont pas indépendantes. Elles se combinent et se renforcent.

Mais cycle du carbone et températures sont liés d'une manière qui n'est pas simple. Leurs effets s'entremêlent d'une façon qui peut même paraître contradictoire. Ainsi, une augmentation de température, diminuant la solubilité du gaz carbonique dans l'eau de mer, favorise l'augmentation de la teneur en gaz carbonique de l'atmosphère. L'« effet de serre » aidant, il semble y avoir là un effet amplificateur. Mais, à l'inverse, l'augmentation de température favorise la précipitation des calcaires et tend donc à faire disparaître du gaz carbonique.

L'augmentation du taux de gaz carbonique et de la température, l'accélération du cycle de l'eau correspondant à une augmentation d'humidité moyenne vont favoriser le développement de la végétation qui, à son tour, va absorber davantage de gaz carbonique. On aura donc là un effet de régulation inverse.

Comme on le voit, le raisonnement qualitatif permet, avec un peu d'astuce et quelques connaissances de base, de soutenir ici n'importe quelle thèse.

Certains vont même jusqu'à inverser le raisonnement et affirmer que l'augmentation du gaz carbonique dans l'atmosphère n'est pas la cause, mais le *résultat* de l'augmentation de température !

Et rien n'indique qu'ils ont tort...

Dans cet ordre d'idées, l'hypothèse émise par un scientifique « amateur », Lovelock, sous le nom de *Gaïa*, pousse à l'extrême ce raisonnement dans un sens que l'on peut qualifier d'optimiste.

Pour Lovelock, le système Terre est composé d'une série de sous-systèmes régis par les lois physiques : atmosphère, océan, sols, etc., reliés à un immense réservoir biologique dispersé, la biosphère. D'après cette théorie, biosphère et systèmes physiques sont interconnectés étroitement par une série de boucles cybernétiques de rétroaction. La biosphère agit comme un gigantesque régulateur de ce système qui évolue, se modifie, s'adapte de manière telle que ces évolutions maintiennent les conditions de température et d'humidité de la planète, permettant le développement de la vie. En somme, le système « biosphère » agirait comme un organisme humain qui maintient sa température à 37 °C. Cette hypothèse hardie est sans doute vraie à l'échelle des temps géologiques. L'est-elle à l'échelle de temps des hommes ?

Et la science, que fait-elle ? Ne peut-elle pas trancher ?

Certes, les calculateurs modernes permettent de réaliser des modèles complexes et ont certainement la capacité de résoudre mathématiquement les problèmes posés par le cycle du carbone et le régime thermique de l'atmosphère. Mais la difficulté réside dans les données observationnelles qu'il faut utiliser. Car l'ordinateur ne peut travailler sans informations ni mesures précises des faits naturels. Comment estimer le bilan d'échange de la biosphère dispersée en milliards d'espèces et en un encore plus grand nombre d'individus ? Comment faire la somme de tous ces effets ?

Pour une forêt comme celle de l'Amazonie, l'exercice du bilan a été tenté, mais ses résultats sont âprement discutés. L'observation par satellites ne donne pas vraiment de résultats concluants, car aucune méthode de mesure physique ne permet de cartographier de manière assez précise la distribution du gaz carbonique. On en est réduit à de multiples mesures locales de surface, ce qui n'est pas très satisfaisant.

Comment évaluer la vitesse globale d'absorption du gaz carbonique par l'océan ? Là encore, les moyens d'approche globaux manquent. Certes, l'utilisation des traceurs isotopiques comme les rapports C^{13}/C^{12} permettent d'établir des bornes, mais la précision est encore insuffisante. Les effets observés sont trop petits par rapport à la marge d'erreur des observations. En déduire des conclusions fiables serait aléatoire.

D'autant que, dans notre propre exposé, nous n'avons pas tenu compte de tous les paramètres éventuels du problème.

Par exemple, dans l'« effet de serre », l'influence du gaz

carbonique n'est pas unique. D'autres composés carbonés d'origine humaine peuvent aussi intervenir. Ce sont avant tout le méthane, les oxydes d'azote et les fameux C.F.C. que nous retrouvons là encore dans le clan des produits menaçants.

Les études menées sur la composition des bulles d'air emprisonnées dans la « mémoire » feuilletée des glaciers antarctiques ont permis de montrer que la proportion de méthane avait doublé depuis 1800. Sa teneur a augmenté comme celle du plomb, mais moins vite ! Cette croissance a une double cause. La production de méthane a augmenté avec le développement des mangroves et des rizières ; lors de leur respiration, les plantes rejettent avec le CO_2 un peu de méthane. De même, la fermentation des rizières en dégage des quantités importantes. Mais la durée de vie du méthane dans l'atmosphère semble également avoir augmenté. Elle est approximativement de dix ans, mais paraît s'allonger par suite d'une modification des processus photochimiques de destruction due notamment à l'existence de brouillards qui « protégeraient » le méthane.

Les oxydes d'azote, comme NO et NO_2, sont eux aussi en augmentation. Celle-ci est liée au développement de l'utilisation des nitrates, donc à la « modernisation » des pratiques agricoles. On constate que NO_2 augmente depuis dix ans de 0,3 % par an. Ces deux composants sont présents à l'état de traces, mais leur influence sur le bilan thermique est importante. Contrairement au CO_2 et aux C.F.C. liés à l'activité industrielle, ils sont liés à l'activité agricole et leur augmentation suit donc celle de la population.

Les C.F.C. jouent eux aussi un rôle important dans l'« effet de serre », cette fois dans la basse atmosphère.

Leur élimination est donc doublement souhaitable si l'on veut limiter à la fois l'effet de serre et la destruction de la « couche » d'ozone.

L'influence de ces gaz, qui viennent s'ajouter au CO_2, ne fait naturellement que renforcer les dangers potentiels, mais, à l'inverse, elle fait encore ressortir davantage l'étrange retard que l'atmosphère met à s'échauffer.

On est loin de comprendre !

Le passé ne pourrait-il pas éclairer le futur ?

En sciences de la Terre comme en sciences de l'homme, le recours au passé pour comprendre l'avenir est une méthode qui a fait ses preuves.

La paléoclimatologie

Depuis que la géologie existe, c'est-à-dire depuis le début du XIXe siècle, reconstituer les climats passés a toujours été le rêve des géologues. L'étude des fossiles, de leurs associations, leur comparaison avec des équivalents actuels ont permis de montrer que la répartition des climats a beaucoup varié au cours des temps. Ainsi la présence d'ossements de girafes fossiles au quaternaire dans le Sahara atteste que cette région n'a pas toujours été un désert ; celle de coraux dans les régions du Languedoc au secondaire montre que notre pays faisait alors partie de la zone chaude du globe. De proche en proche, de reconstitution en reconstitution, les géologues ont pu dresser de véritables cartes paléoclimatiques décrivant les grandes tendances des évolutions du climat du globe.

Au chapitre de ces reconstitutions, nul doute que celles

qui ont le plus frappé les esprits sont celles qui ont établi l'existence, par le passé, de périodes glaciaires, autrement dit de périodes pendant lesquelles le climat de la Terre était beaucoup plus froid qu'aujourd'hui et où les glaciers aussi bien polaires que de montagne s'étendirent bien au-delà de leurs limites actuelles. Le nom d'un géologue suisse, devenu professeur à Harvard, Louis Agassis, reste attaché à cette découverte fondamentale.

Pourtant, il a fallu attendre l'essor de la géochimie isotopique pour que cette discipline sorte du domaine comparatif, approximatif et quantitatif et devienne une discipline précise dont les résultats pour les périodes récentes sont extraordinairement affinés.

Le principe de la paléothermométrie isotopique est dû à Harold Urey, Prix Nobel de Chimie pour la découverte du deuterium, qui était alors professeur à Chicago et qui a fondé l'école moderne de géochimie.

Il existe trois variétés d'oxygène de masse respective 18, 17, 16 ; on dit qu'il existe trois isotopes de l'oxygène.

Dans la nature, les rapports d'abondance O^{18}/O^{16}, c'est-à-dire la quantité minimale d'O^{18} qui existe dans l'isotope dominant O^{16}, varient. Ces variations sont extrêmement faibles : quelques millièmes. Seuls des spectromètres de masse extrêmement sophistiqués permettent de les détecter. Mais elles existent et sont reproductibles. Le mérite d'Harold Urey est de les avoir prédites et expliquées.

Dans cette explication, la température joue le rôle essentiel.

Lorsque, par exemple, une coquille de calcaire se forme dans l'eau de mer, le rapport O^{18}/O^{16} de la coquille rapporté au rapport O^{18}/O^{16} de l'eau de mer varie avec la température.

Réciproquement, en mesurant la composition O^{18}/O^{16} d'une coquille fossile, on peut espérer déterminer la température de la mer dans laquelle elle vivait. C'est ce qu'ont fait, vers les années 1950, Urey et son équipe pour déterminer les températures des océans jurassiques, en analysant les rostres de Bélemnites.

Pourtant, ce n'est pas exactement selon ce principe que les thermomètres isotopiques modernes ont été calibrés.

Dans le principe d'Urey, on suppose que la composition isotopique de l'océan est demeurée constante au cours des temps géologiques. Si cette composition variait, la thermométrie d'Urey ne s'appliquerait plus.

En fait, c'est le cas !

Si la composition isotopique de l'eau de mer et sa variation sont liées à la température moyenne du globe, c'est d'une tout autre manière.

Voici comment :

Lorsqu'un nuage se forme au-dessus de l'océan, la vapeur d'eau s'enrichit en isotope O^{16} (donc s'appauvrit en O^{18}). Le nuage, dérivant vers le nord, perd de l'eau sous forme de pluie. A chaque averse, la pluie s'enrichit en O^{18}. Par différence, le nuage s'appauvrit en O^{18}. Si bien qu'au pôle, la neige qui tombe est très pauvre en O^{18}.

Comparées à l'eau de mer moyenne, les glaces polaires sont donc très pauvres en O^{18}.

Supposons qu'un épisode de réchauffement fasse fondre une partie de ces glaciers polaires et qu'ils se jettent alors dans la mer et s'y dissolvent. L'eau de mer moyenne verra sa teneur en O^{18} diminuer, puisqu'elle aura reçu l'apport de cette glace à faible concentration en O^{18}. A l'inverse, les périodes glaciaires verront la composition de l'eau de mer redevenir normale, puisque l'excès de O^{18} retournera se stocker dans les glaces du pôle reconstituées.

Sur ce principe, et grâce aux efforts de quelques chercheurs comme Nick Shakelton à Cambridge, Jean-Claude Duplessy à Gif, N. Dansgaard à Copenhague, on a pu reconstituer les fluctuations thermiques du passé. Pour ce faire, la méthode isotopique a été appliquée à deux types de matériaux : les coquilles microscopiques de foraminifères marins d'une part (c'est sur ces matériaux que travaillèrent Shakelton et Duplessy), les couches de glaces polaires ou groenlandaises d'autre part (sujet d'étude favori de Dansgaard).

La concordance des résultats obtenus les conforta mutuellement. Sans nous étendre sur les détails, disons qu'on possède aujourd'hui une courbe des variations de température de la Terre pour le dernier million d'années.

Cette courbe fait apparaître des périodes de maxima et des périodes de minima thermiques, périodes que l'on identifia rapidement aux périodes glaciaires et interglaciaires ; des périodes où les glaciers polaires étaient plus imposants et où les glaciers de montagne descendaient dans les vallées (c'est au cours d'une de ces périodes glaciaires que les gros blocs de la colline de Fourvière furent charriés des Alpes jusqu'à Lyon), et des périodes où l'inverse se produisit.

A y regarder de plus près, la courbe des variations climatiques présente des fluctuations plus fines que cette simple alternative d'« hivers » et d'« étés » pluriannuels. Des variations thermiques plus ténues semblent se super-

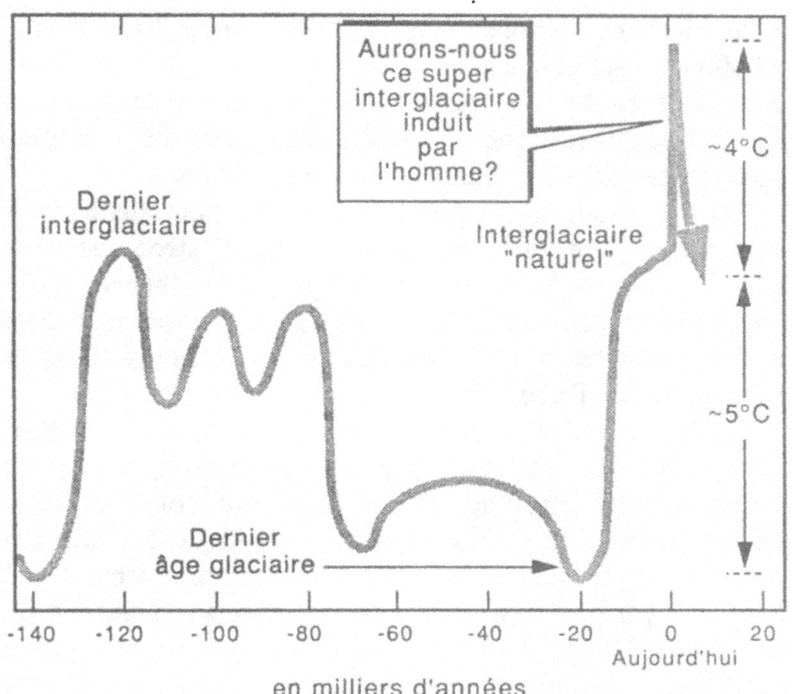

FIG. 19. — Température dans les derniers milliers d'années.

poser aux variations moyennes. L'analyse de Fourier permet de quantifier simplement cette allure complexe. Cette opération mathématique sert à décomposer une courbe à fluctuations multiples en l'addition d'une suite de fluctuations périodiques de périodes diverses. Cette décomposition est illustrée par un spectre de périodes, l'amplitude donnée à chaque période représentant son importance dans la reconstitution du signal synthétique.

Soumis à ce type d'analyse, l'enregistrement thermique des climats passés fait apparaître cinq pics correspondant à des périodes définies. Les périodes sont à 100 000 ans, 53 000 ans, 41 000 ans et, d'une manière plus modeste, 23 000 et 19 000 ans. Ainsi, tout se passe comme si les fluctuations thermiques du globe résultaient de la superposition de plusieurs phénomènes périodiques.

Cette constatation aiguilla aussitôt les spécialistes vers une théorie déjà ancienne, proposée par l'astronome yougoslave Milutin Milankovitch. D'après cette théorie émise en 1924, les variations climatiques terrestres seraient dues à des perturbations, à des anomalies existant dans la rotation de la Terre.

La Terre tourne autour du Soleil ; elle tourne sur elle-même. Cette double rotation est l'une des composantes du grand mouvement d'horlogerie planétaire dont Kepler a découvert les lois et que Newton a expliqué à l'aide des formules de la gravitation. Pourtant, ces mouvements ne sont pas parfaits. L'excentricité de la rotation autour du Soleil varie, l'inclinaison de la Terre sur son axe de rotation varie lui aussi. Tout cela vient de ce qu'en première approximation, on considère dans les calculs la Terre comme isolée dans son double mouvement, alors qu'il faut en fait tenir compte d'interactions multiples impliquant les autres planètes. Le calcul précis montre l'existence de fluctuations secondaires dans les deux mouvements. Or, ces fluctuations secondaires induisent des fluctuations dans l'ensoleillement terrestre, plus précisément des différences importantes entre les étés et les hivers. D'où des variations climatiques.

Le bon côté de la mécanique céleste, c'est qu'on peut en principe la calculer de manière précise, car elle obéit à des lois physiques que l'on connaît avec exactitude.

Il suffit donc de calculer les perturbations astronomiques et de les comparer aux perturbations thermiques déduites des résultats isotopiques. Les périodicités sont-elles les mêmes ? Les influences relatives de chaque phénomène sont-elles bien conformes à la théorie ?

Cette comparaison a duré plus de trente ans.

On a d'abord cru que la théorie de Milankovitch était fausse. Cette impression venait d'une part de l'insuffisance des données, d'autre part du fait que les calculs de Milankovitch, effectués sans le secours des ordinateurs modernes, étaient quelque peu imprécis.

Le mérite de John Imbrie, de l'université Brown, aux États-Unis, est d'avoir accumulé les preuves et vaincu les scepticismes. Depuis son travail décisif, les mesures faites sur les paléotempératures d'une part, les calculs effectués avec les ordinateurs modernes, notamment ceux d'André Berger, de Liège, d'autre part, ont permis de confirmer totalement la théorie de Milankovitch.

Les fluctuations climatiques terrestres ont bien une cause astronomique.

Mais la recherche n'en continue pas moins...

Il y a trois ans, les Soviétiques ont foré dans la glace de l'Antarctique une très longue carotte. Occasion unique, pour les géochimistes de la glace, d'étudier l'enregistrement de l'histoire de l'atmosphère sur 200 000 ans.

Comme nous l'avons déjà dit, les glaciers sont les mémoires de l'histoire de l'atmosphère. Ils forment des couches annuelles qui enregistrent la composition de l'atmosphère au moment de la chute des neiges. Patterson avait tiré parti de cette propriété dans son étude consacrée au plomb, mais une équipe de Grenoble, animée par Claude

Lorius, et une autre de Berne, conduite par Hans Oescher, ont découvert un autre enregistrement encore plus étonnant. Lorsque la neige se compacte en glace, elle emprisonne de l'air ambiant qu'elle enferme ultérieurement au sein de bulles incluses dans la glace. Ces bulles sont enfouies dans les glaciers et préservées au cours du temps. L'analyse de ces bulles fossiles permet donc de reconstituer la composition chimique des atmosphères passées.

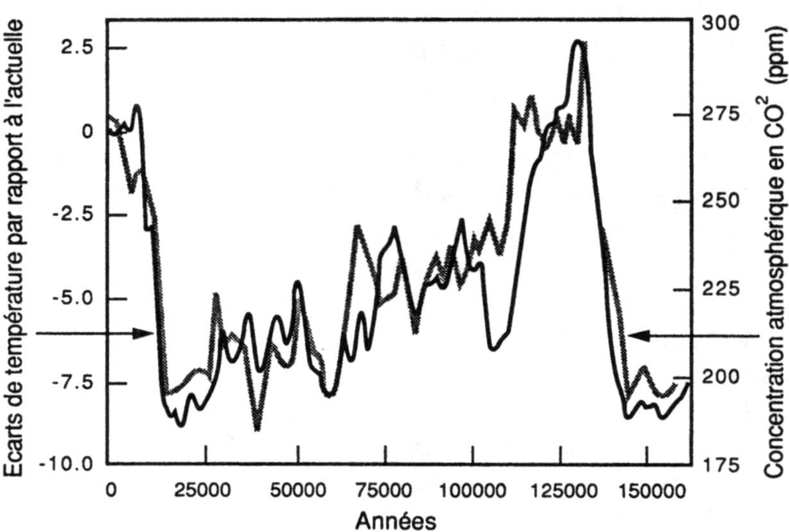

FIG. 20. — Analyse de la carotte de Vostok montrant la corrélation entre teneur en gaz carbonique des bulles et température.

L'analyse de la carotte de Vostok a permis de mettre en évidence un phénomène important : la teneur en gaz carbonique de l'air a varié au cours des 150 000 dernières années. Cette variation a une amplitude de 100 parties par million (le triple de la variation mesurée par Keeling au Mauna Loa pour les trente dernières années).

Elle montre une covariation avec la température. Lorsque la température était élevée, la teneur en gaz carbonique était élevée, et vice versa. Plus récemment, l'analyse du méthane contenu dans ces mêmes glaces a montré que la teneur (très faible) de ce gaz avait elle aussi varié et que ces variations suivaient les fluctuations thermiques.

Cette découverte, tout aussi fondamentale que celle de la courbe de Keeling, pose la question climatique sous un jour nouveau.

Tout d'abord, le lien entre fluctuations thermiques et fluctuations du gaz carbonique n'a rien d'humain. Il y a 100 000 ans, aucune civilisation industrielle n'existait !

Les ordres de grandeur des variations passées sont identiques à celles du présent. Il y a donc tout lieu de conclure que l'augmentation de température actuelle est tout ce qu'il y a de naturel.

De fait, une analyse fine des cycles de Milankovitch extrapolés dans le futur « prévoit » des températures de l'ordre de celles que nous mesurons aujourd'hui.

Ainsi, il y a peut-être lieu de s'inquiéter de l'évolution du climat, mais l'homme n'y a aucune responsabilité !

Le raisonnement peut s'étendre au-delà. Si les fluctuations thermiques sont causées par des perturbations astronomiques, le rôle du gaz carbonique dans le déterminisme du climat se trouve éliminé. Ses variations sont des conséquences et non des causes des variations climatiques (de même pour le méthane).

Au cours de notre examen du cycle du carbone, nous avons vu que bien des explications pouvaient être avancées à l'appui de cette idée, notamment dans les relations entre l'océan et l'atmosphère, ou entre l'atmosphère et la biosphère.

Nous ne reproduirons pas ici tous les raisonnements qualitatifs qui peuvent être faits. Ainsi que nous l'avons souligné, ils sont approximatifs et réversibles. Observons simplement que l'explication qui fait des fluctuations du gaz carbonique atmosphérique une conséquence et non plus une cause des fluctuations climatiques ne nie pas pour autant l'existence du phénomène physique de l'« effet de serre ». Ce dernier effet peut jouer le rôle d'un stabilisateur, non d'un déclencheur des fluctuations thermiques : la température augmente ; la teneur en gaz carbonique de l'atmosphère suit ; cette augmentation stabilise à son tour l'augmentation thermique ; lorsque la température décroîtra, et, avec elle, le gaz carbonique, on passera au phénomène inverse.

Comme on le voit, les rétroactions de ce système ne constituent pas des phénomènes sur lesquels on peut raisonner simplement. Nous avions des certitudes sur la responsabilité humaine dans la variation du climat. Nous sommes tentés à présent de l'innocenter et d'incriminer le Cosmos. Que penser ? Mais, surtout...

... que faire ?

Les faits scientifiques ne donnent aucune certitude. Rien d'étonnant à ce que les scientifiques ne soient pas tous d'accord. Mais comment se comporter face à cette incertitude de la connaissance ?

Faut-il ne rien faire et attendre d'en savoir plus ? Voilà qui paraîtrait rationnel.

Ne faut-il pas dès à présent limiter à tout prix les émissions de gaz carbonique dues à l'activité humaine ? Une telle attitude paraît raisonnable à ceux qui souhaitent préserver l'avenir. C'est celle que préconise le philosophe Michel Serres au terme d'un raisonnement conduit dans la plus pure filiation socratique.

Il faut en fait dépasser ce dilemme.

Dans le cas de l'ozone où, à mon avis, l'incertitude scientifique est tout aussi grande, la seconde solution s'impose. Parce que les substituts aux C.F.C. existent. Parce que l'interdiction des C.F.C. ne provoquera pas de grandes perturbations économiques et donc sociologiques dans notre monde.

Dans le cas du gaz carbonique, il en va tout autrement. Supprimer les voitures et l'usage du charbon est une décision économique majeure qui risque de faire mourir des millions d'individus (de faim ou de froid). Peut-on la prendre, dans le louable souci de protéger préventivement la vie de milliards d'autres, sans savoir exactement si ce genre de mesure ressortit bien au problème ? Que dirait-on d'un responsable politique qui, interdisant l'automobile, mettrait au chômage un ou plusieurs millions de travailleurs, pour s'apercevoir quelques années plus tard que l'hypothèse scientifique de départ était fausse et que ce sacrifice n'a en rien ralenti le réchauffement de la planète ?

Avant de s'aventurer dans la prise de décisions qui pourraient se révéler tragiques, peut-être vaut-il mieux examiner plus avant le risque.

Plaçons-nous dans l'hypothèse de ceux qui estiment que

l'homme perturbe le climat, et voyons ce qu'ils nous prédisent ! Je suivrai, pour ce faire, l'analyse lucide et rigoureuse que Jean-Claude Duplessy et Pierre Morel ont développée dans leur excellent ouvrage consacré à ce sujet.

La première conséquence prévue est l'augmentation des températures. Si, à l'échéance d'une cinquantaine d'années, on doublait la teneur en gaz carbonique, la température moyenne du globe augmenterait d'un degré et demi. On parle de 2 °C de plus en 2050 et de 4 °C de plus en 2100.

La seconde conséquence attendue a trait à la montée du niveau des mers. Contrairement à certaines affirmations un peu rapides, l'augmentation de température attendue ne fera pas fondre les glaciers antarctiques. Elle fera surtout fondre une partie des glaciers de montagnes. Par ailleurs, elle provoquera une dilatation du volume des océans. Au total, on calcule qu'en cinquante ans, le niveau des mers pourrait monter de 10 à 20 centimètres. Certes, une telle montée posera des problèmes sérieux aux pays côtiers de très basse altitude, mais on est loin des scénarios de submersion généralisée que l'on a parfois évoqués.

Et la fonte des glaciers polaires, si souvent pronostiquée ?

Comme le soulignent fort bien Jean-Claude Duplessy et Pierre Morel, la température du pôle Sud étant de − 80° à − 50 °C, un réchauffement de quelques degrés ne fera rien fondre du tout ! En revanche, à long terme, un réchauffement pourrait décoller la partie ouest de la calotte antarctique et la faire glisser dans la mer. Pour se produire, un tel phénomène prendra au moins un siècle ou deux. Ce n'est donc pas une menace pour demain matin.

En fait, la menace la plus sérieuse réside sans nul doute dans une modification de la distribution des climats, et plus encore de la distribution des pluies. On en a de nombreux signes, le plus précis étant la divergence des indices d'humidité de diverses zones de latitudes, telle qu'on a pu la reconstituer.

Une telle modification va sans doute se révéler néfaste pour certaines régions. On peut craindre, par exemple, une extension des déserts en Afrique du Nord. Mais elle sera, n'en doutons pas, bénéfique à d'autres. Croyez-vous que les Russes ou les Canadiens se plaindront si leur climat devient plus clément ? Va-t-il falloir arbitrer à ce sujet entre les nations ? A l'inverse, comment espérer mettre tout le monde d'accord sur des mesures de portée universelle dès lors qu'il y a des bénéficiaires des modifications attendues ?

Le plus gênant, c'est que nos connaissances, nos modèles ne permettent sans doute pas de prévoir une telle évolution, même si elle semble probable.

Face à tant d'incertitudes, que faire ?

D'abord, et sans hésitation, amplifier l'effort de recherche scientifique pour mieux comprendre. C'est sans aucun doute la priorité. Cette action devrait nous fournir des résultats décisifs d'ici quinze à vingt ans.

Il faudra ensuite apprendre à nous adapter à un certain nombre de conditions nouvelles qui, de toutes manières, nous atteindront : augmentation de température, sécheresse accrue dans certaines zones, montée limitée du niveau des mers. La technologie moderne permettra d'y faire face, à condition de s'y préparer.

Et puis, parce qu'il faudra bien aborder le problème, commencer à agir contre le dégagement de gaz carbonique. Non par quelque action dramatique, car personne ne voudra en entendre parler, mais progressivement. La première mesure consistera à promouvoir peu à peu la voiture électrique : la limitation de vitesse dans les villes à 50 km/h est un bon moyen de donner sa chance d'abord aux véhicules mixtes (essence-électricité), puis aux véhicules électriques. La seconde — mais nous y reviendrons — consistera à limiter petit à petit les centrales thermiques à combustibles fossiles.

Ce que nous préconisons, c'est donc une action douce. Nous verrons plus loin dans quelles conditions elle pourra être conduite. L'idée de base est de préparer les sociétés à évoluer. L'analyse du risque ne nous oblige pas à une action brutale, elle nous invite à une action vigilante, déterminée mais progressive. C'est à une politique des petits pas que nous convions.

Vis-à-vis du long terme, de ses possibles effets dévastateurs, il faudra utiliser le temps qui nous reste pour mettre au point des réponses appropriées. Si on veut qu'elles soient à la hauteur du défi, ces réponses ne pourront être que globales et s'attaquer aux sources mêmes du problème.

Si certains pensent que l'homme est capable de détraquer le climat de la planète contre son gré, pourquoi ne pourrait-on pas envisager qu'il le modifie — à sa guise — cette fois, pour compenser les caprices de la nature (par exemple l'alternance des époques glaciaires et interglaciaires) ? C'est ce qu'a suggéré le météorologue soviétique Budyko.

Celui-ci a proposé d'ensemencer la haute atmosphère avec de l'oxyde de soufre (SO_2). D'après lui, cette injection développerait des aérosols qui réfléchiraient les rayons solaires. Le calcul montre que pour que l'opération soit efficace, il faudrait injecter 35 millions de tonnes de SO_2

dans la stratosphère. Le prix serait de 30 milliards de dollars chaque année. Par comparaison avec le budget militaire annuel des États-Unis — 350 milliards de dollars —, ce n'est pas énorme ! Si cela permet de compenser l'« effet de serre », ce n'est pas si mal !

Le mécanisme de cet effet compensateur est le suivant : le SO_2 réagit avec l'eau pour donner de l'acide sulfurique. Or, les aérosols d'acide sulfurique réfléchissent le rayonnement solaire, mais « laissent passer » les infrarouges réfléchis par la Terre. Ceci a été mesuré et vérifié lors de l'éruption du volcan mexicain El Chichón, qui a injecté du SO_2 dans la stratosphère. L'idée de Budyko est donc scientifiquement fondée.

On pourra objecter que l'acide sulfurique ainsi formé retombera en pluies acides — au demeurant assez diluées — et que l'on aura remplacé un danger par un autre. C'est partiellement vrai. Peut-être faudrait-il remplacer le SO_2 par des sels marins susceptibles de provoquer la formation de nuages dans la basse atmosphère ? Peut-être suffirait-il d'utiliser d'autres composés soufrés moins toxiques ?

Il n'empêche que la démarche est bonne. La question posée est en effet fort simple : l'homme, qui n'est jamais resté passif devant les dangers qui le menaçaient, peut-il le demeurer devant celui-là ?

7

Les catastrophes naturelles peuvent-elles être évitées ?

A l'époque où l'homme marche sur la Lune, où il peut surveiller la planète jour et nuit grâce à des satellites équipés de techniques appropriées, traiter grâce à des ordinateurs géants des milliards de milliards de données et d'observations, communiquer instantanément d'un point à l'autre du globe, est-il encore tolérable que les catastrophes naturelles fassent annuellement plusieurs milliers de morts ? N'est-on pas capable d'éviter ces désastres dont le nombre de victimes semble même augmenter d'année en année ?

Au cours de ce XXe siècle finissant, quatre millions de vies humaines ont été fauchées au cours de catastrophes naturelles. Dans ces hécatombes, les tremblements de terre tiennent le triste premier rang, puisque la moitié des morts leur est imputable. Viennent ensuite les inondations et les typhons, avec respectivement 30 et 17 %. Les éruptions volcaniques, les raz de marée et les glissements de terrain atteignent ensemble 3 %. Si l'on étudie les quarante dernières années, les proportions sont relativement différentes : la part des tremblements de terre a diminué jusqu'à 38 %, celle des inondations est passée à 15 % ; en revanche, celle des cyclones a fortement augmenté et atteint 40 %. Celle des volcans est de 3,5 %. Ces variations ne font que traduire le plus ou moins grand succès des hommes pour se prémunir contre ces dangers.

Les contributions par type de désastres étant clairement délimitées, il est instructif d'en examiner la répartition géographique : 85 % concernent l'Asie et le Sud-Ouest pacifique, dont les Philippines, l'Indonésie, la Papouasie, la Nouvelle-Guinée, etc. ; l'Amérique et l'Europe se partagent à égalité 14 % ; l'Afrique, pour une fois épargnée, n'y contribue que pour 0,5 %.

Cette concentration des désastres en quelques zones du globe est saisissante et *a priori* surprenante. Qu'il y ait un lien entre tremblements de terre et volcans, voire glissements de terrain, chacun, intuitivement, en perçoit bien la logique, même s'il n'en connaît pas la cause ultime (qui n'est d'ailleurs pas simple). Qu'il y ait un lien entre tornades et inondations, on peut là encore le concevoir, puisqu'il s'agit de modulations des cycles externes de la planète. Mais qu'il y ait un lien entre causes internes et causes externes, nul n'en voit la raison. Et il n'y en a pas ! Sauf pour les glissements de terrain qui se produisent parfois sous l'influence d'un petit tremblement de terre, lorsque les sols ont été gorgés d'eau par des pluies torrentielles, ou encore pour les raz de marée qui mettent la mer en action mais dont la cause est interne (tremblement de terre ou éruption volcanique sous-marins).

Il n'en est pas moins vrai que certaines zones semblent concentrer tous les dangers :

Le Bangladesh est menacé par les typhons, les débordements du Brahmapoutre et du Gange, les tremblements de terre.

Les archipels de l'Asie du Sud-Est, jusques et y compris les zones surpeuplées du Japon, de l'Indonésie ou des Philippines, sont menacés par les volcans, les cyclones, les tremblements de terre et les glissements de terrain.

Les Antilles, l'Amérique centrale sont dans une situation comparable. Ces régions contribuent au palmarès des hécatombes volcaniques, sismiques, mais aussi météorologiques.

L'Amérique du Sud est surtout menacée par des phénomènes internes (séismes et volcans). L'Inde par des phénomènes externes liés au ciel et à l'eau, même si les rares tremblements de terre de la région Nord y sont particulièrement meurtriers.

La Chine, immense par son étendue, surpeuplée en tous ses endroits fertiles, est menacée par presque tout : typhons, tremblements de terre, inondations, glissements de terrain. Seuls les volcans semblent épargner ce pays.

En Europe, la zone la plus menacée est le pourtour méditerranéen, avec une certaine clémence pour la France et l'Espagne où les catastrophes meurtrières, actuelles ou historiques, paraissent modestes dès qu'on les compare à celles d'Italie ou de Yougoslavie.

En Amérique, les zones côtières atlantiques sont menacées par les cyclones et les inondations, alors que les zones pacifiques sont sous la menace permanente des tremblements de terre et, plus récemment, des éruptions volcaniques.

Cette concentration des dangers en certaines zones obéit à des causes distinctes, hormis bien sûr un lien commun à tous qui traduit les fureurs de la Terre en milliers de morts et qui s'appelle la surpopulation. Les catastrophes font d'autant plus de victimes que les zones sont plus peuplées. L'augmentation de leur nombre avec le temps traduit l'accroissement de population. Les femmes et les hommes s'installent là où ils peuvent survivre, là où la terre est riche, où se concentrent commerce et échanges. Dans leur recherche du meilleur site où s'installer, les hommes ne tiennent que peu compte des dangers encourus.

Mais qu'entend-on d'abord par *catastrophes naturelles* ?

On englobe sous ce terme les événements naturels brutaux qui, en quelques heures, ravagent tels ou tels « paysages » terrestres. L'heure est l'échelle de temps. En quelques minutes ou heures, la prospérité, le bonheur, la joie de vivre se transforment en décombres, en horreurs, en détresse. En 1970, un cyclone tropical a tué en quelques heures quatre cent mille personnes au Bangladesh, laissant sans abri plus d'un million d'habitants. En 1977, à Tangshan, en Chine, plus d'un million de personnes, en l'espace de quelques minutes, se retrouvèrent également sans toit ; sans doute près d'un demi-million perdirent la vie lors de ce tremblement de terre, l'un des plus meurtriers de l'histoire du monde, que l'opacité de l'information a recouvert d'incertitude sur le nombre réel des victimes. En 1985, en Colombie, négligeant les avertissements du vulcanologue John Tomblin, les autorités laissent vingt-deux mille personnes être ensevelies sous la coulée de boue issue du Nevado del Ruiz. Voilà pour les bilans en vies humaines.

Mais les ravages économiques ne sont pas négligeables non plus. On estime à plus de 500 milliards de francs les pertes financières annuelles occasionnées par les catastrophes naturelles. Songeons que le budget de la France se monte *grosso modo* à 1 200 milliards de francs : on mesurera l'ampleur du désastre. Naturellement, les dégâts financiers sont toujours plus importants dans les pays industrialisés que dans les pays pauvres. En schématisant beaucoup, on pourrait presque dire que les pays riches paient en dollars, alors que les pays pauvres paient en vies humaines ! Les pays riches ont sinon les moyens de prévoir, tout au moins ceux de se prémunir, alors que les pays pauvres ne disposent pas d'assez de ressources pour prévoir ni prévenir. Ils comptent leurs morts.

La différence Nord-Sud est aussi une réalité pour ce qui est des catastrophes naturelles. Nous le verrons dans le détail en étudiant les différents types de catastrophes. Mais, par-delà l'échelle de temps horaire, y a-t-il des concepts communs à ces types d'événements naturels dont les uns relèvent de la géophysique interne, les autres de la météorologie ou de l'hydrologie ?

Il y en a effectivement. Penchons-nous d'abord sur la signification et les limites des mots *prévention* et *prédiction*.

Prévention et prédiction

Prévoir une catastrophe, c'est prédire l'instant et le lieu où elle se produira. C'est un exercice qui relève idéalement du raisonnement scientifique, mais qui a bien souvent consisté en une extrapolation de faits d'observation reliés par des logiques qui doivent beaucoup à l'empirisme. Il se réduit plus souvent à détecter des signes avant-coureurs, annonciateurs, qu'à mener un raisonnement déductif de type scientifique.

Prévenir une catastrophe, c'est prendre des mesures qui minimiseront les effets du phénomène naturel. C'est construire des maisons qui résistent aux tremblements de terre et aux typhons, c'est bâtir des digues qui évitent les inondations.

Prévision et prévention sont étroitement liées et ont toutes deux leurs limites.

On pourrait croire naïvement que si la prévision est bonne, on évitera les pertes en vies humaines. Ainsi, si l'on prévoit un tremblement de terre de magnitude 7 à San Francisco pour le courant du mois de juin, on peut penser éviter un désastre en faisant abandonner la ville par ses habitants. Il n'en est bien sûr rien ! Le coût économique de l'évacuation de San Francisco serait tel que la mise à l'abri de ses habitants pendant tout un mois est impensable. Mais si la prédiction est faite un mois à l'avance pour un jour précis, l'évacuation devient alors une parade plausible.

Faut-il pour autant conclure que la prédiction ne sert à rien si elle n'est pas précise et suffisamment précoce ? Bien sûr que non. Si le mois de juin à San Francisco est placé sous la menace d'un séisme, on prendra un certain nombre de précautions concernant le gaz, l'électricité, les écoles, les transports, et l'on veillera plus encore à informer la population afin d'éviter des milliers de morts grâce à des mesures de prévention.

Le problème de la prédiction des catastrophes est bien posé par cet exemple. Il porte sur le lieu, la date, le délai d'information, mais aussi le degré de certitude de la prédiction.

Pour la prévention, il en va de même. Pense-t-on disposer des moyens de prévention qui éviteront toutes pertes en vies humaines dues à un typhon tropical ? Sûrement pas. Pourtant, à l'aide de moyens modestes, de précautions élémentaires, on peut éviter beaucoup de morts. Le cas de la Floride est à cet égard exemplaire : alors que, depuis le début du siècle, la population a crû à un rythme rapide, le nombre des victimes des typhons a décrû aussi vite, sans que personne ait pu pour autant se prévaloir de posséder le remède miracle.

Face à toutes les catastrophes naturelles, c'est la combinaison prévention-prédiction qui est la clef de la réussite.

Disons-le d'emblée. Si nous n'avons actuellement aucun moyen d'éviter les catastrophes naturelles, si nos moyens de prédiction restent limités, la combinaison des techniques modernes de prédiction et de prévention permet de diviser les pertes en vies humaines par un facteur 10, et de réduire de presque autant les dégâts matériels.

Encore faut-il employer ces moyens. Encore faut-il être prêt à investir pour cela !

Les catastrophes d'origine interne

L'activité interne de la Terre se manifeste de deux manières : les tremblements de terre et les éruptions volcaniques. Les premiers tuent dix fois plus de monde que les secondes.

Les régions et même les sites menacés par ce type de catastrophes sont désormais répertoriés, et les raisons de ces localisations sont bien connues. Une cause commune : la *tectonique des plaques*, ou plus exactement les mouvements internes du globe dont les manifestations de surface sont expliquées par le paradigme dit de la tectonique des plaques.

Dans ce modèle, la surface de la Terre — disons les 60 km situés près de la surface — sont divisés en plaques rigides. Ces calottes sphériques sont mobiles, et leurs frontières en perpétuelles confrontations. Ces frontières, zones actives de la géologie du monde, sont de trois types : les dorsales océaniques, les fosses océaniques et les grandes failles que l'on appelle *transformantes*.

Les dorsales océaniques fabriquent continuellement le plancher des océans. Une fois formé, ce plancher dérive de part et d'autre des dorsales, s'étalant sous la mer comme le ferait un immense tapis roulant.

A l'inverse des dorsales, les fosses sont des zones où le tapis roulant des fonds océaniques s'engloutit dans les profondeurs du globe, dans le manteau.

Les failles transformantes sont des failles qui ont pour fonction d'ajuster les deux mouvements fondamentaux précédents.

Dans ce ballet dont la vitesse se mesure en quelques centimètres par an, les continents sont passifs. Plus légère que la croûte océanique et le manteau, plus épaisse que la croûte océanique, la croûte continentale, tel un morceau de bois sur l'eau d'une casserole, suit le mouvement mais

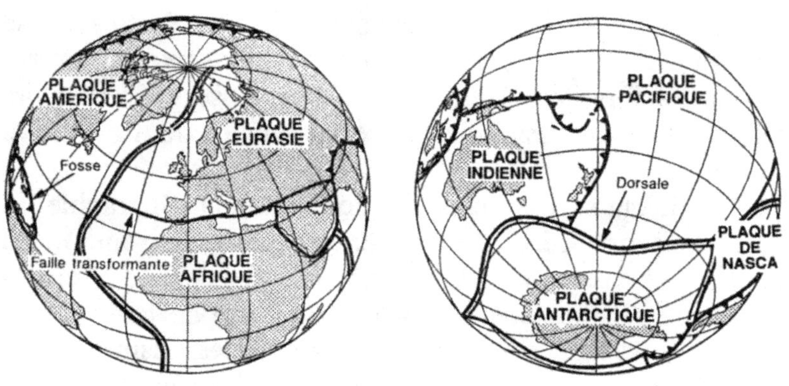

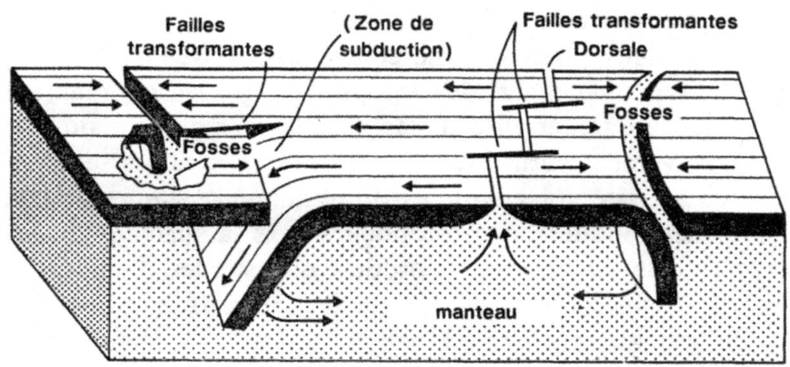

Fig. 21*a-b*. — Principales plaques tectoniques.

n'y participe pas. Les continents dérivent. Parfois ils se cassent, laissant naître entre leurs morceaux un nouvel océan. Parfois ils entrent en collision et se soudent alors entre eux, mais jamais ils ne se laissent engloutir dans le manteau.

Ce schéma se traduit en pratique dans la géographie du globe par une série de domaines (quinze en tout), les *plaques*, séparées par des frontières. Pour celui qui s'intéresse aux séismes et aux volcans, la carte de ces plaques est fort précieuse, car la grande majorité des séismes et des volcans se localisent en fait sur les frontières entre plaques. C'est au niveau de ces bordures que la majeure partie de l'énergie mécanique et thermique interne du globe se dissipe. Cette dissipation d'énergie est à l'origine des séismes et des volcans, mais d'une manière distincte :

Un tremblement de terre résulte du frottement géologique de deux plaques l'une contre l'autre. Ce frottement, qui se fait à l'échelle des temps géologiques de manière continue, se matérialise à l'échelle du temps humain par des mouvements brusques et brutaux que sont les séismes.

Une activité volcanique est le témoignage d'une montée de roches fondues des profondeurs vers la surface. Un tel transfert de matière ne se produit que sur les dorsales ou au voisinage de fosses, jamais sur les failles transformantes.

Cette logique simplifiée explique pourquoi séismes et volcans sont souvent géographiquement associés, mais aussi pourquoi certaines zones sont sujettes aux tremblements de terre sans être menacées par des éruptions volcaniques, comme la Yougoslavie, la Turquie ou la Californie. Ce sont des zones de failles transformantes. En revanche, si la cause ultime des éruptions volcaniques et des tremblements

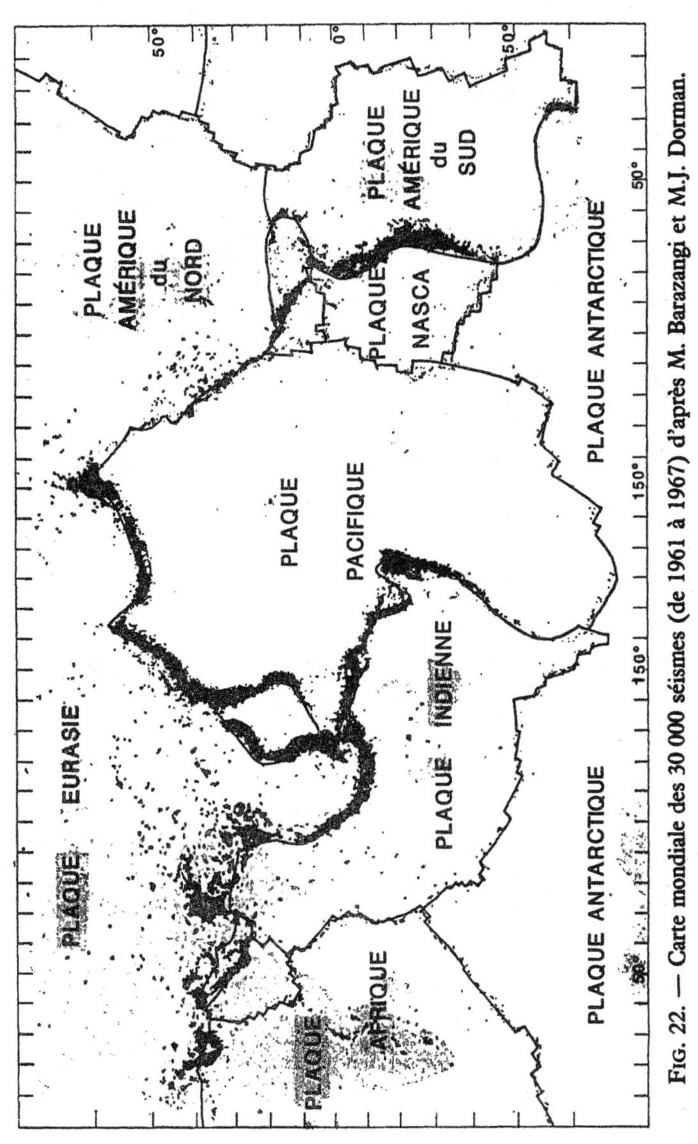

Fig. 22. — Carte mondiale des 30 000 séismes (de 1961 à 1967) d'après M. Barazangi et M.J. Dorman.

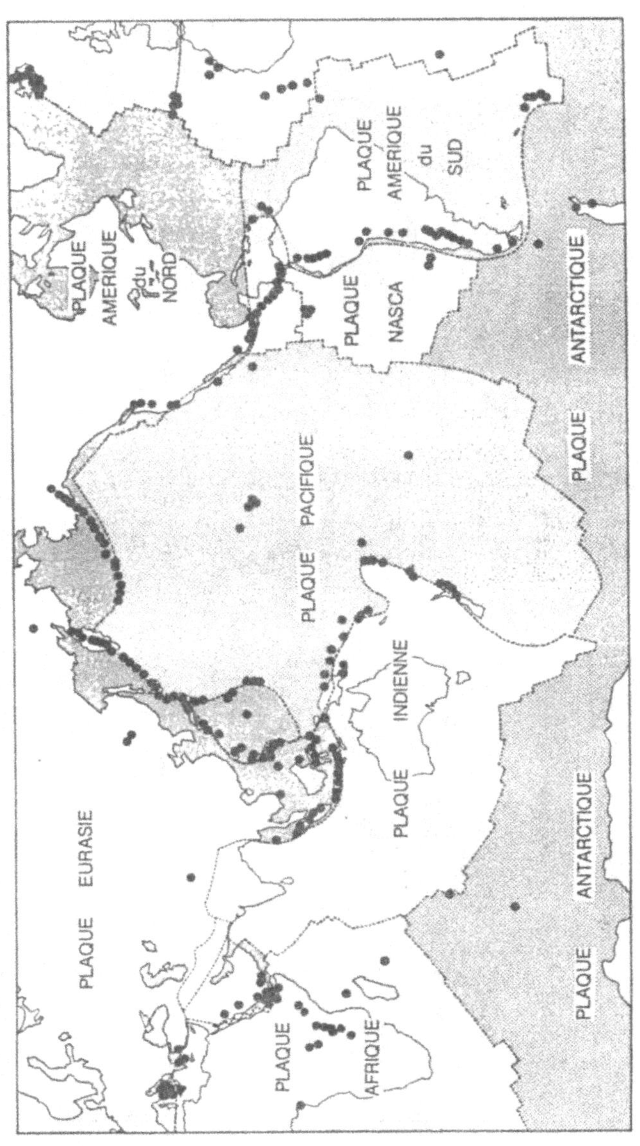

FIG. 23. — **Répartition géographique des volcans actifs.**

de terre est commune, il n'existe pas de déclenchement croisé, sauf pour les petits séismes volcaniques. Une éruption volcanique ne déclenche pas de gros séismes, et vice versa.

La tectonique des plaques explique l'essentiel des cartes sismiques et volcaniques, mais pas la totalité. Il faut compléter le schéma « plaquiste » par deux additifs importants : les anciennes cicatrices continentales et les points chauds.

Comme nous l'avons dit, les continents entrent parfois en collision et se soudent alors les uns aux autres. Ainsi, il y a à peu près 50 millions d'années, l'Inde est entrée en collision avec l'Asie et s'y est soudée. La cicatrice de cette soudure est la vallée du Yalung Tsanpo, qui s'appellera plus loin Brahmapoutre. Ce phénomène s'est répété çà et là tout au long des temps géologiques, si bien que les continents se présentent comme des mosaïques de morceaux soudés les uns aux autres avec, entre les blocs, des cicatrices. Plus celles-ci sont vieilles, plus elles sont fermées, solides, cachetées par des intrusions de magma et des accidents tectoniques. Plus elles sont jeunes, plus elles sont fragiles. Sous l'effet des forces tectoniques, ces cicatrices peuvent se réactiver, créant alors des tremblements de terre intracontinentaux. Ces derniers sont parmi les plus meurtriers. La Chine n'en a pas le monopole, mais est de loin la région où ils sont le plus nombreux, avec la zone périhimalayenne. Ce phénomène a été expliqué par Paul Tapponnier, de l'Institut de Physique du Globe de Paris, et Peter Molnar, du M.I.T., dans le cadre d'une théorie tectonique générale de l'Asie qui fait jouer à l'Inde le rôle de poinçon et à l'Asie celui du bloc mosaïque déformable.

Désastres naturels du siècle			
Année	Événement	Pays	Nombre de morts (approximatif)
1900	Cyclone tropical	U.S.A.	6 000
1902	Éruption volcanique	Martinique	29 000
1902	Éruption volcanique	Guatemala	6 000
1906	Typhon	Hong Kong	10 000
1906	Tremblement de terre	Taiwan	6 000
1906	Tremblement de terre/Feux	U.S.A.	1 500
1908	Tremblement de terre	Italie	75 000
1911	Éruption volcanique	Philippines	1 300
1915	Tremblement de terre	Italie	30 000
1916	Glissement de terrain	Italie, Australie	10 000
1919	Éruption volcanique	Indonésie	5 200
1920	Tremblement de terre/Glissement de terrain	Chine	200 000
1923	Tremblement de terre/Feux	Japon	143 000
1928	Cyclone tropical/Inondation	U.S.A.	2 000
1930	Éruption volcanique	Indonésie	1 400
1932	Tremblement de terre	Chine	70 000
1933	Raz de marée	Japon	3 000
1935	Tremblement de terre	Inde	60 000
1938	Cyclone tropical	U.S.A.	600
1939	Tremblement de terre/Raz de marée	Chili	30 000
1945	Inondations/Glissement de terrain	Japon	1 200
1946	Raz de marée	Japon	1 400
1948	Tremblement de terre	U.R.S.S.	100 000
1949	Inondation	Chine	57 000
1949	Tremblement de terre/Glissement de terrain	U.R.S.S.	12 000-20 000
1951	Éruption volcanique	Papouasie-Nouvelle-Guinée	2 900
1953	Inondation	Côtes de la mer du Nord (Europe)	1 800
1954	Glissement de terrain	Australie	200
1954	Inondation	Chine	40 000
1959	Typhon	Japon	4 600

Année	Événement	Pays	Nombre de morts (approximatif)
1960	Tremblement de terre	Maroc	12 000
1961	Typhon	Hong Kong	400
1962	Glissement de terrain	Pérou	4 000-5 000
1962	Tremblement de terre	Iran	12 000
1963	Cyclone tropical	Bangladesh	22 000
1963	Éruption volcanique	Indonésie	1 200
1963	Glissement de terrain	Italie	2 000
1965	Cyclone tropical	Bangladesh	17 000
1965	Cyclone tropical	Bangladesh	30 000
1965	Cyclone tropical	Bangladesh	10 000
1968	Tremblement de terre	Iran	12 000
1970	Tremblement de terre/Glissement de terrain	Pérou	70 000
1970	Cyclone tropical	Bangladesh	300 000-500 000
1971	Cyclone tropical	Inde	10 000- 25 000
1976	Tremblement de terre	Chine	250 000
1976	Tremblement de terre	Guatemala	24 000
1976	Tremblement de terre	Italie	900
1977	Cyclone tropical	Inde	20 000
1978	Tremblement de terre	Iran	25 000
1982	Éruption volcanique	Mexique	1 700
1985	Cyclone tropical	Bangladesh	10 000
1985	Tremblement de terre	Mexique	10 000
1985	Cyclone tropical	Colombie	22 000
1987	Feux	Chine	200

Ainsi s'expliquent aussi les rares séismes intracontinentaux d'Amérique du Nord, d'Europe ou d'Afrique centrale. Dans ce dernier cas, les cicatrices sont anciennes, donc peu actives.

Ces cicatrices intracontinentales sont des zones sismiques, mais ne sont jamais le siège d'activités volcaniques. C'est à peu près l'inverse pour les points chauds.

On appelle points chauds des jets de manteau fondu qui,

traversant la croûte océanique ou continentale, viennent crever à la surface, y formant des pustules volcaniques. Lorsque la surface est très mobile, ils laissent leur trace sous la forme d'un chapelet d'îles alignées, comme l'archipel d'Hawaï. Lorsque la plaque est quasi immobile, ils forment un essaim volcanique comme les Açores ou les Canaries. Il existe des points chauds sous les océans, mais aussi sous les continents, comme ce fut le cas au quaternaire sous notre Massif central. En l'état actuel de nos connaissances, nous ne disposons d'aucune logique simple et déterministe pour expliquer la répartition de ces points chauds, mais nous en possédons l'inventaire.

A partir de là ont pu êtres établies des cartes à peu près complètes des zones menacées par des tremblements de terre ou des éruptions volcaniques.

Les zones à risques

Nous avons donc à notre disposition des cartes et une théorie explicative, un mode d'emploi. Que peut-on en déduire sur les risques volcaniques et sismiques ?

La totalité des tremblements de terre et des éruptions volcaniques historiques ont eu lieu dans l'une des zones déterminées par les cartes que nous venons d'évoquer. Qui plus est, 99,9 % des tremblements de terre ont eu lieu sur des failles existantes, connues, répertoriées ; 98 % des éruptions affectent des volcans déjà en activité. Le volcan Paricutin, apparu *ex nihilo* dans un champ du Mexique en 1947, est un exemple assez isolé. Pour être tout à fait complet, il faudrait ajouter quelques nouveaux volcans sous-marins apparus au Japon, aux Açores ou autour de l'Islande, mais, pour ce qui menace l'homme, la règle de l'apparition d'une nouvelle manifestation sur un édifice déjà existant est tout à fait suffisante.

Les cartes sismiques et volcaniques sont des instruments de surveillance extrêmement efficaces. Ce sont même, de loin, les documents les plus fiables, sur lesquels il est permis de s'appuyer sans réserve. On peut dès lors faire un petit calcul simple. Il existe sur le globe un millier de volcans ayant eu une activité récente, et 500 actuellement actifs ; en admettant que chacun menace une surface de 1500 kilomètres carrés, on aboutit à *1 % des terres émergées*. Sachant que la longueur des fosses et des failles transformantes adjacentes aux terres émergées représente 50 000 kilomètres, et que l'on accorde à chaque zone sismique une largeur de 300 kilomètres, le total est de 15 millions de kilomètres carrés, soit 10 % des terres émergées. Ce calcul très grossier, qui table sur une efficacité nulle des méthodes de prédiction, est pourtant entièrement corroboré par le nombre de victimes. Entre 1600 et 1980, il y a eu environ 260 000 victimes d'éruptions volcaniques et 2 500 000 morts causées directement ou indirectement par les tremblements de terre. Le rapport de un à dix se retrouve bien !

On peut alors se poser la question suivante : pourquoi ne pas évacuer les zones à risques, pourquoi ne pas vivre ailleurs ? Mais, dans cette hypothèse, va-t-on évacuer toute la Californie de San Francisco à Los Angeles ? Va-t-on déplacer la capitale du Mexique ? Le Japon tout entier peut-il être évacué ? De même que la Chine du Nord, y compris Pékin, mais aussi tout le Yunnan, une partie du Setchuan (cent millions d'habitants !), sans compter la côte du Chili, les Philippines et les îles indonésiennes ? Comme on le voit, la protection contre les séismes par évacuation préventive permanente est impensable pour une raison élémentaire : les zones frontières des plaques tectoniques constituent des accidents majeurs de l'écorce terrestre dont la géographie tire profit. Ce sont les transitions océan-continent, autrement dit les bords de mer. Tous les bords de mer ne constituent pas des limites de plaques, mais beaucoup le sont, en particulier sur le pourtour du Pacifique. Ce sont de grandes failles parcourues par des fleuves, donc gorgées d'alluvions fertiles, comme en Chine du Nord, etc.

Laissons donc provisoirement de côté la protection contre les séismes.

Pour les volcans actifs, dont il suffit d'éviter les abords immédiats, n'y a-t-il rien à faire ? Là encore, la situation économique commande tout. Les sols volcaniques sont très riches. C'est particulièrement vrai dans les régions tropicales. De ce fait, il est impossible d'exiger des populations qu'elles délaissent les pentes des volcans, surtout lorsque ces populations sont sous-alimentées. Dans le cas de l'Indonésie, ce serait la famine assurée. Et pourtant, dans ce pays, 170 000 personnes ont péri depuis trois siècles du fait d'éruptions volcaniques !

Petit à petit, les hommes prennent néanmoins l'habitude de ne pas installer de trop grosses agglomérations sous la menace immédiate des volcans actifs. Certes, cette tendance est lente et ne se manifeste que sous la pression des éléments, mais elle existe. Ainsi, Saint-Pierre de la Martinique, autrefois capitale de cette île, détruite par l'éruption cataclysmique de 1902, n'est plus aujourd'hui qu'une

alsacien ou la grande zone Oléron-Cévennes. Si notre territoire devait subir les contrecoups de la poussée de l'Afrique vers le nord, rien ne dit que ces failles ne bougeraient pas un peu. Mais, dans ces scénarios hypothétiques qui ne sont pour l'instant que de pures spéculations, nous ne serions pas plus mal placés que les Allemands qui ne se soucient pourtant guère des séismes !

Nos départements et territoires d'outre-mer sont autrement menacés. La Réunion porte le volcan le plus actif du monde, le piton de la Fournaise ; les Antilles, situées sur la frontière de plaque où l'Atlantique plonge sous la mer des Caraïbes, sont menacées aussi bien par les tremblements de terre que par deux volcans particulièrement dangereux, la meurtrière Montagne Pelée en Martinique et la Soufrière en Guadeloupe. C'est vers eux que nos efforts de prévention et de surveillance doivent se concentrer en premier lieu.

Dans les zones actives elles-mêmes, les cartes sismiques et volcaniques ne sont pas sans intérêt. Elles indiquent clairement les zones qui sont localement à éviter : failles sismiquement actives, environnement immédiat des volcans, zones à forte sismicité locale. Elles incitent les pouvoirs publics à prendre des mesures de prévention dans les constructions, d'éducation des populations et de mise en place d'observatoires destinés à donner éventuellement l'alerte. Car tel est bien l'enseignement que nous devons en tirer : les hommes doivent apprendre à vivre avec les fureurs telluriques en s'organisant en conséquence et en cherchant à en minimiser les risques. La solution n'est pas dans la fuite ou l'abandon !

La première étape de cette cohabitation passe par la

Économiser la planète

FIG. 24*a*. — Carte de la sismicité en Méditerranée.

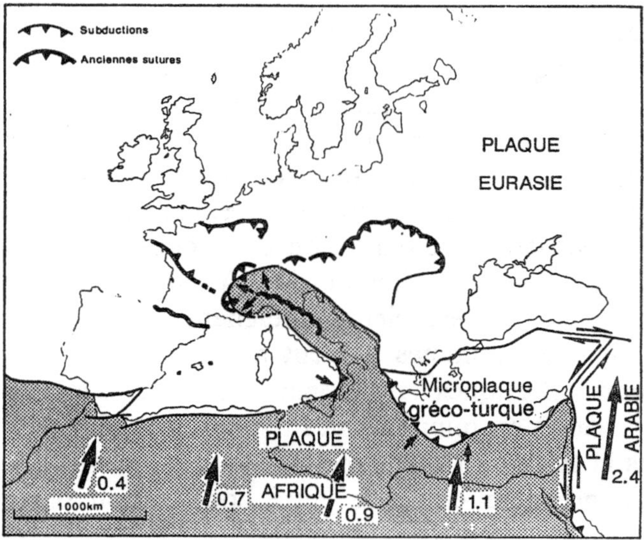

FIG. 24*b*. — Carte des limites de plaques en Méditerranée.

connaissance. Que sait-on exactement sur les mécanismes des séismes et des volcans ? Ils sont liés à la tectonique des plaques, aux forces gigantesques qui déplacent des quartiers d'écorce terrestre, mais cette explication ne nous dit ni quand, ni comment les séismes et les éruptions volcaniques se déclenchent. Elle fournit un cadre dont l'échelle de temps est le million d'années, elle ne fournit pas une théorie phénoménologique à l'échelle du temps humain, celle du jour ou de l'heure. Seule l'étude des mécanismes intimes de ces phénomènes peut nous permettre de mieux comprendre, donc de mieux prévoir.

Prédiction et prévention des séismes et éruptions

Après en avoir localisé l'impact possible, il faut se poser la question : peut-on prévoir le jour et l'heure d'un tremblement de terre ou d'une éruption volcanique ?

Si l'on désire une réponse rapide et donc outrancièrement schématique, on peut dire : « Oui, on sait prédire les éruptions volcaniques ; non, on ne sait pas prédire les tremblements de terre. »

Ces affirmations, prises dans leur brutalité péremptoire, pourraient faire croire qu'on prédit à tous coups les éruptions et jamais les séismes. En fait, on prédit fort bien les éruptions volcaniques à condition de disposer d'observatoires bien équipés autour du volcan, et, à l'inverse, on prédit parfois des tremblements de terre sans être capable de répéter à coup sûr la performance et sans trop bien savoir comment on a fait. On prévoit plus sûrement le déclenchement d'un tremblement de terre à un endroit donné si on admet de le situer dans une fourchette de quelque trente ans.

A l'inverse, les moyens de prévention sont très efficaces pour se prémunir contre les tremblements de terre, en particulier dans le domaine des constructions ; en revanche, ils sont peu efficaces contre les éruptions volcaniques dont l'effet dévastateur est beaucoup plus inexorable. Comment arrêter une coulée de lave à l'Etna ou à Hawaï ?

On se trouve donc là face à un dualisme intéressant pour celui qui a la charge de la protection civile.

Les éruptions volcaniques et leur prédiction

Une éruption volcanique consiste en la montée à la surface d'un magma chaud dont la température est de 800 à 1 000°. Lorsqu'il coule, on l'appelle une lave ou plus simplement une coulée volcanique. Cette montée magmatique vers la surface, phénomène commun à tous les volcans, se fait selon des modalités variées, dépendant des relations entre le magma et les gaz qui lui sont associés. Ces gaz sont composés essentiellement d'eau, dont l'origine est à rechercher vers la surface, et de gaz carbonique dont l'origine est plus profonde. Portés à des températures extrêmes, ces gaz ont un pouvoir mécanique énorme dû à leur capacité d'expansion. La manière dont ils vont l'exprimer dépend de la forme de leur interaction avec le magma. S'ils s'en séparent, ils constitueront une force de pression potentielle comme celle que les gaz d'explosion exercent sur un piston, cherchant à écarter les parois, donc à détruire les limites dans lesquelles la nature les a confinés ; si les parois sont fissurées, ils s'échapperont sous forme de fumées ou fumerolles et perdront, avec leur pression élevée, leur pouvoir d'expansion, laissant derrière eux un magma partiellement dégazé. S'ils se mélangent avec le magma, ils constitueront une émulsion gaz/magma qui combinera les propriétés d'expansion des gaz avec la formidable réserve thermique que représente le magma.

A partir de là, il peut se déclencher trois types d'éruptions.

La montée du magma vers la surface, lente mais inexorable, conduit à une éruption calme, mais avec coulées de laves brûlantes, puissantes et dévastatrices. Les éruptions de l'Etna, des îles Hawaï ou de la Réunion sont de ce type.

Les gaz surpressés peuvent faire exploser le « couvercle » et provoquer ce qu'on appelle une éruption plinienne, telle celle qui recouvrit Pompéi de cendres en quelques minutes et qui a été décrite par Pline le Jeune.

Enfin — et c'est sans doute la manifestation la plus étrange —, les éruptions d'émulsion font arriver à la surface une mousse de gaz et de magma, comme à la Montagne Pelée en 1902. Le dôme de lave, rigide à l'extérieur comme une meringue en cours de formation, s'effondre, libérant alors une émulsion gazeuse qui déferle sur ses flancs à plus de 150 km/h, détruisant tout sur son passage. Ainsi Saint-Pierre de la Martinique fut enseveli en quelques minutes, le 8 mai 1902, avec ses trente-deux mille habitants. Ainsi agissent ce que l'on appelle des « nuées ardentes » et que les Anglo-Saxons nomment *ash-flows*.

A la question de savoir si l'on peut prévoir ces éruptions

meurtrières, nous avons répondu positivement. Il faut à présent justifier cette réponse optimiste et abrupte, et dire comment s'y prendre.

Chaque volcan est un individu qui doit être traité comme tel, avec ses particularismes et ses habitudes. Surveiller un volcan revient d'abord à étudier son histoire. Toutes les sources d'information sont utiles et doivent être intégrées dans une sorte de « fiche de santé » spécifique. Les annales historiques, les observations faites par les humains, lorsqu'elles existent, sont de première importance. Elles permettent d'estimer la pseudo-périodicité, les rythmes, les modalités des éruptions. Tel est le cas pour les îles Hawaï, la Réunion ou l'Etna.

Pour toute une série de volcans, les annales historiques sont parcellaires, car les intervalles entre éruptions se mesurent en siècles, voire en millénaires. Tel est le cas, par exemple, pour la Soufrière en Guadeloupe ou la Montagne Pelée en Martinique. Il faut alors faire appel à la géologie pour déchiffrer l'histoire du volcan.

La cartographie géologique, combinée à l'étude en laboratoire des produits anciens, conduit à dresser une véritable anatomie de l'édifice volcanique. La datation des roches par les méthodes radioactives ou paléontologiques permet la traduction de cette anatomie en évolution historique. Ainsi, on a pu montrer que la Soufrière de la Guadeloupe avait subi une éruption cataclysmique au XVe siècle alors que l'île était inhabitée.

Toutes ces études permettent de constater que chaque volcan a un comportement spécifique où peuvent se manifester les divers types d'éruption : coulées de laves, explosions, nuées ardentes, selon des modalités extrêmement variées.

De ces études — et bien que le particularisme de chaque volcan doive être souligné —, on peut dégager quelques enseignements de portée générale :

Les volcans de « points chauds » ne connaissent pas d'éruptions à nuées ardentes. Leurs éruptions combinent explosions et coulées de laves. Leur période de récurrence est en général courte (une à quelques années), ce qui permet de multiplier les observations et d'en dresser un véritable catalogue. Tel est le cas pour la Réunion, Hawaï, l'Etna, les Açores.

Les volcans des zones de subduction combinent tous les types d'éruptions, même si les coulées de laves y sont en général d'une extension assez limitée. Ce sont de loin les plus dangereux, car leurs périodes de dormance sont élevées, leurs annales historiques éparses, leurs réveils soudains. Le paroxysme de l'éruption a très souvent lieu peu après son déclenchement et il faut souvent agir vite, au moment où une grande incertitude plane encore sur la réalité du danger. A ce type appartiennent les volcans des Antilles comme ceux d'Amérique du Sud, d'Amérique centrale ou du Pacifique-ouest. Ce sont eux les grands tueurs telluriques !

L'enquête historique est donc un préalable, une sorte d'état des lieux clinique, mais ne constitue pas l'outil de prédiction à proprement parler. Cet outil, c'est l'observatoire volcanique. Ses instruments se composent d'un réseau de sismographes et d'inclinomètres. Plus récemment, les efforts déployés à l'Institut de Physique du Globe de Paris ont permis de développer la prédiction par effets magnétiques. Le rôle de ces instruments est facile à comprendre. Lorsqu'un magma s'injecte dans les masses rocheuses de la surface, il induit des cassures, des ruptures, donc de petits séismes. Les réseaux de sismographes permettent de détecter et de localiser leurs sources, leurs évolutions, leurs migrations. Dans le même temps, le magma déforme l'édifice rocheux que constitue le volcan. Les inclinomètres qui détectent les variations de pentes permettent de mesurer ces déformations avec une précision extrême. La combinaison des mesures d'inclinaison avec la sismologie permet de détecter le déclenchement d'une période de fièvre et d'en suivre l'évolution.

La technologie moderne a rendu ces mesures très efficaces : télétransmission, ordinateurs, traitement du signal, etc., font des observatoires volcaniques des instruments extrêmement sophistiqués (donc chers, nous allons y revenir).

Depuis quinze ans, l'efficacité de ces observatoires à travers le monde a été magistralement démontrée, et ce, dans des conditions variées. Depuis Hawaï ou la Réunion jusqu'à Saint-Vincent, Sainte-Hélène, aux États-Unis ou au Japon, toutes les éruptions qui ont été maîtrisées — et c'est la grande majorité — l'ont été grâce à eux. Parmi les âneries scientifiques proférées çà et là (pourtant, la liste est longue !), celle qui consiste à affirmer que les observatoires volcaniques ne servent à rien est sans doute la plus énorme.

Leur installation représente un coût que l'on peut estimer à huit millions de francs ; leur coût de fonctionnement se monte à un million de francs par an. Qui peut se payer cela ?

Il en existe actuellement une trentaine de par le monde. Il en faudrait au moins une centaine pour protéger toutes les vies humaines menacées. Peut-on s'en équiper ?

Là comme ailleurs, la différence entre pays pauvres et pays riches se fait sentir, et le prix s'en paie en vies humaines. Malgré les efforts d'organismes internationaux comme l'ONU et l'UNESCO, dans ce cas aussi, le fossé entre les uns et les autres reste trop grand.

Mais pourquoi fait-on tant de bruit autour de certaines éruptions volcaniques ? Soit l'équipement scientifique s'est révélé inadéquat (cas de la Soufrière de Guadeloupe en 1976), soit les autorités civiles n'ont pas écouté les scientifiques (cas de la Colombie en 1985), soit les dégâts matériels sont considérables (Etna ou Hawaï, périodiquement). On notera que l'on entend peu parler des éruptions qui ont lieu au Japon, en Islande ou à la Réunion où il s'en produit pourtant fréquemment, mais dans des conditions bien maîtrisées. C'est que la prévision des éruptions volcaniques est un domaine où, depuis quinze ans, on a progressé lentement, sans tapage, mais fort efficacement.

Les séismes

Un séisme est un mouvement brutal du sol. Il engendre des vibrations qui se propagent à partir du foyer comme des ondes se propagent à la surface de l'eau après qu'on y a jeté un caillou.

Le mouvement initial est brutal et ne dure que quelques secondes. La vibration qui en résulte « s'étale » au fur et à mesure qu'elle se propage. Si elle s'étale, c'est que divers types d'ondes sont émises, avec leurs caractéristiques particulières : leur trajet propre, leur vitesse propre. Les sismogrammes, qui sont l'enregistrement de ces vibrations obtenues à l'aide des sismographes, sont donc de plus en plus longs au fur et à mesure que l'on s'éloigne de la source d'un séisme.

De cette décomposition en fonction de la distance, on tire un avantage pratique pour déterminer avec précision la localisation des séismes. Celle-ci est obtenue par des méthodes de triangulation simples, à l'aide de réseaux d'instruments disséminés sur le globe. C'est grâce à cette méthode que l'on a pu construire les cartes de répartition dont nous avons parlé précédemment.

Les effets destructeurs des séismes sont dus aux vibrations, aux ondes. Celles-ci sont multiples : les ondes de compression sont les plus rapides, elles se propagent à des vitesses allant de 5 à 13 kilomètres à la seconde ; les ondes transversales et de surface sont plus lentes, mais plus dangereuses : leurs mouvements cisaillants ou tournants infligent aux structures des efforts auxquels elles ne résistent souvent pas.

C'est ainsi que les tremblements de terre font des dégâts. Contrairement à une légende tenace appuyée sur quelques photographies spectaculaires, on ne meurt pas, dans un tremblement de terre, englouti par une fissure béante qui s'ouvre sous ses pieds. On meurt écrasé par un immeuble détruit par les intenses vibrations du sol ; on meurt d'un incendie déclenché par un court-circuit qu'a provoqué la rupture de câbles électriques ; on meurt d'un raz de marée qui submerge une ville lointaine, comme à Lisbonne au XVIIIe siècle.

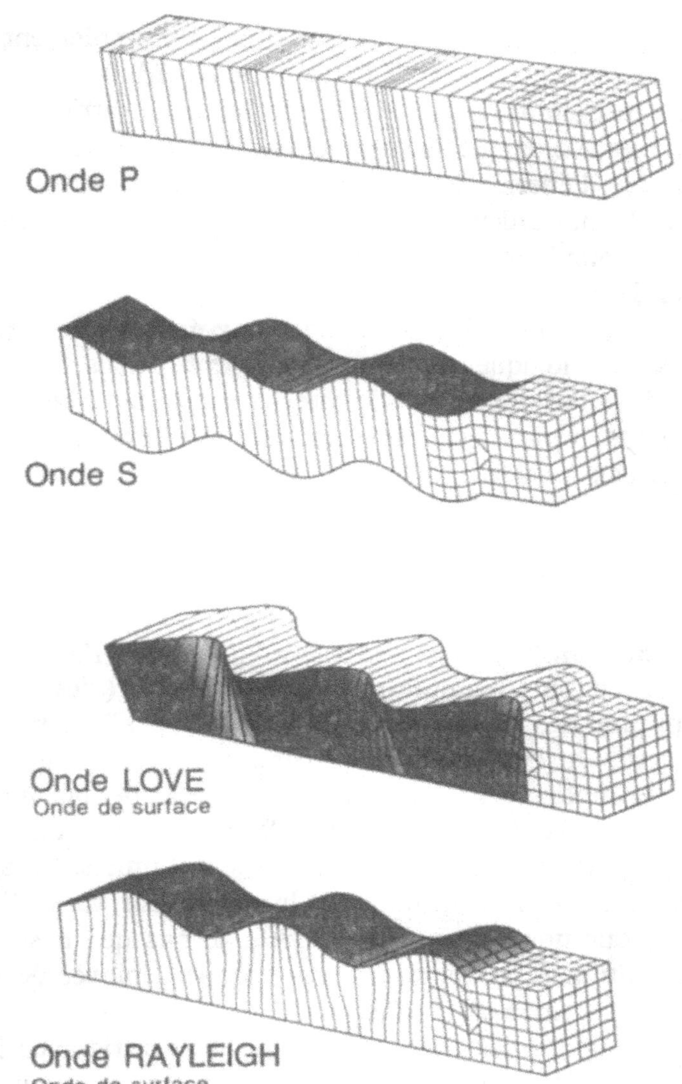

FIG. 25. — Différents types d'ondes sismiques.

Économiser la planète

En gros, les effets destructeurs d'un tremblement de terre décroissent avec la distance du foyer. Mais cette règle simple est loin d'être suivie de manière stricte. Les structures géologiques locales jouent en fait un grand rôle. Focalisant l'énergie ici, la défocalisant là, constituant un guide d'ondes ailleurs, elles constituent autant d'éléments décisifs pour l'ampleur des dégâts causés par les tremblements de terre.

On mesure les séismes suivant deux échelles qui obéissent à une logique totalement différente, mais qui sont complémentaires et dont l'existence témoigne bien de ce que nous venons de dire sur le rôle des structures géologiques locales.

La magnitude et l'intensité

La *magnitude* mesure l'énergie d'un séisme. Pour l'évaluer, on mesure l'amplitude des vibrations (c'est-à-dire l'amplitude des mouvements du sol) à 100 kilomètres de la source. On l'exprime en logarithme, l'unité d'amplitude étant le millième de millimètre. L'échelle de magnitude inventée en 1931 par le Japonais Wadati et perfectionnée par l'Américain Richter en 1935 contient 9 unités. Lorsque l'énergie varie d'un facteur 10, la magnitude varie d'une unité. Pour donner un ordre d'idée, disons qu'un séisme de magnitude 5 correspond à une énergie déployée égale à celle de la bombe d'Hiroshima.

La fréquence des tremblements de terre varie avec leur magnitude. Heureusement ! Plus ils sont gros, moins ils sont fréquents. Les gros tremblements de terre auxquels rien ne résiste (M = 8,5) ont lieu une dizaine de fois par siècle. Ceux de magnitude 6 ont lieu plus de cent fois par an (un tous les trois jours). Ceux de magnitude 2 sont annuellement plusieurs millions.

L'*intensité* d'un tremblement de terre mesure les effets destructeurs d'un séisme. Son échelle va de 1 à 12. A 5, les dormeurs se réveillent ; à 10, les maçonneries sont détruites, les routes tordues, les populations cèdent à la panique ; à 12, c'est le désastre.

Cette échelle, conçue par Rossi et Forel en 1880, a été améliorée par Mercalli en 1902, puis, plus récemment, par les trois Soviétiques Medvedev, Sponkemer et Karnik. On lui donne soit le nom de Mercalli, soit les initiales M.S.K.

Cette échelle très qualitative paraît au premier abord peu scientifique. Mais elle est en fait relativement fiable et utilisée aujourd'hui aussi bien par les historiens que par ceux qui s'occupent de prévention ou de construction.

Il n'existe pas de relation universelle entre intensité et magnitude. Par contre, il en existe région par région, cas par cas, au gré des conditions géologiques. Modulées par les structures locales, elles expriment le lien souvent complexe entre l'importance de la cause (magnitude) et l'amplitude des effets (intensité).

Prévoir les tremblements de terre

Les régions où se déclenchent les tremblements de terre sont aujourd'hui bien connues. Ce sont, à l'échelle mondiale, les lieux de bordures de plaques modernes ou anciennes. A l'échelle régionale, ces sites sont encore mieux définis : ce sont les zones de failles. Les failles sont des cassures de l'écorce qui partagent l'espace rocheux en deux compartiments décalés par leurs mouvements relatifs. Il existe plusieurs types de failles, de toutes dimensions, du millimètre jusqu'au millier de kilomètres.

L'anatomie des failles, domaine d'étude trop longtemps négligé, est une discipline complexe. Il s'agit plus de zones de discontinuité, organisées par la superposition de plusieurs échelles, que de surfaces planes, lisses et franches. Le mouvement relatif des deux compartiments de la faille sous les sollicitations des mouvements généraux des plaques se fait par cassures, ruptures, réajustements. Ce sont ces cassures, associées ou non en cascades, qui constituent les tremblements de terre.

La cartographie des failles et l'étude de leur sismicité historique fournissent la principale clef pour la prédiction des séismes. Les séismes se produisant dans les zones de failles existantes, on peut connaître les lieux vulnérables de façon extrêmement précise en repérant et en cartographiant ces zones.

Du moins est-ce vrai des séismes localisés dans les cinq à dix premiers kilomètres de la croûte sur les continents. Les séismes ont en effet leurs foyers dans les six cents premiers kilomètres de la surface, avec une forte concentration dans les vingt kilomètres supérieurs. Il existe néanmoins des séismes profonds : ils constituent une exclusivité des zones de subduction, ou se situent plus précisément le long de la plaque plongeante à 150, 400, voire 600 kilomètres de profondeur. Leurs effets à la surface peuvent être très meurtriers ou anodins, selon les conditions locales. Le Japon, le Mexique, l'Amérique du Sud ont subi au cours des siècles les effets dévastateurs de ces séismes profonds. Leur localisation est moins bien connue que celles des séismes de surface, car le guide que constitue la cartographie des failles fait ici totalement défaut, mais on peut en évaluer la distribution à l'échelle régionale.

Dans le domaine sismologique plus encore que dans le domaine vulcanologique, les études historiques constituent un moyen précieux de prédiction. Ces études sont malheureusement réservées aux pays de longue tradition écrite, comme le pourtour méditerranéen ou la Chine. Là où les grandes catastrophes ont été consignées dans les registres religieux ou princiers, on peut procéder à une véritable sismologie historique dont les enseignements sont aussi intéressants pour le scientifique que pour l'historien des mentalités. Le nom de Nicolas Ambraseys, alors à l'Imperial College de Londres, reste attaché à de telles études pour son travail de pionnier dans les zones du Moyen-Orient, là où les séismes sont nombreux et les archives copieuses et anciennes. Pour les régions sans annales historiques, l'étude géologique des failles, avec la datation des principaux événements, reste la seule méthode. Elle donne des résultats remarquables, comme l'ont montré les études de Keny Sioh en Californie.

A partir de toutes ces études, on a pu définir de grandes tendances qui fournissent quelques rares clefs utiles pour le présent et l'avenir, tant en matière de prévision que de prévention.

La première règle est contenue dans ce qu'on appelle la théorie des *gaps* ou lacunes. Il s'agit en fait d'une suite d'observations plutôt que d'une véritable théorie. Pour en donner une formulation synthétique, on peut dire que dans une zone sismique donnée, l'énergie accumulée se dissipe soit en un essaim de petits séismes rapprochés, soit en gros séismes isolés. Ainsi, dans certaines zones sismiques, il ne se déclenche de séismes que tous les trente ou soixante ans, mais ces séismes sont de très grande magnitude. En d'autres zones, au contraire, les séismes sont plus petits, mais plus fréquents. Ainsi, sur certaines frontières où les indications quantitatives de la tectonique des plaques dénoncent des mouvements relatifs importants, donc une forte dissipation d'énergie, mais où on dénombre peu de tremblements de terre, l'expérience conduit à conclure que ces zones sont extrêmement dangereuses et vont être le théâtre de tremblements de terre d'une magnitude élevée. Les deux tremblements de terre mexicains qui ont eu lieu en 1979 et 1987 avaient été « prévus » et se sont localisés dans des zones de silence sismique bien identifiées. C'est sur cette base que les spécialistes s'accordent à prévoir *un énorme tremblement de terre à Pointe-à-Pitre, en Guadeloupe*, prédiction qui n'a cependant guère retenu l'attention des autorités compétentes...

Mais certaines études historiques permettent d'aller plus loin et de définir des intervalles de récurrence, des régularités. Par exemple, une étude de la sismicité historique du nord-ouest de la Syrie, par Jean-Paul Poirier et ses collègues, a montré que les séismes d'intensité supérieure à 10 sur l'échelle de Mercalli se sont produits avec une récurrence de 340 ± 60 ans, alors que ceux compris entre 5 et 7 ont un intervalle de récurrence de 70 ± 50 ans. Sachant que le dernier gros séisme a eu lieu en 1822, cette étude prédit un gros séisme pour la fin du siècle.

Par des méthodes purement géologiques, une prédiction

analogue a été faite pour la Californie. Le dernier très gros tremblement de terre ayant eu lieu en 1857, et l'intervalle de récurrence estimé étant de 200 ans, on prévoit un énorme séisme à San Francisco pour les trente prochaines années — celui que les Californiens appellent déjà *The Big One*.

Mais tout ceci n'est guère précis. Ne peut-on prévoir le jour et l'heure d'un tremblement de terre ?

Comme nous l'avons déjà dit, la réponse est négative. Certes, il y a eu de nombreuses tentatives, les unes fondées sur l'étude des séismes précurseurs, les autres sur ce que l'on a appelé la *dilatance*, sans parler de l'utilisation en Chine, pendant la révolution culturelle, des animaux ou de divers signes annonciateurs, mais aucun ne permet vraiment de prévoir. Chaque méthode peut certes s'honorer de quelques réussites, et même se prévaloir d'avoir économisé çà et là des vies humaines, mais aucune n'a convaincu. Les heures de gloire des unes et des autres se succèdent... sans succès définitif !

Actuellement, en Europe, la mode est à la méthode VAN, des initiales de trois physiciens grecs. Les études rigoureuses ne lui attachent que peu de prix, mais est-ce suffisant pour la disqualifier ? A l'inverse, est-il pertinent de faire comme dans la ville de Marseille où l'on a installé un réseau VAN ? Pour tester une méthode douteuse, choisir un site où il n'y a pas de tremblements de terre est une initiative pour le moins originale ! Peu importe, il est vrai, puisque les contribuables acceptent de payer...

Prévention des séismes

Si la prévision sismique reste un objet pour le futur, la prévention, elle, est une réalité.

Elle commence par une cartographie fine des zones de failles, de leur distribution, de la qualité des terrains qui les entourent, etc. Elle passe ensuite par ce qu'on appelle la construction parasismique.

On sait construire des immeubles, des maisons, des ponts qui résistent aux séismes, tout au moins jusqu'à la magnitude 8. Pour se convaincre de cette réalité, comparons les ravages causés par le tremblement de terre du Mexique en 1987 avec ceux, très modérés, des récents séismes de San Francisco ou de Tokyo. Ces constructions parasismiques ont pour principe non pas d'être renforcées, mais d'être plus flexibles, plus souples, avec des fréquences de vibrations telles qu'elles n'entrent pas en résonance avec les fréquences sismiques. Tout cela est bien maîtrisé aujourd'hui.

Il convient d'y ajouter les méthodes de préparation des évacuations, d'acheminement des secours, de mise en alerte des personnels de santé ou des pompiers, les techniques de coupure automatique du gaz, de l'électricité ou des fluides, quartier par quartier, etc. Méthodes simples, mais qui se révèlent terriblement efficaces lorsqu'on en juge aux vies humaines sauvées. Le Japon donne un continuel exemple d'efficacité dans cette « défense passive » contre les séismes.

Toutes ces mesures sont également applicables dans les zones menacées par les volcans. S'il n'existe aucun type de construction qui résiste à une coulée de lave à 1 100° ou à une nuée ardente dévalant les pentes à 150 km/h, les méthodes de prévention passive sont tout aussi efficaces que pour les zones menacées par les tremblements de terre. Après avoir cartographié avec soin la topographie du volcan, les formes du cratère, et défini à partir de là les trajets possibles offerts aux coulées de lave, aux coulées de boue, aux nuées ardentes, on peut prendre les mesures de prévention nécessaires pour alerter et évacuer.

L'une des méthodes de prévention les plus efficaces reste l'éducation des populations concernées. Savoir qu'un gros séisme est suivi, 12 à 24 heures plus tard, d'une réplique presque aussi forte, incite chacun à quitter un jour ou deux sa maison et permet de sauver ainsi des milliers de vies. Savoir qu'en cas de séisme, il faut couper eau, gaz et électricité, permet d'éviter les incendies géants comme celui qui fit de nombreux morts à San Francisco en 1906. Etc.. La mise en place de tels programmes d'information constitue une mesure indispensable, hélas pas toujours appliquée. Qu'attend-on pour en développer un aux Antilles françaises ?

Les glissements de terrain

En ce domaine, les méthodes de prévention ont connu des succès spectaculaires.

Un glissement de terrain se produit lorsqu'une unité rocheuse se décolle d'une pente et la dévale. Le déclenchement peut être dû à un petit séisme ou à un orage. La cause en est le plus souvent l'accélération de l'érosion, la déforestation, ou l'existence de travaux d'excavation ou de saignées de routes.

Les remèdes sont assez simples. Il faut fixer les terrains soit par des plantations d'arbres, soit par des travaux de maçonnerie. Il convient enfin de protéger les zones menacées.

D'ambitieux programmes de prévention ont été entrepris au Japon et en Californie, et les résultats obtenus y sont spectaculaires. En 1938, les glissements de terrain au Japon entraînaient 550 morts et la destruction de plus de cent mille maisons ; en 1976, année pourtant la plus noire de la décennie, le nombre des morts est tombé à cent, le nombre des maisons détruites à deux mille.

Les méthodes de prévention sont connues, il suffit de les mettre en œuvre en y consacrant les moyens financiers nécessaires.

Les catastrophes d'origine externe

Comme nous l'avons déjà souligné, celles-ci sont de deux sortes : les cyclones tropicaux et les inondations.

Dans les deux cas, la prévision à long terme est illusoire, mais la prévision avec quelques jours ou heures d'avance est la plupart du temps aisée. Les zones menacées par ces deux types de catastrophes sont désormais bien repérées, les périodes de l'année où ils sont menaçants le sont aussi. Tout réside donc dans l'efficacité de la prévention.

Les cyclones tropicaux

Ils prennent naissance en mer dans la zone tropicale située entre 5 et 20° de latitude. Ils existent dans toutes les régions du monde appartenant à cette zone, sauf dans l'Atlantique Sud. Chaque région leur donne un nom différent. Ici on parle de typhons (Asie du Sud-Est), là de cyclones (Inde), ailleurs de *willy-willy* (Australie), d'ouragans ou *huricanes* (Amérique du Nord).

Vu de satellite, un cyclone se présente comme une spirale nuageuse (enroulée dans le sens contraire des aiguilles d'une montre pour l'hémisphère Nord). Il s'annonce par des nuages de haute altitude, puis par une zone plus claire où la pression décroît ainsi que la vitesse du vent. Au fur et à mesure que le cyclone se rapproche, le vent s'accélère et la pluie commence à tomber à torrents. Les vents atteignent 300 km/h. Au centre du cyclone, dans ce que l'on appelle l'« œil », la vitesse du vent décroît, la pluie cesse, on peut même entr'apercevoir le soleil. Cette accalmie ne saurait durer plus d'une heure. On entre vite à nouveau dans l'enfer des vents et de terrifiantes trombes d'eau. Les dégâts matériels sont considérables, tant du fait du vent que de l'eau. Les inondations qu'ils provoquent n'ont pas une origine fluviale directe, mais plutôt un apport brutal d'eau près des embouchures ; les vagues côtières soulevées par les cyclones sont-elles aussi très dévastatrices.

La saison des cyclones est bien identifiée. Dans les Caraïbes, elle va de juillet à octobre, avec une fréquence de cinq cyclones par an (jusqu'à trente en certaines saisons).

Pour des raisons assez obscures, on leur a d'abord donné des prénoms féminins : Cinder, Edith, Flora, Hélène, etc. Les mouvements féministes américains ont protesté et, à présent, on alterne prénoms féminins et masculins !

Un cyclone prend toujours naissance sur l'océan, sans doute à partir d'un front où se chevauchent un air chaud humide et un air plus sec et peut-être plus froid. La rotation déclenche un double mouvement d'air : au centre, l'air descend ; sur les bords, il monte. Le démarrage de la pluie dégage une énorme quantité de chaleur latente qui va accélérer le processus de pompage de l'air humide vers les hauteurs et faire tourner de plus en plus vite le cyclone.

Alimentés au-dessus de l'océan, les cyclones vont suivre rapidement un itinéraire dont le trajet exact est variable. Les méthodes d'observation satellitaires, combinées à nos connaissances théoriques sur la météorologie tropicale, permettent néanmoins de prédire ce trajet un ou deux jours à l'avance. Leurs parcours sont de plusieurs milliers de kilomètres, ce qui correspond à des durées d'observation de plusieurs semaines. Dès qu'ils entrent sur le continent ou dans les zones plus froides, les cyclones perdent rapidement de leur violence.

Alors que la puissance de ces cyclones tropicaux est formidable (l'énergie d'un cyclone peut équivaloir à la consommation annuelle d'énergie des États-Unis !), il est surprenant de constater que des progrès spectaculaires ont été accomplis pour en limiter les dégâts. Cela tient à trois facteurs essentiels :

1. la prévision, qui s'étend désormais à deux, voire quatre jours, et laisse donc le temps de prendre des mesures ;

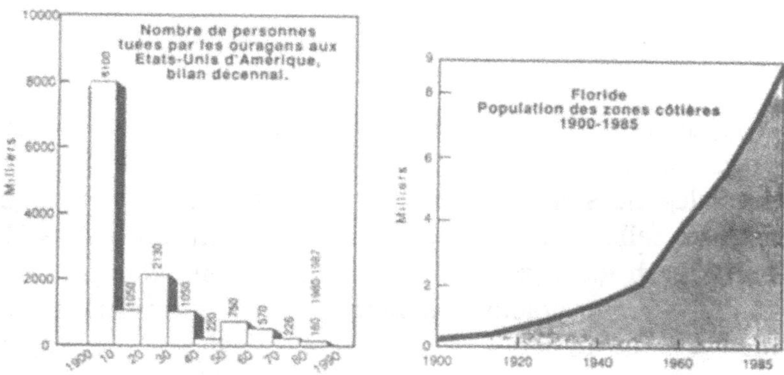

FIG. 26. — Nombre de victimes des ouragans aux U.S.A.

2. la durée de l'événement est brève, un ou deux jours ; les mesures d'évacuation partielle, surtout dans des zones économiquement faibles, sont donc possibles et efficaces. L'exemple type est l'évacuation des fronts de mer, zones toujours les plus exposées ;

3. l'éducation des populations et l'énoncé de recommandations simples permettent d'éviter beaucoup d'accidents stupides.

Pourtant, les cyclones font encore trop de dégâts, notamment dans les pays pauvres. En témoigne ce cyclone qui, en 1970, fit cinq cent mille morts au Bangladesh. Au lendemain de cette catastrophe, le gouvernement américain a installé un système d'alarme satellitaire. En 1985, un cyclone analogue à celui de 1970 s'est abattu sur ce même pays et n'a fait — si l'on peut dire ! — que dix mille morts. Cet exemple indique la voie à suivre, mais montre également que la lutte n'est pas terminée.

Les inondations

Nous avons évoqué ce problème dans les pages consacrées au cycle de l'eau. A l'exception des inondations spéciales liées aux cyclones ou aux marées cycloniques comme celles qui, périodiquement, noient les deltas du Bangladesh (encore lui !), les inondations doivent être combattues en amont des fleuves par des travaux systématiques et patients. Reboisement, déviation des cours d'eau, barrages de retenue, toute une série de mesures peuvent être prises. Dans la plupart des cas, il s'agit de véritables programmes d'aménagement. Dans certains cas exceptionnels, il faut concevoir de grands ouvrages d'art comme celui que la France construit au Bangladesh. Mais, dans tous les cas, il est possible de contrôler ces fléaux par un travail de gestion du bassin fluvial : cartographie, mesure des débits, évaluation du réseau superficiel et du réseau caché, mais aussi gestion des champs d'inondation avec élévation de digues, etc. Malheureusement, on ne possède pas assez d'hydrologues (la France est l'un des pays qui en comptent le moins) et la recherche en hydrologie est trop négligée.

Pourtant, chaque année, quatre millions d'hectares de terres, cultivées ou non, sont endommagés par les crues en Asie ; cinq millions de Chinois ont perdu la vie du fait des inondations entre 1860 et 1960. Les dégâts matériels sont eux aussi considérables. L'indemnisation des victimes représente à elle seule des milliards de francs.

N'est-il pas temps de prendre des dispositions sérieuses ?

Quelques remarques pour conclure

A la question posée au début de ce chapitre, nous pouvons à présent répondre par l'affirmative.

Oui, l'homme peut se prémunir contre les effets des catastrophes naturelles. Oui, l'homme peut réduire les dégâts humains ou financiers qu'elles provoquent. Pour cela, il lui faut combiner prévention et prévision. Il doit investir et planifier ses moyens de riposte, il doit accepter d'informer et d'éduquer.

Il n'existe pas une série de solutions miracles qui, catastrophe par catastrophe, permettraient de répondre à coup sûr à la menace. Il existe une combinaison de solutions qui, petit à petit, améliorent la situation. Citons les cas éloquents des cyclones de Floride et des glissements de terrain au Japon. Alors que la population augmente, le nombre des victimes diminue. N'est-ce pas la preuve que nous savons nous prémunir lorsque nous le voulons ?

Mais, dans cette prévention, la différence entre le Nord et le Sud se manifeste dans toute son iniquité. Tous ces progrès, toutes ces solutions sont mis en œuvre par les pays qui disposent pour ce faire des moyens techniques, financiers, intellectuels. Que l'on compare les effets de tremblements de terre de même intensité entre Tokyo et Mexico, San Francisco et Manille, et l'on mesurera en un clin d'œil le chemin qui reste à parcourir ! La lutte contre les catastrophes naturelles passe certes par les progrès de la recherche scientifique et une meilleure manière de prévoir, elle passe par les progrès de la technologie qui permettent de mieux se protéger, de mieux se prémunir, mais elle passe surtout par les progrès de la générosité afin que les pays riches partagent avec les pays pauvres leur savoir, leurs méthodes, leurs techniques et leurs moyens financiers.

L'ambitieux programme lancé par les Nations unies, *Confronting Natural Desasters*, devrait mobiliser tous les grands pays de la planète et déboucher sur la mobilisation des moyens les plus modernes pour combattre les catastrophes naturelles de toutes sortes. On aura en effet noté que, par-delà les différences de causes, il se dégage, pour y faire face, une espèce de méthodologie commune combinant prévision et prévention, progrès scientifiques et progrès technologiques, information et éducation. Ici encore, le message de la science et de la technologie n'est pas celui de l'inéluctable et du désespoir !

8

Les ressources naturelles
vont-elles manquer ?

Dans les peurs collectives, la mode existe aussi. Vers la fin des années 1970, la crainte des pays industrialisés était de manquer de matières premières et d'énergie. La stratégie de la « croissance zéro » était alors en vogue. La Terre productrice réapparaissait comme un élément essentiel de l'économie : l'élément limitant de sa croissance. Les réserves en divers métaux essentiels étaient soigneusement estimées ou calculées par des experts réunis en comités multiples, la pénurie des ressources énergétiques était annoncée. Économiser l'énergie, économiser les ressources minérales : tels étaient les mots d'ordre. Sans parler du spectre hideux de la pénurie des ressources alimentaires et agricoles...

Aujourd'hui, tous ces fantômes menaçants semblent avoir disparu. On se préoccupe d'ozone, d'« effet de serre », de pluies acides ; même si le prix du pétrole reste tributaire de la conjoncture internationale, la perspective d'une période de pénurie s'est mystérieusement évanouie. La Terre n'a plus de capacités infinies à absorber nos déchets, mais elle semble avoir retrouvé son pouvoir de créer des ressources inépuisables.

Cette substitution des dangers correspond-elle à une réalité objective ou n'est-elle que le reflet de l'inconstance ou de l'inconscience des peuples, incapables de résister aux préoccupations du court terme, d'analyser sérieusement la potentialité des dangers qui les menacent réellement ?

Suivons l'axe auquel nous nous sommes astreints dans ce livre. Avant de répondre, nous devrons examiner l'état des ressources de la planète en nous appuyant sur tout ce que nous enseignent les progrès réalisés en sciences de la Terre depuis vingt ans, mais en tenant compte aussi des progrès technologiques et de diverses considérations économiques.

Parmi les ressources naturelles, nous distinguerons deux catégories :

1. *Les matières premières minérales.* On entend par là les métaux que l'industrie transforme et combine pour fabriquer des objets utiles à l'homme (tels sont le fer, le nickel ou l'argent), et les éléments utiles à la chimie et à l'agriculture (l'azote, le soufre ou le phosphore en sont des exemples).

2. *Les ressources énergétiques.* Aux combustibles fossiles que sont les charbons et les pétroles, il faut adjoindre aujourd'hui un métal un peu spécial : l'uranium. Il faut parler aussi des réserves naturelles que constituent la houille blanche, la géothermie, l'énergie éolienne.

Dans une approche systématique et plus complète, il faudrait élargir ce tableau en mentionnant l'eau et les sols cultivables, déjà évoqués, ainsi que les matériaux de construction qui ne sont nullement menacés par la pénurie mais dont l'exploitation, en revanche, menace certains sites (les collectivités et associations locales en limitent généralement les dégâts et nous ne les aborderons donc que brièvement).

Le dualisme que nous avons retenu est destiné à bien mettre en évidence la cohérence géologique des solutions à apporter à ces questions liées à l'exploitation de la planète, mais conduit en outre à souligner qu'elles sont très étroitement liées sur le plan technique. Ce sont les contraintes énergétiques qui limitent l'exploitabilité de beaucoup de ressources minérales, soit en ce qui concerne leur mise en valeur directe, soit au niveau du traitement des déchets.

C'est d'ailleurs cette question des déchets, qui touche aussi bien l'exploitation des matières premières que celle de l'énergie, qui sera sans nul doute le problème essentiel des cinquante prochaines années. Aussi la nature des nuisances relatives guidera-t-elle les choix tout autant que les risques de pénurie, quelle que soit leur importance.

Les éléments chimiques dans l'écorce terrestre et les gisements minéraux

Tous les éléments chimiques présents dans l'univers, à savoir les 92 éléments qui vont de l'hydrogène à l'uranium, existent sur terre. Mieux encore, ces 92 éléments chimiques sont présents dans tous les objets géologiques, qu'il s'agisse des minéraux, des roches ou des sols. Toutes les roches contiennent de l'or ou du platine. Tous les minéraux contiennent du cuivre, du fer ou de l'uranium.

Une telle affirmation a de quoi surprendre et, en même temps, rendre immédiatement optimiste. S'il en est ainsi, nous ne risquons pas de manquer de matières premières à l'avenir !

En fait, il faut immédiatement la nuancer en introduisant la notion d'abondance. L'écorce terrestre, c'est-à-dire la partie du globe qui nous est accessible, est constituée par une dizaine d'éléments chimiques abondants, dits majeurs, et par les quatre-vingts autres, dits mineurs, à l'état de traces souvent infimes. Les éléments majeurs sont l'oxygène, le silicium, l'aluminium, le magnésium, le calcium, le sodium, le potassium et le fer. Les éléments mineurs regroupent tous les autres, en particulier les métaux utiles que sont le plomb, le zinc, l'étain, le molybdène, le tungstène, etc. Certes, la croûte terrestre est loin de constituer un milieu uniforme, et les abondances chimiques y sont donc elles aussi variées, mais elles s'écartent pourtant peu de ces distributions moyennes, notamment de cette distinction entre éléments majeurs et éléments mineurs.

Il existe pourtant des exceptions notables à ces règles d'abondance. Ces exceptions s'appellent les *gisements minéraux*.

En quelques endroits géologiques privilégiés, on trouve des éléments mineurs exceptionnellement abondants et concentrés, comme si la nature, désireuse de nous faciliter leur exploitation, avait réalisé, par des opérations chimiques délicates, la concentration de ces substances utiles à l'homme, prêtes à être exploitées ! Quels qu'ils soient, ces processus de concentration naturels sont extraordinairement efficaces. Ainsi le nickel, dont l'abondance moyenne dans la croûte est de 80 ppm, autrement dit de 80 grammes par tonne, est exploité en Nouvelle-Calédonie dans des latérites où sa teneur atteint de 4 à 5 %. Le facteur de concentration y est de 600. Pour le chrome, le facteur d'enrichissement des gisements exploités est encore plus élevé : 4 000. Pour d'autres éléments beaucoup plus rares, comme l'or ou le platine, on exploite dès lors que le facteur de concentration dépasse 300.

Soit dit en passant, ces exemples montrent que l'appréciation du facteur d'enrichissement des gisements exploitables dépend autant de conditions géologiques favorables que de critères d'utilité économique.

Parmi les phénomènes géologiques qui se sont succédé pendant les 4,5 milliards d'années d'histoire de la Terre, certains ont ainsi concentré des éléments chimiques, formant des gisements minéraux. Par quelle chimie complexe une telle purification spécifique s'est-elle produite ?

C'est là un sujet scientifique passionnant. Alors que l'intuition simple conduit à penser que les phénomènes comme l'érosion, l'apport à l'océan, les mouvements qui contribuent à ériger les montagnes en pliant et cassant les roches, vont mélanger, uniformiser, banaliser tout, force est de constater que certains processus aboutissent au contraire à des ségrégations, à des organisations, à des spécifications d'objets géologiques. Mais, une fois qu'on l'a constaté, on est aussitôt amené à s'interroger sur la généralité et l'ambiguïté du phénomène.

Ces processus de formation des gisements minéraux devant être rares, le nombre de gisements est censé être limité. Qu'arrivera-t-il lorsque l'homme aura exploité tous les gisements existants ? Sera-t-il capable d'en découvrir de nouveaux ? Auront-ils la richesse en teneur et en tonnage pour satisfaire la demande ? Telle est la vraie interrogation concernant les matières premières minérales.

Pour y répondre, et avant de spéculer sur ces scénarios futuristes et ces calculs simplistes fondés sur la règle de trois qu'affectionnent les prévisionnistes professionnels, il est peut-être bon de chercher à voir ce qui se cache exactement sous le vocable de gisements minéraux, et, par là, d'en mesurer la répartition et l'ambiguïté.

Gisements minéraux

Un gisement est une concentration de substance utile exploitable.

Une telle définition a un contenu géologique incontestable, mais le terme *exploitable* marque bien la prééminence de l'économie. Pourtant, dans un premier temps, nous nous en tiendrons à l'aspect géologique du problème.

Les concentrations d'éléments chimiques utiles existent-elles partout ? Leur répartition obéit-elle aux lois du hasard ? Quelles en sont les réserves ?

La réponse à la seconde question sera très nette : les gisements minéraux ne sont pas répartis au hasard. Ils obéissent à une logique géologique des distributions dont on connaît les grandes lignes.

On distingue désormais trois types de guides géologiques pour rechercher les gisements minéraux et donc pour comprendre la logique de leur implantation : un guide qui associe les gisements aux grands phénomènes géologiques générateurs de roches (sédimentation, altérations, magmatisme, intrusion de péridotites, etc.) ; un guide qui s'appuie sur la tectonique des plaques ; un guide qui tient compte des évolutions de l'histoire géologique du globe. Chaque guide a sa valeur et peut se prévaloir de ses succès. Ils ne sont pas exclusifs, mais complémentaires.

Gisements et grands phénomènes générateurs de roches

Dans ce genre de typologie, on associe tels types de gisements à tels types de formations rocheuses :

● *dépôts liés aux sédiments et aux roches sédimentaires :*

Citons ici les dépôts de fer, qu'il s'agisse de ceux de Lorraine, de Mauritanie ou du Canada ; les concentrations de manganèse sous-marines ; les gisements de plomb-zinc associés aux roches carbonatées, comme au Maroc ou dans la vallée du Mississipi ; les gisements de cuivre des fameux Kupferschiefer allemands ou de la Copper Belt de Rhodésie ; les gisements d'uranium sédimentaire comme ceux de Lodève appartiennent aussi à ce type.

● *dépôts liés à l'altération des roches :*

A ces types appartiennent les concentrations d'aluminium, appelées bauxites, celles de nickel, que l'on trouve en Nouvelle-Calédonie ou aux Philippines, ou les célèbres « chapeaux de fer ».

● *gisements associés aux intrusions granitiques ou volcaniques :*

Ces gisements sont parmi les plus anciens à avoir été découverts et ont souvent une répartition zonale autour des massifs granitiques, comme en Cornouailles, ce qui a donné naissance à de belles théories géologiques sur la zonation des métaux lors de l'intrusion des massifs de granit. A ces gisements appartiennent les Porphiry Coppers, ou les gisements de pegmatiles du Congo.

Les gisements du Harz, en Saxe, appartiennent aussi à cette catégorie. L'or et l'argent du Poton, qui a fait la fortune du Pérou de Pizarro, ou les dépôts d'argent du Mexique doivent également être rangés ici.

● *gisements associés aux massifs de roches péridotitiques :*

Il s'agit de roches riches en magnésium et d'origine profonde. Les gisements sont assez variés, mais concernent surtout le nickel, le chrome et les métaux voisins du platine. L'Afrique du Sud, l'Union soviétique, l'Amérique du Nord sont trois régions particulièrement riches en ces types de gisements, mais c'est aussi vrai des Philippines, de la Chine et de Chypre.

Guides liés à la tectonique des plaques

Cette typologie traditionnelle des gisements minéraux, que nous venons de survoler, est aujourd'hui remplacée ou plus exactement complétée par une classification plus moderne, associant chaque gisement à une opération fondamentale du grand ballet géologique qui anime la surface du globe, à savoir la *tectonique des plaques*.

Le plancher des océans, formé de basaltes, se construit au niveau des dorsales océaniques. A partir de ce centre de formation, il dérive systématiquement pour replonger dans le manteau au niveau des zones des grandes fosses océaniques que l'on appelle de subduction. Les continents, formés de granites plus légers, demeurent à la surface. Ils se cassent, dérivent, entrent en collision, mais ne replongent jamais dans le manteau. Contrairement à la croûte océanique formée aux dorsales, dont la durée à la surface est géologiquement parlant assez éphémère (moins de 200 millions d'années), les continents sont continuellement formés au niveau des zones de subduction. Leur âge cumulé atteint près de 4 millards d'années, mais ils ont été affectés de nombreux épisodes d'accrétion et de réjuvénation.

A cette vision évolutive de l'écorce terrestre, on a pu rattacher l'existence de beaucoup de gisements minéraux. On parle aujourd'hui de gisements de dorsale, de gisements de subduction, de gisements d'accrétion continentale, etc. Cette classification est très utile, car elle permet d'identifier de véritables *provinces géologiques* susceptibles d'être prospectées avec profit pour tel ou tel métal. En effet, à chaque processus de la tectonique des plaques correspondent des processus d'enrichissement spécifiques pour tel ou tel métal : aux processus de dorsales correspondent des dépôts de sulfures de fer, plomb, zinc, comme ceux de Chypre ; aux processus de subduction liés aux volcans et aux granites correspondent des gisements de cuivre, molybdène ou argent ; les gisements du type Kuroko, au Japon, sont associés aux processus de sédimentation dans les zones de subduction.

Les reconstitutions géologiques modernes qui permettent de localiser pour telle ou telle époque les anciennes dorsales (transplantées sur les continents sous le nom d'ophiolites), les anciennes zones de subduction, les grandes failles transformantes, permettent de délimiter des zones où la prospection de tel ou tel métal a des chances de se révéler fructueuse.

L'histoire géologique comme guide

Les progrès de la datation géologique, en particulier par les méthodes radioactives, ont permis de découper les continents du monde en provinces géologiques d'âges différents. En reliant cette division à l'implantation des gisements minéraux existants, on a pu montrer que tels types de gisements se sont accumulés à telle époque, alors que d'autres semblent spécifiques de telle autre.

Ainsi les gisements d'uranium associés à la sédimentation des sables, comme ceux du Witwatersrand en Afrique du Sud, sont exclusivement présents à 2,3 milliards d'années. Les très riches gisements de fer situés dans les quartzites, nommés BHQ, comme ceux du Canada ou de Mauritanie, remontent tous à plus de 2 milliards d'années. Les gisements de nickel, platine, chrome liés aux massifs ultrabasiques comme ceux du Bushveld, en Afrique du Sud, ou de Sudburg, au Canada, remontent tous à plus d'1,5 milliard d'années.

Cette richesse des époques anciennes en dépôts métalliques explique la richesse en réserves minérales des vieux boucliers comme le Canada, l'Australie, l'Afrique du Sud, l'Inde, la Sibérie ou la Chine. Dans cette prospection du Précambrien, il est juste de constater que les Anglais se sont montrés beaucoup plus efficaces que les Français ou les Portugais, puisqu'à ce jour, les zones précambriennes prospectées par la France (Afrique de l'Ouest) ou le Portugal (Brésil) n'ont contribué qu'assez peu aux richesses mondiales. Comme elles ne sont pas *a priori* très différentes des boucliers indien, canadien, australien ou sibérien, il y a tout lieu de penser que des réserves importantes existent encore dans ces régions !

Ainsi, en combinant les divers guides, on peut définir des « cibles » régionales, puis locales, et, de proche en proche, chercher avec de raisonnables chances de succès des gisements de tels ou tels types.

Derrière toutes ces relations plus ou moins heuristiques, les recherches modernes ont permis de faire émerger une causalité commune. Cette causalité, c'est l'eau.

Comme le chimiste de laboratoire qui dissout les nitrates d'argent, de cuivre et de zinc dans l'eau, qui précipite et donc isole le chlorure d'argent en ajoutant à sa solution l'ion chlorure, la nature dissout, transporte, précipite, trie les divers sels dont elle dispose.

Les solutions aqueuses dissolvent les roches et se chargent en tels ou tels ions en rencontrant d'autres solutions enrichies en d'autres sels. Elles laissent se déposer ici tel composé, là tel autre. Elles le font à la surface, lors du cycle exogène de l'eau, en associant érosion et sédimentation. Elles le font dans les profondeurs, avec des eaux chaudes qui circulent dans le sous-sol profond entre les failles, les fissures des roches.

Toute cette chimie des eaux naturelles et des métaux commence à être bien comprise. Elle permet de conforter ou de préciser tel ou tel guide, de mieux comprendre et de mieux prévoir.

En résumé, on possède des guides de prospection relativement efficaces et, par là, on est en droit de penser que les connaissances actuelles permettent de se faire une idée assez exacte de la distribution des gisements minéraux existants dans notre sous-sol.

Pourtant, bien du chemin reste à parcourir avant de quantifier à coup sûr l'importance de ces gisements et estimer ainsi les réserves qu'ils représentent.

Teneurs — Tonnages

Comme nous l'avons souligné, l'ensemble des activités centrées autour des matières premières baignent dans une ambiance économique : rentabilité, profit, cours des métaux, tels sont les maîtres mots qui les régissent et les régulent. A telle époque, la prospection sera orientée vers les gisements à 5 % ; à telle autre, elle aura pour objectifs les gisements à 1 %. A telle époque, le tonnage minimum sera d'un million de tonnes ; à telle autre, il faudra au moins 5 millions de tonnes de métal. Tout dépendra de la conjoncture.

Chaque gisement se caractérise par deux paramètres essentiels : sa teneur moyenne et son tonnage. L'un et l'autre définissent les conditions techniques de son exploitation. Car rien ne sert de découvrir un gisement ; encore faut-il être capable de l'exploiter de manière rentable.

Conditions techniques d'exploitation des principaux métaux			
Métal	Proportion dans la croûte (%)	Teneur des minerais exploités (%)	Facteurs d'enrichissement nécessaire
Aluminium (Al)....	8,2	40	5
Fer (Fe)..........	5,6	25	5
Titane (Ti)........	0,57	1,5	25
Manganèse (Mn)...	0,095	25	260
Vanadium (V).....	0,0135	0,5	35
Chrome (Cr)......	0,010	40	4 000
Nickel (Ni).......	0,0075	1,0	130
Zinc (Zn).........	0,0070	2,5	350
Cuivre (Cu).......	0,0055	0,5	90
Cobalt (Co).......	0,0025	0,2	80
Plomb (Pb).......	0,00125	3	2 400
Uranium (U)......	0,00027	0,01	40
Étain (Sn)........	0,00020	0,5	250
Molybdène (Mo)...	0,00015	0,1	660
Tungstène (W)....	0,00015	0,3	2 000
Mercure (Hg).....	0,000008	0,1	12,5
Argent (Ag).......	0,000008	0,005	625
Platine (Pt).......	0,0000005	0,0002	400
Or (Au)..........	0,0000004	0,0001	250

Entrent ici en œuvre toute une série de techniques qui constituent l'art des mines et qui débutent par l'extraction du minerai, son broyage et son concassage, pour se continuer par les processus de séparation physique entre minerai et gangue, et se terminer par les traitements métallurgiques dont les hauts fourneaux sont le symbole le plus spectaculaire.

Tous ces processus consomment de l'énergie (plus ou moins suivant les teneurs) et nécessitent des investissements (plus ou moins amortis suivant les tonnages).

Le lien entre teneur et tonnage a été examiné d'un point de vue non seulement économique, mais aussi géologique. Existe-t-il dans la nature des lois qui lient teneur et tonnage d'un gisement ? A grand renfort d'approches statistiques sophistiquées, on a pu établir que, globalement, le nombre de gisements diminuait lorsque leur tonnage augmentait. Plus un gisement est riche, moins il est répandu. C'est comme pour la fortune : plus on est riche, moins on est nombreux. Cela paraît logique ! Pourtant, il faut aller plus loin : cette constatation semble obéir à des lois mathématiques précises et relativement simples. Chacune de ces lois est caractéristique d'un élément et traduit donc sa facilité plus ou moins grande à se concentrer. Or, on peut construire ces règles à l'aide d'un échantillonnage partiel, notamment vers les basses teneurs, donc espérer déterminer l'allure globale de la distribution teneur-tonnage des gisements pour un élément donné et, à partir de là, extrapoler vers les hautes teneurs.

Bientôt, cependant, on a voulu édicter des règles de prospection aveugles, valables partout, dans tous les contextes géologiques, prétendant prédire l'existence ou l'absence de gisements à partir de quelques analyses des teneurs d'un certain nombre de roches courantes ; on a été ainsi conduit à des absurdités (et à des désastres financiers !).

A l'inverse, certains ont mis en doute ces relations

teneurs-tonnages. Là encore, il s'agissait sans doute d'une conclusion hâtive.

Il semble bien qu'à l'échelle globale, de telles relations existent et qu'il faut donc en tenir compte dans nos scénarios futuristes. En revanche, elles sont de peu de poids pour la prospection pratique régionale. A ce niveau, la statistique ne remplacera jamais la connaissance géologique précise. Ici comme en biologie, la mathématique aveugle ne saurait supplanter la familiarité avec les logiques naturelles.

Se priver des lois de la nature pour l'exploiter et s'adresser directement aux roches courantes serait une erreur fatale que seuls commettent des ignorants — trop souvent, hélas, dans des documents officiels !

Vingt ans après les conclusions du Club de Rome, après bien des progrès dans nos connaissances de la Terre, il faut néanmoins se reposer la question : y a-t-il dans le sous-sol de la planète assez de gisements pour satisfaire indéfiniment les besoins de l'homme ?

Pour répondre à cette question, nous savons désormais qu'il nous faut abandonner l'idée simpliste qui guidait les théoriciens commandités par le Club de Rome, idée suivant laquelle, les gisements étant répartis au hasard, il suffirait d'une règle de trois pour prévoir ! L'existence de lois de répartition des gisements minéraux implique plus de subtilité dans la prévision !

Réserves

Pour tenter de répondre à cette question des réserves, la première étape consiste à estimer *leur temps de survie*. Cette approche est globale, donc grossière, mais elle permet de fixer des bornes aux raisonnements hasardeux. On estime donc pour chaque métal les réserves qui demeurent en terre à partir d'évaluations portant sur les gisements existants ou découverts. Il suffit ensuite de diviser ce chiffre par la production annuelle. L'examen du tableau résultant fait apparaître plusieurs cas :

Pour les métaux de base comme le fer, l'aluminium ou le magnésium, il faudra attendre de 200 à 500 ans pour que les gisements actuels s'épuisent. Pour le chrome et le vanadium, la durée de survie est de l'ordre du siècle.

En revanche, pour des métaux aussi importants que le titane, le nickel, le molybdène, le tungstène, le plomb ou le zinc, les durées de survie sont de 10 à 40 ans. Pour l'or et l'argent, il ne s'agit plus que de 20 ans.

Comme on peut le voir, la situation n'est guère meilleure que du temps du Club de Rome ! Globalement, la situation est mauvaise, mais lorsqu'on l'examine en termes comparatifs sur le plan international, elle est encore plus préoccupante, car l'évolution temporelle risque de changer les rapports de force dans la compétition économique mondiale.

Prenons l'exemple de l'or et de l'argent. Les premiers producteurs d'or sont actuellement l'Afrique du Sud et l'Union soviétique. Viennent ensuite l'Amérique du Nord et la Chine. Mais les durées de survie des réserves de ces différents pays ne sont pas les mêmes. Si nous nous projetons dans trente ans, les États-Unis seront le premier producteur, suivis de l'Afrique du Sud. Les autres auront disparu du marché. Pour l'argent, dans trente ans, les deux premiers producteurs du monde, à savoir le Mexique et le Pérou, auront été remplacés par l'URSS et les États-Unis.

Éléments	Production 1984 (m.t.)	Réserves (m.t.)	Durée (années)
Fer (Fe)	5.10^8	65.10^9	130
Aluminium (Al) ...	80.10^6	20.10^9	250
Manganèse (Mn) ..	8 000	10^6	125
Titane (Ti)	3 000	170 000	60
Chrome (Cr)......	10^7	10^9	100
Vanadium (V).....	31 000	$4,3.10^6$	138
Nickel (Ni).......	743 000	52.10^6	70
Molybdène (Mo) ..	100 000	5.10^6	50
Cobalt (Co).......	32 300	$2,7.10^6$	80
Tungstène (W)....	45 000	$2,8.10^6$	62
Cuivre (Cu)	7.10^6	5.10^8	71
Plomb (Pb).......	3.10^6	146.10^6	50
Zinc (Zn)	$6,4.10^6$	243.10^6	40
Or (Au)..........	1 400	40 000	28
Argent (Ag)	12 400	260 000	20

Cela est caractéristique de l'état du monde : les pays les plus riches économisent leurs réserves ; les pauvres sont obligés de les brader.

Tous ces chiffres sont inquiétants. Heureusement, ils sont sans doute faux. Car chacun triche : les compagnies minières qui ne tiennent pas à afficher les réserves réelles

— parfois pour des raisons fiscales, parfois pour des raisons de concurrence ; les pays producteurs associés en cartels ou en groupements de défense des prix, qui s'arrangent pour entretenir à la fois une légère pénurie et un espoir indéfini.

Ce petit jeu est bien mis en évidence par l'observation suivante : les temps de survie des réserves calculés du temps du Club de Rome étaient quasiment les mêmes qu'aujourd'hui. Comme si on découvrait des gisements à un rythme constant !

Pourtant, le bluff collectif ne doit pas nous décourager dans notre effort de prospective.

A mon avis, on peut multiplier les chiffres les plus bas par deux, peut-être trois, mais guère plus. Le degré de réalisation des cartes géologiques du monde nous indique qu'en ce qui concerne les gros gisements, on ne peut guère tabler que sur un accroissement de 30 % par rapport à ceux actuellement connus. Un tel chiffre est à peu près corroboré par l'utilisation minutieuse des relations teneurs-tonnages. Tout cela, bien sûr, en se référant aux conditions géologiques répertoriées, c'est-à-dire à celles qui entourent les gisements existants.

Peut-on étendre ces réserves ?

Trois directions s'offrent :

1. L'exploration de l'océan, qui représente les deux-tiers de la surface du globe. Ce qui a réussi pour le pétrole peut-il réussir pour les métaux ?

2. L'exploration des profondeurs de l'écorce terrestre. Là encore, l'exemple du pétrole est une incitation.

3. Enfin, l'extension du concept de gisement à des teneurs plus basses.

Examinons ces trois approches.

Depuis vingt ans, on a beaucoup prospecté l'océan : soucoupe plongeante, sismique, forage, dragage, toutes les techniques y ont été employées. On y a effectivement découvert des réserves considérables de nodules polymétalliques répandus dans les grands fonds et des dépôts de sulfures localisés au niveau de certaines zones des dorsales océaniques.

Si ces découvertes sont importantes pour comprendre comment se forment les gisements, elles restent actuellement — et resteront sans doute longtemps — inexploitables pour des raisons de coût.

L'extension en profondeur de la croûte continentale a suscité chez certains le raisonnement naïf suivant : si cette croûte a 35 km d'épaisseur, on peut estimer que l'on a prospecté seulement le premier kilomètre et qu'il s'y trouverait donc un stock-métal 30 fois supérieur. Ce raisonnement est inexact. Les gisements minéraux sont liés aux anciennes circulations d'eau. Or on sait que ces circulations sont surtout actives dans les premiers kilomètres vers la surface. En profondeur, les minéraux sont déshydratés, attestant ainsi l'absence d'eau. Une extension des conditions de surface sur *2 à 5 km est une estimation raisonnable*, et l'on ne peut guère tabler sur davantage. Elle multiplierait les réserves par 2 ou 3, ce qui ne serait déjà pas si mal ! Malheureusement, la prospection en profondeur est beaucoup, beaucoup plus difficile qu'en surface. Le forage coûte cher, et on ne peut l'entreprendre qu'à coup sûr. A la différence du pétrole, les corps métalliques sont disséminés en lentilles ou couches d'extension limitée. Pour les repérer, il faut les traverser. Si le forage s'en écarte de quelques dizaines de mètres, il n'indique rien. Il faudra donc attendre les progrès de l'imagerie géologique pour espérer pouvoir entreprendre des programmes sérieux de prospection minière en grande profondeur. Nous n'en sommes pas là.

L'extension dans l'espace étant limitée, reste à espérer une « extension en teneurs ». Ne peut-on pas, grâce aux progrès techniques, étendre les méthodes d'exploitation à des gisements de plus basses teneurs ?

La réponse est certes positive, et c'est ce qui se fait progressivement. Pour le cuivre, la teneur exploitable était de 2 % en 1925 ; elle est aujourd'hui de 0,5 %. Pour l'étain, elle était de 1,2 % en 1925 ; elle est aujourd'hui de 0,010 %. Cette approche progressive permet de garder la géologie comme guide de prospection et d'étendre l'exploitation des gisements existants. Elle a un inconvénient : son coût énergétique. Pour un métal donné, la quantité d'énergie employée croît très vite avec la diminution des teneurs. Lorsqu'on exploite des gisements de cuivre à 0,3 % plutôt qu'à 1 %, le coût énergétique passe de 20 000 à 100 000 kwh par kilo. Si l'on voulait extraire le cuivre de l'eau de mer, le coût passerait à 800 000 kwh/ par kilo ! Autrement dit, il faut abandonner les raisonnements tablant sur l'exploitation des très basses teneurs ou des gisements de grande profondeur. La contrainte énergétique nous l'interdit formellement.

Cette croissance des dépenses énergétiques avec la diminution des teneurs limite le rêve des basses teneurs, cher à certains économistes théoriciens qui abordent ce problème avec des lois statistiques naïves et des extrapolations injustifiées. Elle interdit l'exercice qui consiste à prendre comme réserves la quantité totale des métaux contenus dans la croûte, donc à envisager l'extraction des métaux à partir des roches courantes (granites, basaltes, etc.). Il faut reconnaître clairement que de telles hypothèses échappent proprement aux schémas réalistes. Pour l'avenir, il vaut beaucoup mieux compter sur les améliorations techniques d'extraction et de traitement des minerais à plus basses teneurs (mais toujours suffisamment concentrés) que sur l'abandon de la recherche de gisements au profit de l'exploitation des tout-venants rocheux. Il suffit de regarder les facteurs d'enrichissement des gisements actuels pour comprendre que l'on peut, au fur et à mesure de l'épuisement des gisements à hautes teneurs, abaisser les exigences en ce domaine sans passer directement à l'exploitation de la roche banale.

Pourtant, de cette prétention folle d'exploiter systématiquement et sans précautions les roches banales de l'écorce terrestre, il faut retenir une idée intéressante : celle qui consiste à récupérer plusieurs métaux à la fois. C'est là sans aucun doute une voie à explorer, mais à partir de gisements multimétalliques à basses teneurs. L'or et l'argent sont déjà récupérés à partir de l'exploitation de dépôts de plomb-zinc. Dans le futur, ce pourrait être le cas du platine à partir de dépôts de chrome.

L'autre volet de la solution au problème des ressources métalliques consiste bien sûr à agir du côté de la demande.

La demande de métaux

Le développement se poursuivant, la population se multipliant, comment espérer diminuer la consommation de métaux ? Certes, si cette consommation continue d'augmenter, le rythme de sa croissance s'est ralenti. Mais comment l'arrêter, voire la ralentir si l'on sait par exemple qu'un Américain consomme en moyenne 200 fois plus de fer qu'un habitant du tiers monde ? Si 70 % de la population mondiale vit dans des pays en voie de développement, comment envisager que la consommation mondiale de matières premières puisse stagner ? Comment expliquer la stagnation bien réelle des prix et la crise qui sévit dans l'industrie minière alors que, si l'on voulait amener les pays sous-développés à un niveau de développement décent, il faudrait multiplier la production mondiale de tous les métaux utiles par des facteurs dépassant 100 ?

Si incongrue qu'elle puisse paraître à des esprits rationnels, cette question illustre pourtant l'état économique et politique du monde d'aujourd'hui. Elle tend à brouiller notre compréhension du problème. Tentons pourtant une explication.

La consommation des pays en voie de développement stagne.

La consommation nette des pays industrialisés diminue, et ceci pour plusieurs raisons. D'abord parce que, la technologie aidant, l'usage des métaux se réduit. En fait, c'est l'usage des métaux courants comme le fer ou l'aluminium qui se restreint. A l'inverse, l'usage de métaux plus rares, comme le titane ou le molybdène, s'intensifie, notamment grâce au développement des nouveaux alliages à propriétés spécifiques. Les métaux courants, eux, sont chassés peu à peu par les progrès de la pétrochimie et le développement des plastiques. L'automobile, où la consommation d'acier a diminué de plus d'un facteur trois en vingt ans, en est une illustration.

Mais la seconde raison, sans aucun doute la plus importante, est le développement dans les pays industrialisés de procédés de recyclage des principaux métaux.

Donnons ici un aperçu de l'intensité de ce recyclage pour les métaux : 80 % du platine utilisé, 50 % du plomb et de l'acier, 45 % du tungstène, 30 % du nickel, du zinc, du cuivre et de l'aluminium sont recyclés.

Ainsi s'est développée l'idée — et la technologie correspondante ! — que l'utilisation des métaux n'est plus un processus unidirectionnel, mais l'amorce d'un véritable cycle dans lequel l'importance de l'« entrée » diminue. De fait, depuis vingt ans, la proportion des métaux recyclés n'a cessé d'augmenter.

Voilà donc une nouvelle manière d'aborder l'exploitation des matières premières : il ne s'agit plus de chercher des gisements, puis de les exploiter ; il s'agit désormais de gérer un stock d'éléments chimiques que l'on recycle et auxquels on ajoute petit à petit des métaux neufs.

La conclusion de cette étude des ressources métalliques est que nous disposons probablement encore de vingt années de calme. A condition que les pays en voie de développement demeurent en fait en état de sous-développement ! Triste perspective, mais qui n'est hélas que trop réaliste.

Mais, dans vingt ans, la situation risque de changer

d'une manière dramatique. Les besoins en matières premières des pays en état de développement, comme ceux de l'Asie du Sud-Est, le Brésil, le Venezuela, le Mexique et les pays de l'Est devenus démocratiques, vont augmenter. On supposera ici que les deux super-puissances en termes de population que sont l'Inde et la Chine pourront subvenir elles-mêmes à leurs propres besoins, ce qui, pour la première, risque de ne pas être le cas. Certes, les pays riches prospéreront largement, grâce au recyclage dont l'efficacité augmentera sans nul doute. Certes, on peut espérer de nouvelles découvertes minières dans des pays comme l'Inde, la Chine, le Brésil ou l'Afrique centrale. Mais est-ce que ce sera suffisant ?

Ce qui est certain, c'est que si l'on maintient l'activité de prospection minière à son faible rythme actuel, nous allons vers une grave crise mondiale dans moins de cinquante ans.

Les pays riches se soucient pour leur avenir de la « couche » d'ozone et du gaz carbonique.

Les pays en voie de développement ont raison de redouter la pénurie de métaux.

Cette pénurie s'étendra-t-elle aussi aux éléments qui constituent les produits de base pour l'industrie chimique et l'agriculture, à savoir l'azote, le phosphore, le soufre, le potassium, le sodium ?

Disons tout de suite que ces éléments sont à la fois abondants dans la croûte terrestre et facilement concentrables, et que l'état de leurs réserves permet de penser que, pour les deux siècles à venir, il n'y a pas à s'inquiéter.

Ce point est capital, car il permet de conforter une opinion désormais répandue parmi les experts agricoles, à savoir que si la croissance de la population mondiale est maîtrisée, nous n'irons pas vers une situation de disette généralisée.

Mais les métaux, eux, vont sans doute manquer.

Les déchets

Un autre problème a fait désormais son apparition dans le secteur des ressources naturelles : celui des déchets. Pendant longtemps, on s'est soucié d'exploiter les ressources de la Terre, de les transformer en objets industriels, d'en faire des objets de commerce et de développement, mais le devenir des fabrications, des objets usés ou obsolètes n'était pas même un sujet de considération.

Aujourd'hui, dans les pays développés, un homme produit en moyenne 1,5 kg de déchets par jour. La question des déchets industriels comme des ordures ménagères est à l'ordre du jour.

Que faire de ces déchets ?

Une telle question semble *a priori* très éloignée de la problématique des ressources naturelles. Certes, les déchets sont les ultimes produits de l'exploitation de ces ressources, mais les uns sont en début de chaîne, les autres à son extrémité.

En fait, les deux problèmes sont liés pour de multiples raisons.

Comme nous l'avons souligné à propos du recyclage, le traitement des déchets permet de diminuer la demande en métaux. Mais la technologie même du traitement des déchets ressemble de plus en plus à celui des minerais, avec des opérations qui s'appellent tri par densité, séparation magnétique, broyage, concassage, etc.

Quant à leur stockage, peut-on l'envisager sans une connaissance géologique sérieuse du sol ou du sous-sol ?

Pendant longtemps, les ordures des villes, qui constituent une part importante des déchets, n'ont pas posé de problèmes sérieux. On les accumulait sur des décharges publiques, dans des endroits discrets, de préférence vers des zones peuplées par le quart-monde. Cette « solution » qui, pratiquée il y a vingt ans un peu partout dans le monde, paraissait alors ne pas poser de problèmes, n'est plus envisageable : d'une part, parce que le volume des ordures a augmenté d'une manière extraordinaire (5 milliards de tonnes par an aux États-Unis, 50 millions de tonnes en France) ; d'autre part, parce que les populations n'acceptent plus de vivre près de champs d'épandage nauséabonds où rats et insectes propagent toutes sortes de maladies.

Certains avaient eu l'idée de transposer cette solution à l'échelle planétaire en allant déposer leurs déchets dans les pays pauvres ! Heureusement, la conscience des peuples de mieux en mieux informés s'y est opposée, comme l'a bien montré l'aventure de ce bateau italien condamné à rester ancré en mer, faute d'avoir pu accoster.

Quelles sont donc les « solutions » utilisées ici et là (car, pendant que nous réfléchissons, les ordures continuent inexorablement de s'accumuler !) ?

A New York, on compacte les déchets, on les entasse sur une barge que l'on évacue et que l'on coule au large. L'océan est donc la poubelle choisie.

En Virginie, une solution élégante a naguère été retenue.

Elle a consisté à construire des collines artificielles avec les déchets en prenant grand soin d'alterner couches de déchets et couches d'argile et de sable. C'est aujourd'hui un parc d'attractions recherché.

Ailleurs, on les enterre discrètement, mais une telle solution est géologiquement dangereuse, car les risques de pollution de la nappe phréatique restent élevés.

L'incinération, hélas encore utilisée çà et là, est de moins en moins tolérée car, outre son effet sur la teneur en gaz carbonique de l'atmosphère, elle engendre des émanations extrêmement toxiques, notamment lors de la destruction des polyvinyls et autres plastiques.

Bref, chacun cherche une solution discrète et populaire, mais le problème n'en devient pas moins chaque jour plus préoccupant.

De quoi se composent les ordures ménagères et les déchets industriels généralement rassemblés dans les décharges des villes ?

40 % sont constitués de papiers et cartons.

15 % sont des déchets alimentaires.

15 % sont des métaux.

12 % des verres.

8 % des plastiques de tous ordres.

Le reste est un mélange de bois et de produits divers dont certains sont pourtant très toxiques.

A partir de ces données de base, on devrait définir une stratégie dont les maîtres mots seraient : recyclage, biodégradation, reconstitution.

Le *recyclage*, qui ne compte aujourd'hui que pour 2 à 3 % dans le devenir des déchets, s'applique aux papiers, aux verres, aux métaux. D'où la fameuse idée des « quatre poubelles ».

Sans vouloir rivaliser avec une si bonne initiative, disons qu'il faudrait équiper systématiquement les services d'ordures de procédés de triage permettent de séparer verres, métaux et produits biodégradables de manière à les traiter séparément (le triage à la main peut même être rentable pour certains métaux). Actuellement, l'essentiel du recyclage métallique se fait grâce aux cimetières d'automobiles et autres déchets massivement industriels. Il faut l'étendre à toutes les ordures.

Sait-on par exemple que les ordures parisiennes constituent potentiellement une grosse mine d'étain ?

Les verres peuvent être refondus et réutilisés. Les papiers et cartons, s'ils ne sont pas trop dégradés, peuvent eux aussi être réutilisés et le sont déjà partiellement. Il faut systématiser ces recyclages.

Naturellement, de tels procédés ne peuvent guère s'appliquer qu'à de très grandes échelles, soit pour les mégapoles, soit pour des groupements de villes. Mais il est essentiel d'y recourir aussi bien dans les pays développés que dans les grandes villes des pays sous-développés. C'est à ce prix que nous retarderons les échéances de la pénurie de matières premières.

La *biodégradation* s'applique à tout ce qui est organique, donc potentiellement à plus d'un tiers des déchets (papiers usés, déchets alimentaires, voire même certains plastiques). Elle peut conduire à remettre leurs éléments constitutifs dans le cycle naturel et à fabriquer du méthane que l'on utilisera comme combustible.

Cette biodégradation peut être naturelle et, dans ce

cadre, l'immersion océanique est sans conteste la meilleure solution, à condition d'y procéder au grand large, de préférence dans des zones oxygénées, et non pas dans des mers fermées comme la mer du Nord ou la Méditerranée. En l'occurrence, l'océanographie devrait pouvoir guider nos pas.

La *reconstitution* consiste à boucher les trous et excavations que l'homme fait subir à la Terre. Ces excavations sont constituées par les mines, mais aussi par certains travaux urbains préparatoires à telle ou telle construction. L'homme produit sur terre quelque chose comme 50 milliards de tonnes de déchets par an, mais, dans le même temps, il excave sans doute dix fois plus pour creuser des mines. Ne peut-on compenser l'un par l'autre ? Il faudra certes veiller à enfermer les déchets dans des containers appropriés, organiser ces magasins de stockage de manière rationnelle, mais la solution d'avenir est peut-être là, tout au moins pour les grandes villes.

Pour les petites villes, la solution virginienne est sans doute la meilleure, mais elle est consommatrice d'espace (1 hectare par an pour 25 000 personnes) et est donc réservée à certains sites. Elle exclut bien sûr les mégapoles.

Naturellement, ces trois modes de traitement doivent être combinés et utilisés dans le cadre d'une véritable stratégie globale. Celle-ci ne pourra se mettre en place que si on l'organise à l'échelle nationale ou régionale. Il faudra collecter régionalement les ordures, les traiter selon des procédés et des équipements d'une dimension suffisante pour y induire une rentabilité industrielle. Laisser chaque ville, chaque maire se débrouiller avec ses ordures est une attitude absurde. Elle devient proprement condamnable lorsqu'on permet à des associations d'irresponsables, sous le couvert commode de l'écologie, de s'opposer à telle ou telle solution technique. Espèrent-ils ainsi faire disparaître d'un coup de baguette magique le problème des ordures ? A défaut de les brûler, de les enterrer ou de les immerger, que faut-il faire des déchets ? Aucun écologiste militant ne répond à cette question.

Nous n'avons pas parlé des déchets liquides, principalement de l'eau polluée. Savez-vous qu'une personne génère par jour près de 300 litres d'eau polluée ? Relarguer ces eaux dans les fleuves ou les rivières est la solution usuelle, discrète et admise, mais qui ne sera plus tolérable à l'avenir. Il va falloir traiter les eaux usées en aval, et non plus s'en débarrasser d'un simple geste, si l'on veut préserver notre eau potable.

Mais il n'est pas nécessaire d'insister davantage sur ces nécessités qui s'imposent chaque jour davantage et passent petit à petit dans la pratique. Les exigences des citoyens finiront par imposer partout des solutions convenables.

L'« écologie » industrielle

La manière dont nous devons envisager à l'avenir l'exploitation des ressources minérales s'apparente à l'écologie et aux cycles naturels. Pour chaque matière première, il faudra envisager des séjours successifs sous différents états en divers produits manufacturés. Une fois extrait du sous-sol, un atome de fer passera dix ans sous forme de carrosserie d'automobile, trois mois dans une boîte de conserve, cinquante ans dans un pont métallique, etc. On

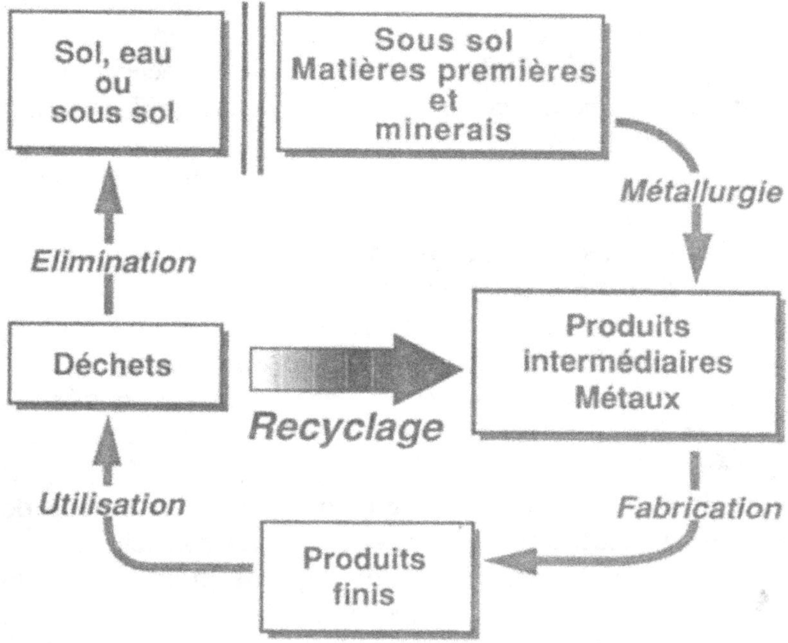

Fig. 27. — Circuit de circulation des métaux dans une économie moderne.

définira pour chaque métal, pour chaque type d'objet, des durées de vie, des temps de résidence, comme on le fait pour tel métal dans l'océan, un lac ou une rivière.

Les réservoirs seront les objets fabriqués par l'homme.

Ceci implique que l'on conçoive la fabrication des objets en fonction de leur récupération. Il faudra faire des objets non seulement à durée de vie plus grande, mais fabriqués de telle sorte qu'on puisse facilement en séparer les éléments en vue de les récupérer. C'est vers une société industrielle où rien ne se perdra que nous devons évoluer.

Une société où les déchets constitueront à leur tour des matières premières, où la Terre et ses ressources devront être économisées, gérées comme un bien précieux. C'est toute une nouvelle manière de voir et d'agir qu'il va falloir faire prévaloir.

Peut-on espérer que les lois du marché suffiront à l'imposer ? Doit-on l'accélérer par des législations contraignantes ? États et collectivités locales ne doivent-ils pas donner l'exemple et gérer ces problèmes d'une manière conjointe ? Autant de questions qui doivent être posées, auxquelles il faudra bien apporter des réponses.

Naturellement, dans ces cycles industriels que nous devrons instaurer ou imposer, il faudra tenir compte des dépenses d'énergie et de l'utilisation de l'eau. Tout doit être pris en compte, tout doit être évalué en termes de ressources, en termes d'énergie, en termes financiers.

L'avenir de la planète en dépend, tout autant que de la lutte contre l'« effet de serre » ou le « trou » d'ozone. Pourtant, on en parle si peu !

Les solutions destinées à éliminer les parties toxiques des déchets existent elles aussi. Il faut se garder de les enterrer systématiquement : certes, sous terre, on ne les voit pas, mais la pollution des nappes phréatiques risque de faire beaucoup de mal !

Une de ces solutions réside peut-être, après tout, dans la tectonique des plaques ! Comme on le sait, le plancher des océans plonge dans le manteau au niveau des grandes fosses océaniques dites de subduction. Dans un certain nombre de ces fosses, l'enfoncement a lieu en entraînant avec lui le tapis de sédiments déposés sur la croûte océanique. C'est le cas, par exemple, dans la fosse des

Mariannes, du Japon et de Nouvelle-Zélande. Pourquoi ne pas déposer sur ces sédiments des containers remplis de déchets toxiques, qui seront entraînés et ensevelis dans le manteau terrestre à 200 ou 500 kilomètres de profondeur sous terre ? On dispose probablement de plusieurs milliers de kilomètres de telles fosses, profondes de 8 à 10 kilomètres. Il y a là de quoi se débarrasser de tous les déchets indésirables de la planète !

Cette solution risque de paraître « grandiose », mais, face à des problèmes de cette ampleur, ne faut-il pas mobiliser toutes nos connaissances ? Telle sera la société de l'an 2000 : au lieu d'avoir peur des lois de la Nature, nous saurons les utiliser à notre profit.

9

Allons-nous remonter
le cours de l'Histoire ?

Tous les progrès économiques essentiels des sociétés humaines sont liés à un paramètre cardinal : la production d'énergie. La maîtrise de l'énergie animale — bœufs et chevaux, ou éléphants et buffles — a permis à l'homme de développer l'agriculture et les transports à courte distance. Avec la découverte de la machine à vapeur alimentée au charbon s'est ouverte une nouvelle ère, vite amplifiée par la transformation de l'énergie mécanique en énergie électrique. C'est de cette époque que date la première révolution industrielle. C'est sur les ressources charbonnières que s'est construit le socle de la puissance britannique, puis allemande.

La découverte du pétrole comme nouvelle source d'énergie change tout. Meilleur marché que le charbon — une fois découvert, il est plus facile à extraire —, le pétrole s'impose vite comme la source d'énergie universelle. Chauffage, production électrique, transports individuels et collectifs : il devient partout indispensable. C'est la seconde révolution industrielle. Le pétrole symbolise l'essor puis la suprématie des États-Unis d'Amérique. Les derricks texans l'emportent alors sur les mines du Pays de Galles ou de la Ruhr.

Pour ceux qui n'ont pas de pétrole, il reste les idées, comme le prétendait un slogan des années 1970 ! L'idée sera d'abord la houille blanche, qui donne un instant l'espoir que l'on pourra satisfaire grâce à elle l'appétit d'énergie des pays industrialisés. Espoir vite déçu, car le développement économique requiert encore et toujours davantage d'énergie. D'elle dépend la croissance, et l'essor d'une nation se paie en kilowatts-heure consommés.

Après la houille blanche apparaît une nouvelle source d'énergie qui semble d'abord parfaite : l'énergie des atomes, ou plus exactement des noyaux atomiques. Sous-produit civil des recherches militaires et des effroyables engins de mort qu'elles ont générés, l'énergie atomique apparaît à l'aube de l'après-guerre comme celle de l'avenir, inépuisable et surpuissante. La recherche de l'uranium vient s'ajouter à celle du pétrole. Limitée en charbon, pauvre en pétrole, mais exigeante en énergie, la France s'y lance avec détermination et sans doute avec sagesse. Mais le développement économique s'emballe, la production de pétrole aux mains de pays pauvres enfin organisés se met à stagner, tandis que l'usage du nucléaire accuse ses limites, notamment par l'impossibilité d'alimenter en une telle énergie les voitures et les avions. C'est la crise de l'énergie.

Les pays industrialisés réagissent vite : économies d'énergie et accélération des programmes nucléaires inversent en quelques années les données du problème. De l'énergie rare et chère, on passe au surplus d'énergie, au pétrole à bon marché, au coup d'arrêt dans le développement économique des pays producteurs. Les craintes de pénurie s'évanouissent en dépit de flambées liées à la conjoncture internationale.

Pourtant, dès l'intensification du programme nucléaire se développe un fort courant d'opinion hostile. Ce sera l'embryon des mouvements écologiques. Le nucléaire apparaît comme le symbole de ce qu'il faut abolir dans la société industrielle : c'est une énergie polluante, radio-active, produisant des déchets dangereux.

Par contrecoup commence à se faire jour dans la conscience collective le concept d'énergie propre ; l'opinion se met à considérer la question des déchets comme un véritable problème qui mérite attention. Avec l'inquiétude suscitée par l'« effet de serre », les mouvements écologistes bannissent les combustibles fossiles comme ils ont condamné le nucléaire ; le charbon et le pétrole sont bientôt à leur tour mis au ban de l'écologie. Plus récemment, l'opprobre s'est étendu à l'énergie hydroélectrique et aux barrages qui gâchent les paysages.

Que reste-t-il donc pour nous chauffer, nous éclairer, nous transporter ?

Le « solaire » continue à avoir bonne presse, sans doute parce qu'il reste une source d'énergie théorique et que les estimations persistent à le considérer comme une source d'énergie complémentaire plutôt qu'essentielle. L'énergie géothermique est logée à la même enseigne.

Or, en l'état actuel des techniques, si l'on éliminait toute énergie nucléaire, pétrolière, charbonnière et hydraulique, le monde retomberait au Moyen Age ! Est-ce ce genre de scénario qu'il faut se préparer à vivre ? Est-il concevable, acceptable, voire nécessaire ?

Tels sont les termes abrupts du débat entre écologie et économie. L'énergie est la pierre angulaire de toute économie. C'est donc là que gît l'opposition fondamentale entre une philosophie de l'intransigeance qui se targue de protection de la nature et une logique du progrès des sociétés humaines.

Besoins et sources d'énergie

Avant d'aborder ce débat, après en avoir souligné la signification et la gravité, peut-être n'est-il pas inutile d'insister sur le fait que l'énergie n'est pas un produit renouvelable. Dans notre ébauche d'une écologie généralisée au monde industriel où le *cycle* remplacerait l'exploitation effrénée à sens unique, nous avons omis de préciser que pour faire fonctionner un tel système, il fallait néanmoins consommer de l'énergie, qui est continuellement dissipée et donc perdue. On peut recycler les déchets métalliques ou plastiques, on peut recycler le carbone ou le phosphore au fil des vastes processus naturels, on ne peut pas recycler l'énergie. Une fois utilisée, elle s'envole, perdue à tout jamais !

Or tout consomme de l'énergie : l'extraction des matières premières, leur transformation en objets, les transports, le chauffage. Toutes les opérations utiles à l'homme sont « énergétivores ».

Voyons concrètement ce que sont nos besoins en énergie. Le monde consomme actuellement 10 milliards de tonnes d'équivalent-charbon (unité d'énergie baroque, mais utilisée par tous : la Tec). Sur ce chiffre, 40 % proviennent du pétrole, 24 % du charbon, 25 % du gaz naturel, 6 % du nucléaire, 5 % de l'hydraulique (naturellement, il s'agit là de moyennes mondiales sujettes à d'amples fluctuations). En France, par exemple, 32 % de l'énergie est produite par le nucléaire, ce qui correspond à 75 % de la dépense d'électricité. Si l'on cherche à en déduire la consommation d'énergie par habitant à l'échelle du monde, celle-ci est d'environ 2 Tec par habitant et par an, mais avec des différences énormes. Un Américain consomme 12 Tec par an ; un Indien, 0,3 Tec.

Toujours en moyennes mondiales, ces dépenses se répartissent de la manière suivante :

— 26 % pour les transports en tous genres ;

— les 74 % restants se répartissent également entre les usages industriels et les usages domestiques et commerciaux.

Naturellement, comme pour les matières premières, il faut mettre en regard de cette consommation les réserves disponibles. Nous examinerons chaque cas en détail, mais cherchons à donner ici une estimation globale :

L'estimation avancée par Claude Guillemin, l'un des rares Français à faire autorité en ces domaines, est de 18 000 milliards de Tec pour les charbons, 500 milliards de Tec pour les pétroles, 200 milliards de Tec pour le gaz naturel, 500 milliards de Tec pour cette ressource peu exploitée que sont les schistes bitumineux. L'uranium exploité selon les technologies classiques représente 200 milliards de Tec, mais, avec la technologie des surgénérateurs, il faut multiplier ce chiffre par 100 : on atteint alors 20 000 milliards de Tec.

Le total des réserves d'énergie est donc voisin de 40 000 milliards de Tec. Au rythme de consommation actuel, cela représente près de 4 000 ans de réserves.

Il semblerait donc qu'il n'y ait point trop de soucis à se faire dans l'immédiat, car même si la consommation actuelle était multipliée par dix, cela nous laisserait encore quatre siècles de réserves !

Mais, en examinant la question de plus près, elle paraît beaucoup moins simple.

Le pétrole est actuellement le produit clé, car il est le carburant le plus flexible et le seul à alimenter facilement les automobiles et les transports. Or la durée de vie des réserves n'est plus que de cinquante ans. Admettons que l'on double les réserves, ce qui fait beaucoup : nous atteignons à peine un siècle.

Lorsqu'on prend en compte la question des déchets, on doit constater que les deux sources d'énergie dont les réserves sont très importantes, à savoir les charbons et le nucléaire (mais avec la technologie des surgénérateurs), sont les deux qui, *a priori*, font le plus peur aux écologistes : les charbons à cause du gaz carbonique et des pluies acides, les surgénérateurs à cause des déchets radioactifs. Si ces deux sources sont proscrites, on tombe alors dans des durées de réserves très préoccupantes.

Gardons-nous encore de conclure, mais soulignons les points importants de cette analyse introductive :

1. les réserves d'énergie sont moins grandes que les chiffres bruts ne le donnent à penser ;

2. lorsqu'on analyse les sources d'énergie, il faut désormais tenir compte du triptyque : Utilité, Réserves, Pollution.

Les combustibles fossiles

Les mots *combustibles fossiles* décrivent bien ce dont il s'agit. Dans le passé géologique, du gaz carbonique de l'atmosphère a été transformé en carbone végétal par l'intermédiaire de la photosynthèse. Après leur mort, ces antiques végétaux ont été transformés en pétrole, gaz ou charbon, et stockés dans les formations géologiques. L'homme exhume cette matière végétale fossile et la brûle pour obtenir de l'énergie. Ce faisant, il combine carbone et oxygène pour rendre à l'atmosphère le gaz carbonique qui lui avait été retiré il y a quelques dizaines ou centaines de millions d'années. Cette combustion, comme la respiration chez les êtres vivants, produit de l'énergie. Il s'agit donc bien de récupérer à notre profit l'énergie solaire ancienne stockée dans les plantes par le biais du mécanisme de la photosynthèse. C'est en somme une énergie fossile que nous récupérons !

Ces combustibles fossiles se trouvent dans le sous-sol sous trois formes traditionnelles : pétrole, gaz, charbon, auxquelles viennent s'ajouter aujourd'hui ce qu'on appelle les schistes bitumineux.

Tous ces dépôts organiques ont une origine commune : la dégradation chimique et le stockage géologique de la matière vivante. Les différences tiennent à la diversité des modalités de ces deux processus, l'un étant étroitement lié à l'autre.

Les charbons sont des dépôts d'anciennes végétations, de forêts et de marécages enfouis sur place, compactés et vitrifiés par des processus de tassement géologique. Le

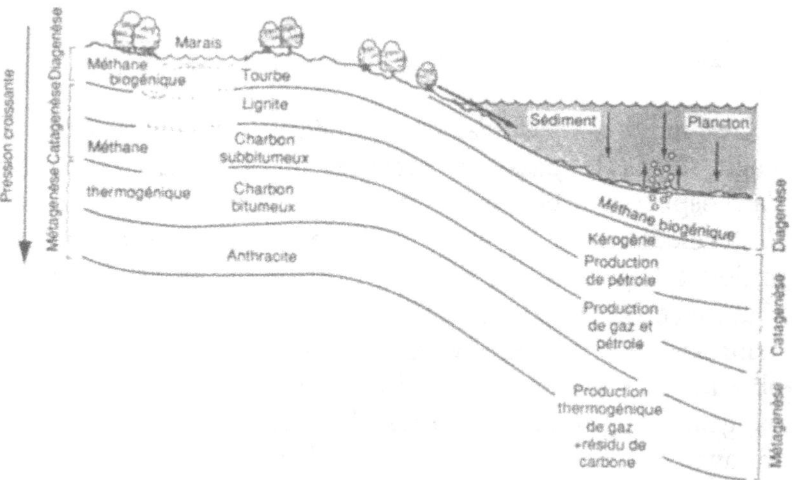

FIG. 28. — Schéma montrant les diverses étapes de dégradation de la matière organique au cours des processus géologiques conduisant à donner naissance aux divers produits carbonés.

matériel qui en résulte est solide. Pour simplifier, on dira que le charbon est une roche très riche en carbone.

Le pétrole, lui, est un liquide qui résulte de la dégradation de milliards d'êtres vivants planctoniques, végétaux ou animaux, qui vivaient dans les anciennes mers, là où se sont déposés des sédiments qui, en se compactant, ont donné naissance aux strates géologiques. La dégradation des grosses molécules biologiques issues de ce plancton a fini, avec le temps, par donner naissance aux composés organiques les plus élémentaires, ceux que l'on étudie au début des cours de chimie organique, les hydrocarbures. Leur composition intime est une combinaison d'atomes de carbone et d'hydrogène. Leur formule générale est C_nH_{2n}. On les regroupe souvent sous le terme de paraffines. Les pétroles sont des mélanges complexes et variables de beaucoup d'hydrocarbures. Plus légers que l'eau, facilement mobilisables, ils se déplacent, migrent dans l'écorce terrestre à travers les milieux poreux que constituent les roches sédimentaires. Le lieu où ils sont stockés, accumulés, leur gisement n'est pas leur lieu de naissance.

Cette dissociation entre roche-mère et roche-magasin est encore plus nette pour le gaz naturel. Comme le pétrole, il est fait d'hydrocarbures, mais des plus simples d'entre eux, comme le méthane, l'éthylène et quelques autres. Volatils, mobiles, labiles, ils tendent à venir vers la surface où ils émergent parfois, donnant naissance à des feux naturels : feux de forêt ou marais à flammes.

Le charbon

Les formations géologiques riches en charbon sont des roches sédimentaires très spéciales qui se sont formées et conservées dans des conditions géologiques particulières. Après leur mort, la plupart des plantes aquatiques ou aériennes ne se conservent pas très longtemps à la surface. Leurs débris sont rapidement décomposés, détruits et finalement évacués avec les produits de l'érosion. Pour qu'elles se conservent, il faut d'abord avoir affaire à une exceptionnelle abondance, à une végétation luxuriante. Seconde condition : cette végétation doit pouvoir s'accumuler sur place pour constituer des stocks suffisants. Troisième condition : ces accumulations doivent être préservées de l'érosion par l'eau qui détruit tout ce qui se trouve en surface. Ce sont bien ces conditions que les géologues charbonniers ont reconstituées comme ayant engendré des formations géologiques charbonnières.

On part d'un pays de mangrove ou de *swamp* en bord de mer, un peu comme les *everglades* de Floride. Là, une végétation luxuriante se développe, mais, en même temps, le fond des marais s'enfonce continuellement au gré d'un phénomène géologique auquel on donne le nom de *subsidence*. Les végétaux morts tapissent le fond de ces marais et constituent des tourbières sous-aquatiques. De temps à autre, le niveau de la mer s'élève, l'océan envahit ces marais et y dépose des sédiments. Ces sédiments gréseux ou argileux vont protéger les charbons des effets d'érosion de l'eau de surface et du temps. Des conditions analogues existent dans les deltas des grands fleuves comme l'Amazone ou le Mississipi.

Il faut en outre que l'histoire géologique postérieure soit bienveillante. Autrement dit, que les terrains emplis de charbons continuent de faire partie d'un bassin de sédimentation où l'accumulation de dépôts les protégera de l'érosion.

Une fois accumulés et intégrés dans la colonne sédimentaire, les dépôts organiques des plantes évoluées subissent une déshydratation et un durcissement. Ces transformations laissent la plupart du temps les agencements biologiques intacts et l'on pourra ainsi retrouver des traces de feuilles, de tiges, de racines, avec leurs structures intimes.

Ces conditions de formation et de protection sont telles que seules des périodes déterminées de l'histoire géologique de chaque région ont pu donner naissance à des dépôts charbonniers. Ainsi la période qui va de − 345 à − 280 millions d'années porte-t-elle le nom de Carbonifère, car elle correspond aux dépôts charbonniers d'Europe. Malgré ces conditions restrictives, le charbon n'est cependant pas une denrée rare. Avec les progrès de la cartographie géologique et des programmes de forage, on a pu dresser un inventaire des réserves charbonnières qui est tout à fait fiable.

L'essor du pétrole a néanmoins restreint l'usage du charbon, surtout compte tenu du prix de revient de son extraction. Le travail en mine coûte cher en vies humaines et en argent. L'automatisation des tâches a certes fait baisser le prix de revient et réduit les dangers liés à l'exploitation, mais pas suffisamment.

Avec la crise de l'énergie, on a mis au point des technologies qui permettent de convertir *in situ* le charbon en gaz ou en liquide, et de le récupérer un peu à la manière du pétrole. Pour l'instant, ces techniques sont encore très onéreuses, mais elles constituent des garanties pour l'avenir. En effet, si le charbon est restreint aux bassins sédimentaires et à certaines époques géologiques, nombre de réserves charbonnières sont situées à des profondeurs comprises entre 3 400 et 5 000 mètres. Beaucoup s'y trouvent sous forme de lentilles à teneurs moyennes ou faibles. Dans l'un et l'autre cas, l'extraction par les moyens classiques est malaisée. La gazéification ou la liquéfaction *in situ* permettra d'esquiver ces difficultés.

Ces techniques peuvent être étendues sous des formes légèrement différentes à des formations sédimentaires à faible teneur en matières organiques, comme les grès ou les schistes bitumineux, ce qui augmente encore les réserves potentielles d'énergies fossiles.

Malheureusement, jusqu'à présent, aucune de ces techniques n'a réussi à éliminer le soufre (ou les composés soufrés) et l'azote du charbon, si bien que celui-ci constitue de nos jours le combustible le plus sale et l'une des principales sources de la pollution atmosphérique.

Le charbon était l'enfant chéri des écologistes de la fin des années 1970. Il est aujourd'hui leur bête noire ! Non seulement la combustion des charbons contribue à l'accroissement des teneurs en gaz carbonique de l'atmosphère, mais elle est l'une des sources principales des pluies acides et de beaucoup de maladies pulmonaires. A cet égard, les lignites sont particulièrement nocifs, car leurs teneurs en soufre sont élevées.

Pétrole et gaz

Le pétrole n'est pas un produit rare, du moins géologiquement parlant. Tous les bassins sédimentaires ou presque en contiennent. L'exception n'est pas le bassin pétrolier, mais le bassin qui n'a pas de pétrole.

Pourtant — c'est sans doute là un paradoxe —, pour que le pétrole se forme, il faut réunir un certain nombre de conditions. D'abord, que la sédimentation ancienne ait eu lieu dans une zone où la productivité biologique fut grande, c'est-à-dire où le plancton animal et végétal était abondant, donc près de la zone intertropicale. D'où l'intérêt des reconstitutions géographiques anciennes, appelées paléogéographies. Il faut ensuite que le sédiment rempli de débris de matière organique morte ait été soumis à une élévation de température susceptible d'accélérer les réactions de dégradation ; ce qui ne se produit que si une source de chaleur profonde se trouve à proximité. Ces conditions-là permettent de faire naître un mélange liquide ou gazeux qui est déjà du pétrole. Encore faut-il qu'il puisse de surcroît se concentrer et se conserver.

Se concentrer implique des migrations — parfois sur des centaines de kilomètres, guidées par les discontinuités géologiques (failles) et par les canalisations naturelles que constituent les roches poreuses — impulsées par les gradients de température ou de pression induits par les grands phénomènes géologiques. Cas par cas, on peut se faire une idée de ces migrations, mais il faut bien reconnaître qu'on ne dispose pas de théorie générale pour les décrire.

La conservation et, par là même, la concentration ont lieu dans ce qu'on appelle des *pièges géologiques*. Ce sont des structures géologiques qui « enferment » le pétrole et lui interdisent de s'échapper.

Le pétrole liquide (et plus encore gazeux) est plus léger que l'eau. Il a donc tendance à migrer dans la croûte vers le haut, vers la surface. S'il n'avait pas eu cette tendance, le fameux colonel Drake ne l'aurait pas découvert, car celui-ci ne savait pas forer à des milliers de mètres sous ses pieds. Le 27 août 1859, Drake trouva du pétrole à Titusville (Pennsylvanie) en forant à 22 mètres de profondeur ! Cette tendance à migrer et à monter est contrariée par les couches géologiques imperméables, comme les argiles et les schistes, qui forment alors le toit du réservoir. Les roches poreuses comme le grès et, à un moindre degré, les calcaires constituent les roches-magasins.

Toutes sortes de structures géologiques peuvent constituer des « pièges » dans des conditions extrêmement variées.

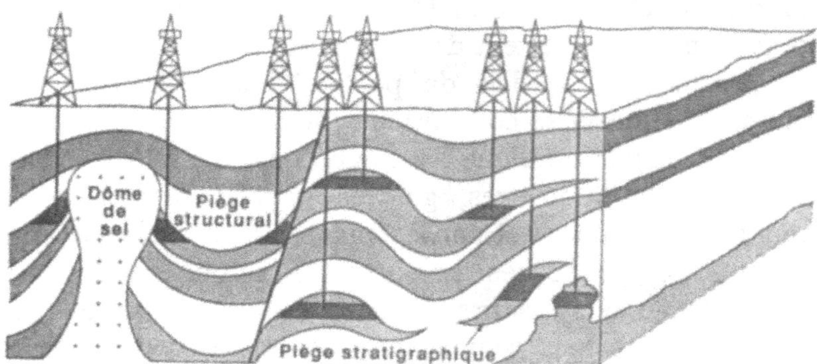

Fig. 29. — Schéma synthétique théorique montrant les principaux pièges géologiques à gaz et pétrole.

La plus simple et la plus connue est celle de l'anticlinal. La recherche pétrolière consiste, à partir d'un bassin sédimentaire donné, à rechercher la présence de ces structures géologiques-pièges et à les forer afin d'y détecter directement le pétrole. Le prix des forages étant très élevé, on cherche à identifier ces structures à l'aide d'ondes sismiques générées artificiellement. Ces techniques constituent la base des méthodes de prospection géophysiques. Les techniques modernes de traitement de l'information aidant, on dispose aujourd'hui d'un véritable « scanner géologique » qui permet d'obtenir une image du sous-sol un peu comme le médecin obtient une image de l'intérieur du corps de son patient. Dès qu'une structure est forée, on effectue dans le forage de nombreuses mesures des divers paramètres physiques des roches afin d'en connaître la porosité, la perméabilité, la teneur en eau et en huile, bref, tout ce qui permettra d'apprécier les dimensions et les propriétés du réservoir afin de l'exploiter au mieux.

L'exploration et l'exploitation pétrolières ont fait d'énormes progrès au cours des trente dernières années. Jadis restreinte aux faibles profondeurs des grands bassins continentaux, l'exploitation s'étend aujourd'hui aux marges continentales et aux mers peu profondes (mer du Nord, golfe du Mexique), aux structures profondes (record des forages : 10 km). Bref, toutes les accumulations sédimentaires épaisses du monde constituent désormais des cibles pour les pétroliers.

Une fois découvert, le pétrole doit être extrait du sous-sol. Ce n'est pas aussi simple que l'on pourrait l'imaginer. Le pétrole n'est pas accumulé dans une poche remplie de liquide. Comme nous l'avons dit, il imprègne des roches poreuses. Les pores et interstices de ces roches retiennent attachées les molécules de pétrole par le jeu des forces de surface. Le pompage simple ne permet de récupérer au mieux qu'un tiers du pétrole présent en profondeur. Pour améliorer ce rendement, on utilise diverses techniques annexes : injections d'eau pour « entraîner » le pétrole, injections d'acides pour ouvrir les pores, etc. — bref, toute une batterie de méthodes de plus en plus efficaces.

La crise de l'énergie puis la chute du prix du pétrole ont favorisé les recherches sur l'exploitation des réservoirs. Plutôt que de prospecter de nouveaux gisements ou de forer de nouvelles structures, il est apparu plus avantageux d'extraire au maximum ce qui se trouve dans le sous-sol des structures déjà forées et fertiles. Alors qu'il y a vingt ans, on laissait près de 60 % du pétrole en profondeur, on en extrait aujourd'hui près de 80 %.

L'estimation des réserves pétrolières mondiales est un exercice qui a mobilisé des talents divers, aussi bien dans les compagnies pétrolières que parmi les experts gouvernementaux ou universitaires. La coïncidence des résultats obtenus, en dépit de motivations parfois antagonistes, nous permet de penser qu'elles sont fiables à 50 % près.

Le pétrole n'existe que dans les bassins sédimentaires. La majorité de ces bassins a été explorée. Certes, des découvertes importantes sont sans doute encore à faire : en Chine, en Sibérie, en Afrique — par exemple dans le bassin de Taoudeni, entre le Mali et le Sénégal —, dans les marges continentales, mais ces compléments sont pris en compte dans les estimations des réserves. Au total, celles-ci ne représentent pas plus d'un demi-siècle, voire d'un siècle de consommation. Or, le pétrole n'est pas seulement une source d'énergie pour l'heure irremplaçable, il est aussi une matière première inappréciable.

Irremplaçable, le pétrole l'est pour les transports automobiles et aériens. Il n'y a pour l'instant aucune voiture électrique compétitive avec le moteur à explosion, ni aucun avion à propulsion nucléaire (que diraient les écologistes si les déchets radioactifs volaient dans les airs !).

Matière première, le pétrole l'est pour la pétrochimie et toute l'industrie des matières plastiques. Malgré des efforts méritoires, la carbochimie n'a pas atteint le degré de perfection de la pétrochimie.

Sans même se référer à l'« effet de serre », il faut donc songer à protéger le pétrole et à en limiter la consommation.

Rien de particulier à dire sur le gaz naturel : ses conditions de gisement, de formation et de concentration ressemblent à celles du pétrole. La dégradation est simplement plus poussée et atteint les hydrocarbures les plus légers, donc les plus volatils. Ses conditions de transport sont un peu différentes de celles du pétrole (elles nécessitent soit un transport par tuyaux, soit une liquéfaction préalable). Sa qualité « écologique » est sans doute un peu meilleure que celle du pétrole.

Sur ce dernier plan, le pétrole présente lui aussi bien des inconvénients. Comme les autres combustibles fossiles, il contribue à l'augmentation du gaz carbonique dans l'atmosphère. Par l'intermédiaire des automobiles, il est la source directe de la pollution de l'air urbain, comme le montrent les études faites dans les villes californiennes. L'ensemble de l'industrie pétrolière est à l'origine de la pollution pétrolière des océans : produits apportés par les fleuves, accidents en mer, relargages des tankers géants. Sans parler des déchets de l'industrie pétrochimique, plus discrètement évacués...

Produit énergétique précieux, produit naturel à préserver, le pétrole est une source de pollutions multiples et puissantes dont il nous faudra de plus en plus contrôler les nuisances.

Le nucléaire

Symbole d'horreur aux yeux des écologistes de tout poil, symbole de sécurité et de progrès aux yeux des productivistes à tout crin, le nucléaire est sans nul doute la source d'énergie la plus controversée. Peut-on réclamer un minimum de sérénité avant d'aborder ce problème décisif pour l'avenir des sociétés humaines ?

Fixons d'abord le cadre du débat.

L'exploitation de l'énergie nucléaire existe sous deux

formes : la filière dite classique et la filière des surgénérateurs. La première est la plus développée, la seconde la plus discutée. Toutes deux utilisent comme produit naturel de départ l'uranium, mais leurs rendements respectifs sont très différents. Les surgénérateurs produisent de soixante à cent fois plus d'énergie par gramme d'uranium que les réacteurs classiques. Ce qui multiplie d'autant la durée des réserves d'uranium ! Mais cette seconde filière a ses inconvénients : elle est considérée comme plus dangereuse que la première, et ses déchets radioactifs sont dénoncés comme particulièrement nocifs.

Les réacteurs

Le processus de base est ce qu'on appelle la fission induite. Les noyaux d'uranium sont radioactifs, c'est-à-dire instables, mais avec une période de vie relativement longue. Ce sont les noyaux les plus lourds, les plus complexes de tous les éléments chimiques naturels. Soumis à un flux de neutrons, ils ont pour propriété de réagir en deux temps : ils absorbent un neutron, puis se cassent en deux, donnant naissance à deux noyaux de masse voisine, et à quelques neutrons. Cette réaction nucléaire libère une grande quantité d'énergie. C'est ce qu'on appelle la fission nucléaire.

Cette énergie a pour origine la disparition d'une partie de la masse, dont on sait depuis Einstein qu'elle est équivalente à de l'énergie. Pour évaluer cette quantité d'énergie, songeons qu'un gramme d'uranium dont tous les atomes subiraient la fission produirait une énergie équivalant à celle fournie par la combustion de 2,7 tonnes de charbon.

Mais l'intérêt de la fission ne s'arrête pas là. Comme des neutrons sont expulsés à grande vitesse au cours de la réaction, ceux-ci peuvent à leur tour induire une autre fission dans un atome d'uranium situé à proximité, et ainsi de suite. On obtient alors une *réaction en chaîne.*

Si un seul des neutrons expulsés est réutilisé pour induire une nouvelle fission, la réaction en chaîne sera entretenue à un rythme modéré : on aura un réacteur nucléaire. Si, à l'inverse, deux ou trois neutrons expulsés induisent une nouvelle fission, l'effet multiplicateur va être considérable ; il s'ensuivra une explosion. C'est le principe de la bombe atomique. Cet effet est plus difficile à obtenir que la fission modérée, si bien que *lorsqu'on construit un réacteur, on n'a aucune chance de le voir se transformer en bombe, même par accident !*

Un réacteur nucléaire classique est une usine thermique où l'on produit une fission contrôlée. L'uranium 235 ne constitue que la 138ᵉ partie de l'uranium naturel, le reste étant de l'uranium 238. C'est pourquoi, pour produire un uranium industriel, on enrichit d'abord l'uranium naturel en uranium 235. Au cours de la fission, l'uranium 235 est le principal combustible, mais un peu d'uranium 238 est également utilisé, notamment pour produire du plutonium 239, autre produit fissible. Chaque fission produit des neutrons, mais surtout des noyaux d'autres éléments souvent radioactifs : iode, baryum, césium, xénon, barypton, etc. Ce qui nous intéresse dans cette réaction, c'est la chaleur qu'elle dégage, dont on tente de maximiser la récupération. Cette chaleur sert à chauffer de l'eau sous pression ; celle-ci chauffe un autre circuit d'eau qui alimente une turbine. On notera que dans une centrale, l'eau de refroidissement qui est libérée à l'extérieur (pas plus que celle qui fait fonctionner la turbine) n'est à aucun moment en contact avec les matériaux radioactifs ! Les craintes parfois exprimées par des gens ignorant ce dispositif sont donc dénuées de fondement. Les poissons élevés dans les eaux chaudes évacuées par des centrales ne peuvent non plus être radioactifs ! Comme on peut le voir, les précautions pour isoler les divers circuits sont grandes. Ces précautions sont nécessaires pour des raisons de sécurité, mais on les paie par un faible rendement sur le plan énergétique et par la possibilité d'un nombre élevé d'accidents de tuyauterie.

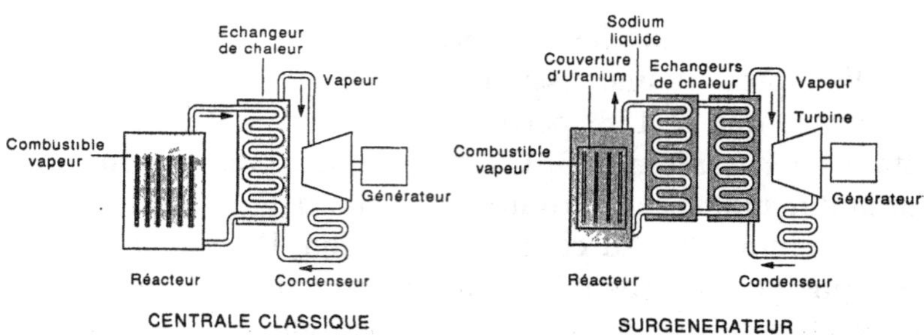

Fig. 30. — Schéma des réacteurs nucléaires.

La technique des surgénérateurs est plus astucieuse, mais plus complexe. Le combustible est mixte : uranium 235 et uranium 238. Sous l'influence de réactions plus rapides, ce dernier isotope donne du plutonium 239 qui se fissionne en dégageant de la chaleur, comme l'uranium 235. Cette réaction se produit déjà dans les réacteurs classiques, mais elle est ici mise systématiquement à profit en déplaçant le seuil d'énergie des neutrons incidents. Dans un réacteur classique, l'uranium 235 est le combustible principal, le plutonium 239 un sous-produit de la réaction. Dans un surgénérateur, l'uranium 235 est le démarreur ; le combustible est le plutonium 239. Ainsi, tout en produisant de la chaleur avec l'uranium 235, si l'on peut faire en sorte que les autres neutrons réagissent avec l'uranium 238, on reconstitue un combustible nucléaire pendant que l'on en consomme un autre. Au lieu d'utiliser le peu concentré uranium 235, on brûle l'abondant uranium 238. Dans ces surgénérateurs, les rendements énergétiques de l'uranium sont multipliés par soixante ou cent !

Les problèmes à résoudre pour réaliser un tel réacteur sont essentiellement d'ordre technique. La chaleur dégagée est si grande que pour la transférer à l'eau des turbines, on ne peut plus utiliser de l'eau sous pression. On se sert de sodium liquide. Or ce produit est corrosif et dangereux, et son utilisation pose beaucoup de problèmes. Par ailleurs, comme ce processus consomme soixante à cent fois plus de produit fissile, il génère beaucoup plus de déchets radioactifs. Mais il multiplie aussi les réserves d'uranium par cent !

C'est donc un procédé astucieux mais dangereux. Tant qu'on n'aura pas résolu tous les problèmes techniques qu'il pose, mieux vaudrait qu'il reste au stade expérimental.

Les réserves d'uranium

L'uranium existe dans le sous-sol terrestre, concentré à l'état de minerais. Le minerai le plus commun de l'uranium est la pechblende (UO_2). Les gisements d'uranium ne sont pas rares. Ils sont de plusieurs types :

— associés aux granites et à leurs dérivés, comme les dépôts de Prain Lake en Ontario, ou Poles au Brésil, ou La Crouzille en France ;

— à l'état de dépôts détritiques où les oxydes d'uranium sont déposés comme des grains de sable. C'est ainsi qu'est constitué le célèbre gisement du Witwatersand, en Afrique du Sud. De tels dépôts ne se trouvent que dans les terrains précambriens très anciens, formés à une époque où l'atmosphère de la Terre était pauvre en oxygène ;

— associés à des dépôts sédimentaires, soit dans des formations charbonneuses comme à Lodève, en France, soit dans des formations de grès comme les célèbres dépôts du Colorado. Ils se sont sans doute formés en deux temps : dépôt de l'uranium, suivi d'une reconcentration secondaire grâce à la circulation des fluides.

Comme pour les autres métaux, on possède une typologie et des guides solides de prospection appuyés sur la tectonique des plaques ou fondés sur les associations avec diverses formations géologiques.

La spécificité de l'uranium réside à l'évidence dans les méthodes de prospection liées à son caractère radioactif. On utilise des compteurs de radioactivité soit au sol, soit à bord d'un véhicule ou d'un avion. Ils permettent de détecter à coup sûr les gros dépôts proches de la surface. Pour les dépôts souterrains, on analyse la radioactivité des eaux de source, on mesure la radioactivité des forages ou bien on détecte le Radon 222, gaz qui est produit dans les chaînes radioactives de l'uranium et qui, comme les gaz pétroliers, migre vers la surface, trahissant la présence d'uranium en profondeur.

De prospections en découvertes, d'estimations en exploitations, de cartographies en inventaires, on a pu établir les réserves mondiales d'uranium et, pour ce qui nous concerne, les réserves françaises. Pour résumer, disons qu'avec la technologie des surgénérateurs, la France a la possibilité de produire son électricité en autarcie pendant au moins 400 ans !

C'est là un paramètre d'indépendance nationale qui doit être pris en considération, même par les adversaires « systématiques » du nucléaire.

Radioactivité et énergie nucléaire

Avant d'aborder le problème essentiel de ce chapitre, celui du risque nucléaire, il est bon de s'arrêter un instant sur la question sous-jacente à cette discussion, qui concerne la radioactivité et l'énergie nucléaire.

A défaut de prendre en compte les aspects psychologiques et émotionnels de ce problème, on ne comprendra pas certains aspects du « débat nucléaire », car, rappelons-le encore une fois, le charbon a tué beaucoup plus de monde que le nucléaire !

La radioactivité est un phénomène dangereux pour ceux qui la manipulent à haute dose. Elle est à l'origine de cancers et, semble-t-il, de troubles génétiques graves. Tous les pionniers de la découverte des radioactivités, que ce soit Marie Curie ou Lise Meisner, sont morts de cancers provoqués par ce phénomène. Ces cancers ont été constatés aussi bien à Hiroshima que chez ceux qui ont travaillé trop longtemps dans les mines d'uranium.

C'est sans aucun doute l'association radioactivité-cancer qui frappe le plus les esprits. D'une part, ils sont liés par une relation de cause à effet ; d'autre part, leur action est progressive, assortie de délais importants. Ils sont le symbole de la mort lente et inexorable. Pourtant, si, à haute dose, les effets de radioactivité sont incontestables, à faible dose on n'en sait rien. Toutes les roches contenant un peu d'uranium, toutes sont plus ou moins radioactives. Cette radioactivité naturelle n'est pas négligeable. Par exemple, celle dégagée par les granites bretons est cent fois supérieure à celle propagée par l'explosion de Tchernobyl dans la vallée du Rhône et qui fit tant de bruit ! Les substances radioactives se désintègrent à un rythme qui ne dépend en rien des conditions chimiques ou du milieu physique dans lesquels elles se trouvent. C'est un processus immuable, spécifique de chaque isotope radioactif. Une sorte d'horloge interne. On appelle *période* le temps que met la substance à perdre la moitié de sa masse. Ces périodes vont de quelques secondes à des milliards d'années. Naturellement, plus la période est courte, plus la substance est « active ».

Ce n'est pas de la désintégration de la substance que vient le danger, mais des radiations qui accompagnent chaque désintégration. Ces radiations sont faites soit de particules (radiations α et β), soit de radiations de type rayons X (rayon γ). De leurs interactions avec la matière vivante naît le danger. Mais de leurs interactions avec des matériaux divers naît la possibilité de neutraliser leur action. Ainsi le plomb, le fer, mais aussi le béton et même l'air font décroître très vite l'intensité de ces rayonnements.

Pour en mesurer l'intensité, on a inventé une unité, le *rem*, commune à tous les types de radiations et qui *mesure l'intensité de rayonnements reçus par kilogramme de matière*.

Un rayonnement de 25 rem sur tout le corps d'un jeune adulte ne produit rien d'observable.

Une dose de 100 rem produit des modifications sanguines sans engendrer de maladie définie.

A 300 rem, les difficultés commencent, mais avec beaucoup de chances de guérison.

A 800 rem, la dose est considérée à coup sûr comme fatale.

Toutefois, ces effets directs doivent être complétés par les effets induits. Une personne qui reçoit 40 rem n'éprouvera pas de grands troubles dans l'immédiat, mais restera sensible au déclenchement d'un cancer par radiations pendant vingt à trente ans.

De même, une irradiation de 1 000 rem en quelques semaines sera fatale à un individu, mais la même dose répartie sur quarante ans ne se traduira par rien de fâcheux.

Un individu reçoit en moyenne 0,1 rem par an par suite de la radioactivité naturelle, chiffre qui peut varier d'un facteur deux. Ceci ne met pas en danger la vie des gens. En fait, si l'on voulait tirer des conclusions hâtives d'une corrélation fantaisiste, on constaterait en France que le taux de mortalité est d'autant plus bas que la radioactivité naturelle est plus élevée. Les régions granitiques (Bretagne et Massif central) ont une radioactivité naturelle élevée, elles ont aussi les plus faibles taux de mortalité, car ce sont celles qui sont le moins urbanisées, où l'hygiène de vie est la meilleure et l'air le plus pur ! La radioactivité à faible dose aurait-elle un effet bénéfique ? Nous n'en savons rien, mais ce n'est évidemment pas en usant de telles corrélations qu'on le démontrera !

Cette radioactivité qui « tue lentement » ne le fait que *si les substances radioactives sont concentrées et sont en contact rapproché avec la matière vivante.* L'inhalation ou l'absorption de matière radioactive est dangereuse, surtout si un organe a tendance à la stocker. Ainsi, l'iode 131 l'est particulièrement, car la thyroïde a tendance à concentrer cet isotope. Les isotopes radioactifs du krypton et du xénon le sont également, car ce sont des gaz facilement inhalables, etc.

A partir d'une dizaine de mètres de distance, la nocivité radioactive décroît très vite.

La terreur qu'inspire si souvent le terme de radioactivité est bien sûr liée à l'effroyable hécatombe d'Hiroshima et de Nagasaki. Des milliers d'hommes et de femmes ont été tués par l'onde de choc ou l'onde de chaleur, mais beaucoup plus encore sont morts des suites des irradiations subies, plusieurs mois ou plusieurs années après.

Qu'on le veuille ou non, les réacteurs nucléaires évoquent ces horreurs. Le Soleil, symbole de l'énergie propre, est pourtant lui aussi un gigantesque réacteur nucléaire, mais il ne connaît pas l'opprobre qui s'attache à l'utilisation militaire de cette énergie.

Prenant acte de tout ce qui précède, ainsi que des dangers réels que la dissémination des produits radioactifs fait courir aux populations, surtout lorsque certains d'entre eux ont des périodes de plusieurs centaines, voire plusieurs milliers d'années, nous pouvons aborder la question du *risque nucléaire.*

Rappelons d'abord que la dissémination peut se faire par l'atmosphère ou par l'hydrosphère, suivant des processus naturels que nous avons évoqués et qui peuvent atteindre des distances considérables.

Les expériences atomiques aériennes — aujourd'hui interdites — et l'accident de Tchernobyl nous ont permis de connaître les lois de dissémination dans l'atmosphère.

Pour ce qui est de la croûte terrestre et de l'hydrosphère, les données sont moins claires, car on ignore en particulier l'action des divers matériaux pour retenir à leur surface les isotopes radioactifs. Une indication intéressante nous est pourtant offerte par le phénomène d'Oklo.

Il y a deux milliards d'années, un réacteur naturel s'est mis en marche à Oklo, au Gabon. La teneur en uranium 235 de l'uranium naturel était à cette époque suffisante pour déclencher une réaction en chaîne, sans doute allumée par la fission ou la radioactivité naturelle de l'uranium 238 ! Ce réacteur fossile a été reconstitué, grâce notamment aux efforts des chercheurs du C.E.A., tel qu'il était : livré à lui-même sans protection, soumis aux eaux souterraines dans le sous-sol. On a pu évaluer les éléments produits par la fission, les processus de dissémination. Or le résultat est surprenant. En deux millards d'années, l'histoire géologique n'a pas réalisé une dispersion de grande ampleur. Il semble que les argiles n'aient retenu les produits fissiles. Certes, il faut se garder d'extrapoler à la légère cette expérience géologique en vraie grandeur, mais elle indique

que la dispersion de produits radioactifs injectés dans le sous-sol n'est peut-être pas aussi grande qu'on le croit.

Là encore, il faut regarder les faits avec objectivité, sans passion, mais sans concession.

Risques et déchets

La première nuisance créée par les centrales nucléaires est ce que l'on désigne par le terme imagé de *pollution thermique*. La centrale n'utilisant que de 30 à 35 % de son débit d'énergie pour produire de l'électricité, le reste se dégage sous forme de chaleur ambiante. La source de chaleur localisée et permanente perturbe le microclimat et, sans doute, le climat à l'échelle régionale. Ses effets précis constituent aujourd'hui un sujet de débat parmi les météorologues.

Ce n'est pourtant pas cette pollution qui mobilise les écologistes. La pollution par substances radioactives peut trouver sa source dans un accident des centrales. Répétons-le encore, car il n'est pas inutile de combattre deux fois cette idée paniquante et inexacte : *même déréglée, une centrale ne peut pas se transformer en bombe.* Mais elle peut *diverger*, c'est-à-dire s'emballer. La température augmente vite, fait fondre les récipients, surchauffe la vapeur d'eau et peut éventuellement conduire à une explosion qui pulvérise les murs et le toit de la centrale, projetant dans l'atmosphère les produits radioactifs, les plus dangereux étant l'iode 131, suivi par les isotopes radioactifs du krypton et du xénon et par ceux du strontium et du césium. C'est ce qui est survenu à la centrale vétuste de

Tchernobyl en avril 1986. Naturellement, des précautions techniques sont prises pour éviter ce genre d'accident. Par exemple, lorsque la température augmente, les barres destinées à ralentir les neutrons sont automatiquement poussées pour décélérer la fission. Les principales difficultés viennent des circuits de circulation, des valves, des pompes ou des effets de corrosion du fluide sur les divers matériaux utilisés. On comprendra sans peine que le problème devienne très sérieux lorsque le fluide est non pas de l'eau sous pression, mais du sodium liquide, extrêmement réactif (si on met un petit morceau de sodium sur de l'eau, on obtient une explosion instantanée !), extrêmement corrosif et dont on se protège mal. Ce qui explique le prix élevé des surgénérateurs, qui doivent utiliser des alliages très sophistiqués, mais aussi leur fiabilité limitée. L'utilisation prématurée de tels types de réacteurs est potentiellement très dangereuse, car la quantité de produits de fission radioactifs y est très grande et un accident correspondrait à un Tchernobyl multiplié par cent !

A ces risques de pollution par accident, il convient de rattacher le danger militaire. Un pays truffé de centrales nucléaires est un pays vulnérable soit aux attaques externes, soit aux attaques internes par sabotage. La multiplication des centrales augmente ce risque. Qui peut garantir que, l'après-midi où la télévision diffuse le match de rugby France-Galles, un terroriste fanatique ne s'introduira pas dans l'une des centrales pour y déposer une bombe, la surveillance risquant de s'y être relâchée ? Des surgénérateurs rassemblés en essaims sur peu de sites diminueraient les risques d'un côté, tout en désignant de l'autre des cibles uniques aux saboteurs.

Mais, au-delà de tous ces dangers, celui qui est sans doute le plus redouté et le plus redoutable est celui des déchets radioactifs. Ils sont produits continuellement, normalement, et constituent les résidus radioactifs et dangereux des centrales. Faute de pouvoir les détruire, il faut les stocker. On se reportera aux figures ci-après pour ce qui est de la nature des produits du réacteur et de leur durée de vie. Disons simplement que les plus dangereux sont les isotopes de courtes périodes, mais que des isotopes dangereux comme le césium 137, le strontium 90, le baryum 137 existent encore passé cinquante ou cent ans, sans parler des technétium 99 et autres antimoine 126 qui survivent pendant des dizaines et des dizaines de milliers d'années.

Il faut donc stocker ces déchets pendant des milliers d'années, et ceci de manière sûre. Comment faire sans menacer nos petits-enfants et arrière-petits-enfants ?

Le stockage

On enferme les déchets dans un verre artificiel. Les baguettes de verre sont empaquetées sous containers en acier. Le tout est stocké dans le sous-sol, dans des formations géologiques solides et aménagées à cet effet. Ce faisant, on isole les éléments radioactifs de la surface ; le sol absorbe les radiations et la chaleur dégagées.

Pourtant, cette solution n'est pas satisfaisante et les écologistes ont raison de se mobiliser contre ces méthodes de stockage. Géologiquement parlant, le sous-sol est le plus mauvais endroit pour stocker des déchets à long terme. Pourquoi ?

Il contient de l'eau qui circule et pénètre tout. Cette eau tiède est extrêmement corrosive et finit par tout altérer, comme l'étude de l'érosion géologique nous le montre bien. Dans le cas qui nous occupe, elle sera d'autant plus active qu'elle sera chauffée par la désintégration radioactive elle-même. Par ailleurs, les verres recristalliseront d'autant plus facilement qu'ils sont atteints par une irradiation de particules. Certes, ces verres sont protégés, mais il y a une probabilité non nulle que l'eau altère les containers en acier et pénètre à l'intérieur. Cette action peut être favorisée par des tassements de terrain ou des changements dans les circuits souterrains de circulation. Bref, à mon avis, peu de réservoirs demeureront intacts durant plus d'un siècle dans les conditions où ils sont enterrés actuellement, que ce soit en France ou aux États-Unis.

Pourquoi diable a-t-on besoin d'enterrer les déchets ? Pour ne pas les voir !

La solution est pourtant fort simple. Il faut *laisser les déchets à la surface et dans un endroit sec*. Un mausolée dans un désert. Sans eau, pas d'érosion, comme nous l'apprend l'étude des pyramides d'Égypte et de leur contenu. A la surface, il est toujours possible de surveiller, voire d'intervenir en cas d'incident. En profondeur, c'est pratiquement impossible. En surface, la surveillance peut en outre se faire de loin, régulièrement, sans danger, par hélicoptère par exemple.

Après quelques siècles de dépôt dans les déserts, il serait toujours temps de compacter les déchets restants, peu radioactifs, et de les déposer dans les grandes fosses océaniques de subduction où ils iraient finir leur vie dans le manteau.

Naturellement, avant de les mettre dans des mausolées, on devra les engluer dans un matériau approprié. Et là, je préfère *Synrock*, la roche synthétique riche en titane que fabrique artificiellement Ted Ringwood en Australie, à tous les verres au bore de la Terre ! Elle est plus résistante et radioactivement plus sûre.

Il faudrait ensuite entourer ces déchets de zones successives de boucliers en béton avec des lames de plomb, de manière qu'à 500 mètres, la dose de radiations soit quasi naturelle. A la surface, il n'y aurait pas de sérieux problème d'évacuation thermique. Le grand avantage du mausolée est d'éloigner les substances radioactives de tout agent de dispersion (eau et vent).

Mais, dira-t-on, il n'y a pas de déserts partout ! Certes, mais il ne faut pas des déserts bien grands. Pour la France, le désert des Agriates, en Corse, ou celui de la Crau, en Provence, seraient amplement suffisants. Et puis, certains pays pourraient « louer » leurs déserts. Ces étendues de sable qui ne servent à rien leur rapporteraient au moins quelque chose.

Que conclure de cet examen du « nucléaire » ?

C'est sans conteste une source d'énergie très attractive, surtout si l'on parvient à maîtriser la technologie des surgénérateurs. Elle assure des réserves quasi illimitées et si l'on retient les solutions préconisées, le problème des déchets apparaît comme maîtrisable.

Pourtant, autant je suis convaincu des potentialités de l'énergie nucléaire, autant je dois reconnaître que nous n'en sommes pas là.

D'abord, parce que les questions techniques liées aux surgénérateurs ne sont pas résolues. Il ne faut pas arrêter Creys-Malville ; il faut considérer Phénix comme un site d'expérience et prendre encore plus de précautions pour éviter les accidents.

Ensuite, parce que la question des déchets est aujourd'hui mal résolue et que nous n'avons aucune garantie de leur non-dissémination à longue échéance.

Dans ce contexte, la pression écologiste est utile pour forcer des technostructures opaques, renforcer les sécurités, résoudre le problème des déchets.

Les énergies de substitution

Il ne faut ni confondre leur importance, ni exagérer leur potentiel. Sans entrer dans les détails, nous en dresserons un inventaire rapide en cherchant à en évaluer l'impact futur.

L'eau et le vent

Nous avons déjà parlé des barrages : c'est une énergie propre qui a longtemps échappé aux critiques, pour nous d'ailleurs largement injustifiées.

Si l'on peut penser que le doublement de cette énergie

est possible dans les pays industrialisés, elle constitue sans doute une réserve importante pour les pays en voie de développement. Des barrages sur les fleuves africains ou d'Asie du Sud-Est devraient constituer des sources d'énergie potentielles pour leur essor futur.

L'énergie des marées est aussi une source d'énergie théoriquement intéressante ; diverses expériences ont été faites. L'usine de la Rance en est un exemple. Malgré tout, cette solution reste très marginale.

Le vent constitue une source d'énergie considérable. En revenant aux moulins de nos anciens, on a tenté d'y adapter la technologie moderne afin d'en faire une source d'énergie du futur. Des usines ont été développées aux États-Unis. Des navires à voile ont été construits. Tout cela reste néanmoins au niveau de l'anecdote intéressante.

L'énergie solaire

Ce n'est pas à proprement parler une énergie nouvelle. Archimède s'en servit déjà pour incendier les vaisseaux romains lors du siège de Syracuse.

La nature l'utilise pour faire fonctionner tout le cycle météorologique de la planète. L'énergie totale que le Soleil libère sur la Terre est considérable : $4 \cdot 10^{24}$ joules par an. Si l'on savait recueillir cette énergie, il suffirait de la collecter sur une surface grande comme la Californie pour satisfaire toute la consommation d'énergie de l'humanité. Malheureusement, cela reste pour l'instant du domaine de la théorie, car on ne sait pas la concentrer de manière efficace. Ce n'est pas faute d'avoir essayé.

Trois techniques sont utilisées :

1. L'ancienne technique des miroirs, celle d'Archimède, avec laquelle on cherche à concentrer l'énergie en un point. Diverses usines ont été construites sur ce principe, notamment celle de Barstow, en Californie.

2. La technique de conversion des cellules photovoltaïques. Certains matériaux éclairés génèrent de l'électricité. A l'échelle industrielle, cette méthode utilisée en Arabie Saoudite ou en Californie reste limitée. C'est en revanche une technique utile pour alimenter les engins spatiaux.

3. La technique chimique. En prenant exemple sur la photosynthèse, on cherche à provoquer des réactions chimiques qui dégagent de l'énergie. Dans cette voie, nul doute que la réaction la plus intéressante est celle que provoque la dissociation de la molécule d'eau en hydrogène et oxygène, la recombinaison de ces atomes pour produire de l'eau étant une réaction qui, spontanément, dégage énormément d'énergie.

Malheureusement, tous ces efforts demeurent pour l'instant du domaine des expériences de laboratoire, et aucun n'a vraiment atteint le stade industriel.

La production d'énergie « essentielle » par le Soleil reste donc du domaine du projet. En revanche, l'utilisation du Soleil comme technique d'appoint pour le chauffage des habitations ou des piscines a fait de gros progrès, même si cet aspect peut être considéré comme marginal.

L'énergie géothermique

Lorsqu'on s'enfonce à l'intérieur de la Terre, la température augmente. Tous les mineurs le savent. Cette augmentation de température avec la profondeur varie de place en place ; elle est plus grande dans les régions volcaniques que dans les bassins. La conséquence la plus visible de ce « gradient géothermique » est l'existence d'eaux chaudes qui, çà et là, jaillissent à la surface.

On a cherché à tirer parti de cette source de chaleur interne et à en faire une source d'énergie.

La première méthode, la plus simple, consiste à exploiter les eaux chaudes naturelles, soit pour le chauffage urbain, soit, si la température est suffisante, pour produire de l'électricité. Des travaux déjà importants effectués en ce domaine, on peut tirer un certain nombre de conclusions. Dans les régions à volcanisme actif, la géothermie constitue une source d'énergie importante. C'est le cas en Islande, en Nouvelle-Zélande ; ce pourrait être le cas en Guadeloupe et en Martinique si l'on désirait vraiment développer ces départements.

Dans les autres régions, la géothermie classique n'est qu'une source d'énergie minime. Les tentatives pour chauffer des appartements avec l'eau profonde du Bassin de Paris ont coûté plus cher en réparations de tuyauteries trouées par la corrosion qu'elles n'ont fait faire d'économies. Les expériences réalisées à Salton Sea, aux États-Unis, se sont heurtées aux mêmes problèmes.

Comme source d'énergie d'appoint, par exemple pour entretenir des serres ou chauffer des édifices publics, la géothermie pourrait être utilisée plus systématiquement. Dans le Massif central, par exemple.

Il faudra sans doute attendre que l'énergie soit plus chère pour déclencher un mouvement en ce sens et vaincre des habitudes séculaires.

La seconde méthode est celle dite de la roche sèche. On n'utilise pas l'eau chaude naturelle, on la fabrique. On injecte de l'eau froide en profondeur ; la chaleur locale la vaporise, et on récupère la vapeur pour actionner des turbines. Le principe est simple. La mise en œuvre nécessite une fracturation hydraulique en profondeur efficace, technique que l'on est encore loin de maîtriser. Cette méthode en est elle aussi au stade expérimental.

La fusion nucléaire

Au lieu d'opérer la fission de noyaux atomiques lourds et de récupérer l'énergie ainsi libérée, on peut se proposer de fusionner les noyaux atomiques légers. Cette fusion produit de l'énergie en quantité considérable. C'est cette énergie qui alimente le Soleil et la plupart des étoiles. C'est donc la source d'énergie la plus répandue dans l'Univers.

Le problème n'est pas ici théorique, mais pratique et technique. Comment domestiquer cette énergie ?

L'homme a appris à l'utiliser, mais à des fins meurtrières. C'est le principe même des bombes thermonucléaires. Suivant le même trajet que pour les réactions de fission, l'homme voudrait passer là encore de l'atome militaire à l'atome civil et produire de l'énergie de cette manière.

La fusion de l'hydrogène pour produire du deutérium, puis de l'hélium 3 à 4, dégage une quantité d'énergie considérable et ne produit *aucun déchet*. La source d'énergie, l'hydrogène, existe sans limites, le rendement énergétique est excellent, la gestion des déchets nulle. Voilà la source d'énergie idéale !

Oui, mais on ne sait pas déclencher ces fusions de manière calme, non explosive.

La technique d'origine soviétique des *Tokomak* fait l'objet de beaucoup de recherches mais, pour l'instant, sans succès décisifs.

On a cru un moment à la technique de la fusion froide, deux chimistes ayant prétendu l'année dernière l'avoir mise au point. Peine perdue : c'était une erreur d'expérience !

Nous en sommes donc au stade de l'attente, avec espoir mais sans certitude, car dans le domaine de la découverte scientifique, il n'existe aucune garantie de succès !

Que conclure sur l'énergie ?

De manière globale, nous ne sommes pas près de manquer d'énergie ! Encore faut-il définir une stratégie raisonnable qui permette de réduire les nuisances et qui n'accroisse pas les extraordinaires déséquilibres entre le Nord et le Sud.

Tentons de définir les axes de ce que pourrait être cette stratégie, en tournant le dos à la fois à l'attitude productiviste irresponsable et au projet irréaliste d'arrêter le progrès de la civilisation. L'idée d'une attitude responsable et écologiste doit faire son chemin !

1. Économiser le pétrole. C'est nécessaire pour deux raisons. La première est que la matière première qu'il constitue deviendra de plus en plus précieuse. La seconde est qu'il est responsable de l'un des dangers les plus importants : la détérioration de l'air des villes. En un temps où l'urbanisation se généralise, ce serait une grande erreur de ne pas faire des villes la première priorité écologique. Une solution simple permettrait d'y parvenir : développer en ville la voiture électrique. Une stratégie pour l'imposer : limiter la vitesse urbaine à 45 ou 50 km/h.

Densité du parc automobile à travers le monde			
Région ou pays	Densités (habitants par voiture)		Parc en 1986 (millions de véhicules)
	1970	1980	1986	
États-Unis	2	1,9	1,8	135
Europe occidentale ..	5,2	3,3	2,8	125
Océanie	4	3,3	2,8	125
Canada.........	3	2,6	2,2	11
Japon	12	4,9	4,2	29
Afrique du Sud.....	12	12	11	3
Europe orientale....	36	12	11	3
Amérique latine	38	18	15	26
Union soviétique....	147	32	24	12
Asie	196	95	62	12
Afrique.........	191	111	110	5
Inde	902	718	554	1,4
Chine...........	27 704	18 673	1 374	0,8
Monde	18	14	12	386

2. Continuer à utiliser l'énergie nucléaire classique, mais en mettant en œuvre un programme de stockage des déchets conforme à celui que nous avons esquissé. Il faut être ferme dans la défense du nucléaire civil, mais il faut être vigilant sur les conditions de son exploitation. Dans le même esprit, il faut affirmer que les surgénérateurs doivent pour l'instant rester du domaine de l'expérimentation et qu'il convient donc de renforcer autour d'eux les mesures de sécurité.

3. Développer les économies d'énergie de toutes natures en même temps que les sources d'énergie auxiliaires (solaire, géothermique). Les paramètres locaux doivent être mis à profit pour tirer le meilleur parti des diverses sources d'énergie qui recèlent aussi leurs nuisances. Les panneaux solaires noirs sur les toits sont-ils très esthétiques ? Les vapeurs des usines géothermiques sont-elles agréables pour l'environnement immédiat ?

4. Mettre en place un vigoureux programme de développement énergétique des pays en voie de développement en l'orientant vers des sources d'énergie spécifiques (hydrauliques, géothermiques) tenant compte des conditions locales.

5. Intensifier les programmes de recherches dans les domaines de la gazéification du charbon *in situ* et de la fusion nucléaire. La première parce qu'elle peut à terme constituer un substitut au pétrole, la seconde parce que c'est, sans conteste, la source d'énergie propre de l'avenir.

Comme on l'a vu, nous ne nous inscrivons pas pour l'instant parmi les tenants d'une lutte sans merci contre l'« effet de serre », car son existence nous paraît problématique. Mais la stratégie que nous préconisons se situe dans la ligne d'une réduction progressive de l'utilisation du pétrole et des charbons, dont la nécessité ne prête pas à contestation.

10

Le contrat mondial

L'examen rapide mais attentif des problèmes qui se posent aujourd'hui à notre planète a permis d'esquisser une vision nouvelle grâce à laquelle la barrière existant traditionnellement entre phénomènes naturels et phénomènes liés à l'homme s'estompe. Hier encore, la géologie, science de la Terre et de son évolution, dont les échelles de temps étaient le million ou le milliard d'années, ignorait l'influence de l'homme sur le déroulement des phénomènes qu'elle étudiait. Réaliser que l'homme charrie autant de sables et de graviers que les fleuves revient à constater qu'il constitue un nouvel agent géologique. Envisager l'hypothèse d'une modification climatique due à l'homme, c'est lui assigner une place d'agent cosmique au même titre que les fluctuations de la rotation terrestre. Calculer que l'homme peut libérer par une explosion nucléaire une énergie soudaine aussi importante qu'une éruption volcanique ou un cyclone aboutit à le situer parmi les facteurs potentiels de transformation de la planète.

Les sciences de la Terre auront donc connu la plus extraordinaire mutation de leur histoire en moins de vingt années :

La *tectonique des plaques* leur a fait découvrir le concept de globalité des phénomènes géologiques, en même temps qu'elle fournissait un cadre explicatif cohérent à des phénomènes très divers, du volcanisme à la formation des reliefs, des séismes à la naissance des océans.

L'*exploration planétaire* aura permis de situer notre Terre au milieu de ses semblables. Nous savons désormais que nous sommes seuls de notre type dans le système solaire ; mais nous savons également que si, par malheur, nous mettions en péril notre planète, aucune autre ne pourrait nous accueillir, à supposer même que nous ayons résolu le problème du transport interplanétaire de masse ! Aucune autre planète du système solaire n'est en effet habitable.

Ces deux approches ayant souligné la globalité des phénomènes terrestres, il n'en fallait pas plus pour que des disciplines traditionnellement éloignées les unes des autres se rapprochent : météorologues et géochimistes pour fonder la climatologie ; océanographes et géochimistes pour élaborer une vision globale et moderne de l'océan ; hydrogéologues, géophysiciens internes, océanographes et météorologues pour constater que la dynamique des fluides et la chimie sont les deux dénominateurs communs des sciences de la Terre. Météorologues, océanographes et hydrologues, tous praticiens de la mécanique des fluides, s'employèrent donc à découvrir la chimie. Quant aux spécialistes de la terre solide qui commençaient à utiliser l'approche géochimique, ils durent constater que, pour comprendre les mouvements du manteau ou l'origine du champ magnétique situé dans le noyau, il leur fallait faire appel à la mécanique des fluides très visqueux.

Ainsi une unification des concepts s'est-elle amorcée. Mais pendant que ces rapprochements encore timides et partiels commencent à fonder ce qui sera peut-être une Géoscience, l'homme a fait son apparition dans le champ, devenant agent géologique, acteur climatique, émetteur géochimique. Il perturbe tout, il influence tout. Il accélère d'autant plus le rapprochement des disciplines, amenant les sciences de la planète au cœur même des préoccupations sociologiques, psychologiques ou politiques de nos sociétés.

Les sciences de la Terre seront-elles les sciences du XXIe siècle, comme le pense Michel Serres ? Replacer l'aventure humaine et ses conséquences pour l'environnement dans la perspective de l'histoire géologique permet d'en préciser la dimension et la portée.

Vers − 3,5 milliards d'années, la vie est apparue sur Terre. Comment, nous n'en savons rien. Elle a aussitôt commencé à en modifier l'atmosphère. La synthèse chlorophyllienne a permis d'y introduire petit à petit de l'oxygène, cependant que la précipitation des algues calcaires fixait solidement son excès de gaz carbonique. La vie a alors pris son essor. Cette vie, composée de millions d'espèces, de milliards d'individus, s'est diversifiée et a évolué. On sait depuis Darwin que le milieu a joué un rôle décisif dans les processus d'évolution des espèces. Ce rôle est lié à deux maîtres mots : adaptation et sélection naturelle. La faculté de se reproduire plus vite ou de mieux survivre à la compétition a fait émerger les espèces les mieux adaptées. L'étude des périodes de crises géologiques, en particulier de la transition crétacé-tertiaire, a montré que ces mécanismes de sélection pouvaient conduire à ses changements rapides et brutaux. L'évolution biologique n'est pas un processus uniforme et continu. Elle a ses périodes d'accélération, de crises et ses longues phases de repos.

Ainsi, il y a 65 millions d'années, on sait qu'en quelques centaines de milliers ou quelques millions d'années ont disparu de la planète des milliers d'espèces aussi visibles et dominantes que les dinosaures sur terre et les amonites en mer. On ne sait pas encore très bien quelle fut la cause de cette crise : événement cosmique, comme la chute d'une comète, ou éruption volcanique géante comme celle des *Trapps* du Dekkan ; mais, en définitive, peu importe. On sait que le climat de la Terre a alors brutalement changé et que la faune et la flore se sont modifiées. On sait également que la vie dans son ensemble a toujours résisté à ces crises, mais en modifiant radicalement la nature et la répartition des espèces vivantes. Est-ce parce que la vie sait s'adapter à toutes les situations, même les plus rudes, ou est-ce parce que l'ensemble des êtres vivants assurent une régulation naturelle des conditions physiques, en particulier thermique, comme le pense Lovelock ? Sans doute les deux.

Pourtant, à travers les vicissitudes de l'évolution biologique, à travers les crises cataclysmiques ou climatiques qui ont ponctué l'histoire géologique et ont accéléré les grands changements écologiques, il a fallu attendre 3,5 milliards d'années pour qu'apparaisse l'Homme. Où ?

Sans doute du côté de l'Afrique. Quand ? Sans doute il y a quatre millions d'années.

De cette période archaïque dont nous ne savons que peu de choses — quelques ossements épars ne peuvent tout dire ! — s'est petit à petit extrait cet homme industrieux, puis industriel, sur qui nous savons beaucoup.

Va-t-il en quelques brefs instants géologiques — qu'est-ce que cent ans, comparés à trois milliards d'années ; une seconde, comparée à une année ? — bouleverser la planète et son devenir ? Va-t-il détruire en ces quelques instants les équilibres qui ont mis tant de temps à s'établir ?

Qui survivrait à une telle crise ? L'homme lui-même ? Une autre catégorie d'êtres vivants mieux adaptés ou mieux adaptables, comme le sont peut-être les insectes ? Ou bien aucun être vivant ?

Telle est la question qui est scientifiquement posée et que nous nous posons désormais. Produit ultime (?) ou tout au moins le plus sophistiqué de l'évolution biologique, l'Homme va-t-il se détruire lui-même et entraîner dans cette destruction tous les êtres vivants de la planète ?

Science avec conscience

Science sans conscience n'est que ruine de l'âme, disait Montaigne ; mais conscience sans science a tué beaucoup de vies..., répond en écho Jean Bernard.

Le dilemme est bien là.

L'écologie peut-elle n'être qu'un cri de révolte contre l'exploitation anarchique de la planète ?

La science de la Terre peut-elle rester figée dans ses

modèles, ses calculs et ses méthodes, sans prendre parti dans le grand débat qui concerne la survie de l'espèce ?

C'est pour dépasser ce qui ne doit plus être une contradiction que nous avons écrit ce livre. Science avec conscience veut d'abord dire rigueur et humilité. Rigueur dans les raisonnements, humilité devant les faits, mais plus encore devant l'étendue de notre ignorance.

Car, il faut le dire bien fort : nous sommes encore loin d'en savoir assez sur la planète Terre pour pouvoir prendre des décisions efficaces en connaissance de cause. Nous sommes dans la situation où il faut prendre des décisions *dures* dans un contexte de connaissances *friables*. Cela n'exclut ni de prendre les décisions ni de savoir qu'elles seront fondées sur des bases fragiles.

Quels sont les principaux domaines où il nous faut encore progresser ?

D'abord et avant tout, le *cycle du carbone* et ses conséquences climatiques. J'avoue que je ne suis pas totalement convaincu par les arguments de ceux qui pensent que l'homme accélère l'« effet de serre ». En l'état actuel de la discussion, l'augmentation de température constatée me paraît plutôt relever de causes naturelles. Quel est le rôle exact des forêts ? des sols ? de l'océan ? Quelle est la part du gaz carbonique et de la formation des nuages dans la détermination du climat ? Autant de questions pour l'instant sans réponses. Dans le même ordre d'idée, il serait sans doute utile de se pencher sur le cycle de l'azote et du soufre, en relation avec l'activité industrielle. Leur étude nous réserverait peut-être des découvertes surprenantes.

Le second objectif de recherches concerne l'*eau*, l'ensemble de son cycle, mais plus particulièrement sa partie continentale. Quelles sont les réserves profondes ? Comment mieux utiliser l'eau en irrigation ? Comment minimiser sa pollution et protéger ses réserves ? Comment les nuages et le fameux rapport cirrus/stratus se forment-ils ?

Troisième sujet d'études : les *déchets*. Comment les recycler, comment les éliminer, qu'il s'agisse des déchets domestiques ou des déchets nucléaires et industriels ?

Quatrième sujet : l'*érosion*. Il nous faut mieux comprendre ses mécanismes, et, par là même, les méthodes destinées à en diminuer la vitesse. Quels végétaux doit-on planter ? Quels ouvrages d'art faut-il construire ? Nous avons besoin de mieux connaître non les grands principes, mais leurs mécanismes intimes, les paramètres exacts qui les gouvernent et leur variabilité en fonction des lieux et des climats. A partir de là, il nous faudra comprendre comment se développent les réseaux fluviatiles. Comment prévoir et éviter les inondations ? Autant de questions pour lesquelles on ne possède aujourd'hui que des réponses trop générales.

Cinquième sujet : l'*océan*. Nous ne savons de lui que peu de choses, aussi bien sur sa circulation, sa chimie, que sur sa biologie. Quelles sont les réserves réelles de poissons ? Quelle est la vitesse de dispersion d'un polluant dans telle ou telle situation ? De quelle manière l'océan absorbe et relâche-t-il les gaz atmosphériques dissous ?

Sixième sujet : les *catastrophes d'origine interne*. Mieux comprendre les éruptions volcaniques, chercher à prévoir les tremblements de terre, ces objectifs ne sont plus hors de portée de la science moderne, à condition d'y consacrer les moyens financiers et humains adéquats.

Septième sujet : produire, grâce aux techniques du génie

génétique, des espèces vivantes susceptibles de contribuer à améliorer l'environnement. Cela concerne aussi bien les feuillus à pousse rapide que les semences résistantes aux rayonnements ultraviolets, ou les bactéries mangeuses de pétrole ou d'ordures, ou les espèces agricoles dont la croissance ne requiert ni pesticides ni engrais et dont les rendements sont élevés. Un *génie génétique écologique doit être vigoureusement développé.*

Huitième sujet : la *toxicologie* de l'environnement, autrement dit l'étude de son rôle dans le développement des divers troubles respiratoires, allergiques, immunitaires, etc., en fonction des régions, des climats ou microclimats, des comparaisons villes-campagnes, de la qualité de l'atmosphère, étude nécessitant une combinaison des approches géochimiques et toxicologiques telle que celle que nous avons évoquée au début de ce livre.

Sans parler bien sûr des recherches liées à *l'énergie* et aux *matières premières* : de la fission au moteur de voiture à hydrogène, ou des économies d'énergie à l'exploitation des gisements minéraux à basses teneurs.

Ce rapide et vaste inventaire, qui est pourtant loin d'être exhaustif, montre que sur pratiquement tous les sujets que nous avons abordés, nous avons besoin d'accroître nos connaissances, à la fois dans le domaine fondamental et sur les questions touchant certains développements technologiques (je pense par exemple à la voiture électrique ou à l'agriculture sans engrais).

La technologie moderne et les progrès de la connaissance dans les domaines fondamentaux nous donnent aujourd'hui les moyens d'aborder ces problèmes avec de bonnes chances de succès : ordinateurs géants pour accumuler les données et modéliser, satellites d'observation et de communication, méthodes d'analyses modernes automatiques, science des systèmes complexes, biologie moderne, etc. A vrai dire, il n'est pas de domaine de la connaissance ou de la technologie que l'on ne puisse mobiliser pour un tel programme. Tout sera-t-il fait pour y parvenir ? Sans tomber dans la mégalomanie des « grands programmes », où l'on dépense des milliards de francs sans prendre la peine de faire émerger des idées originales, la recherche scientifique en environnement a besoin de moyens, mais elle a plus encore besoin de talents individuels imaginatifs, capables d'analyser, de modéliser, de simplifier et de comprendre le système complexe qui s'appelle Terre.

Mais si des efforts de recherche scientifique sont indispensables, ils ne sauraient constituer des alibis pour ne pas agir sur-le-champ. Nous ne pouvons pas toujours attendre d'en savoir plus pour intervenir. Il nous faut aussi agir immédiatement. C'est d'ailleurs déjà le cas dans un certain nombre de domaines, mais il faut amplifier notre action.

Le problème est de définir des priorités, des domaines dans lesquels l'action est immédiatement possible en dépit d'un contexte où règnent des incertitudes scientifiques majeures, celles d'une science « friable ».

Les risques sont tels, pense Michel Serres, que nous n'avons pas le droit de ne pas agir dans les domaines où une lourde menace pèse sur la planète entière, comme dans le cas du gaz carbonique et de la « couche » d'ozone, même si cette menace n'est pas réelle. Avec un raisonnement d'une logique très compacte, l'auteur du *Contrat naturel* fait remarquer que si nous agissons « pour rien », ce ne sera au fond pas très grave, alors que si nous n'agissons pas, nous risquons la catastrophe, autrement dit la disparition de l'espèce humaine.

Le dilemme est à mon avis moins simple.

Si l'on suit les scénarios les plus alarmistes, il faut « arrêter » au plus vite l'« effet de serre ». Compte tenu des effets de délais, les conséquences risquent de se révéler catastrophiques d'ici dix ou quinze ans, et ce, de manière peut-être irréversible. Mais arrêter l'« effet de serre » signifie arrêter sur-le-champ les voitures, les centrales thermiques, les feux de forêt, etc. Qui peut penser sérieusement que le monde soit en état de le faire ? Et rapidement !

C'est d'ailleurs l'inverse qui se produit : alors que se multiplient les conférences internationales sur l'« effet de serre », on n'a pas pris la moindre mesure pratique pour modifier le cours des choses ! En revanche, lorsque notre pétrole est menacé, l'Occident se mobilise en quelques jours dans le Golfe !

Au demeurant, cette approche est non seulement inopérante, mais, si on la systématisait, elle placerait le monde à la merci de théories scientifiques hautement conjecturales, mais bien relayées par les médias. Sous prétexte de dangers potentiels, on arrêterait tout et n'importe quoi. Demain, la montée du méthane en inquiètera quelques-uns et l'on devra arrêter sa source de production la plus importante, les rizières du Sud-Est asiatique !... Après-demain, les oxydes d'azote se feront menaçants pour d'autres et l'industrie de l'ammoniaque devra précipitamment fermer ses portes...

Nous suggérons une autre stratégie. Plus douce, mais sans doute plus efficace. Attaquons-nous d'abord aux problèmes qui ne donnent pas lieu à des polémiques scientifiques trop aiguës, où le danger est bien identifié et pour lesquels les moyens de lutte existent.

Dans ce cadre, l'*eau*, sa qualité, ses réserves, constitue sans conteste la première priorité.

L'*air des villes*, sa qualité, l'étude minutieuse des effets toxiques qui s'y développent, voilà la seconde urgence.

L'élimination et l'utilisation des *déchets urbains* est une troisième priorité claire.

La *lutte contre la pollution de l'océan et des zones côtières* nous semble aussi un problème bien identifié.

Pour le reste, nous ne préconisons pas de nous en tenir à une stratégie de l'immobilisme. Une réduction progressive de la circulation des automobiles à essence doit être entreprise dès à présent, assortie du développement de ses substituts : la voiture électrique ou le moteur à hydrogène qui dégagerait de la vapeur d'eau et non plus du gaz carbonique. Un programme mondial de reboisement systématique doit être mis en œuvre. L'élimination des C.F.C. doit être poursuivie. La mise en chantier du stockage des déchets nucléaires dans les déserts doit être programmée.

Il faudra amener les gens à prendre conscience des dangers, mais également à réaliser ce que ces mesures coûteront à tout un chacun et les amener à accepter ces coûts.

Cette technique des petits pas, pour être douce, n'en doit pas moins être menée avec fermeté et opiniâtreté.

Économiser la planète

L'écologie planétaire

L'écologie est la discipline scientifique qui a pour objet l'étude des relations de l'ensemble des êtres vivants avec leur milieu. Cela inclut naturellement l'influence du milieu sur les processus de sélection naturelle, la compétition entre individus et entre espèces, donc l'évolution biologique au sens large mais, réciproquement, cela concerne l'influence que les êtres vivants exercent sur le milieu physique, que ce soit l'air, l'eau, le sol ou la température.

Bien que l'on soit loin de maîtriser les problèmes fondamentaux que ces études nous posent, bien que son développement ait été trop longtemps négligé au profit de disciplines plus « nobles » — comme la biologie moléculaire ou médicale —, des résultats importants ont été obtenus par l'écologie depuis vingt ans, tant en ce qui concerne les équilibres entre espèces, la coévolution ou les transferts d'énergie dans un biotope donné. A partir de là, force est d'extrapoler et d'évaluer en quoi l'homme modifie ces équilibres séculaires établis entre les populations d'êtres vivants et la nature. D'où ces cris d'alarme : la forêt tropicale est en péril, l'ours des pyrénées est en voie de disparition, les réserves de poissons dans l'océan s'épuisent, le Babiroussa est menacé, la diversité biologique est en train de s'appauvrir...

La tendance actuelle est de réagir, à tout, de considérer chaque danger comme l'alarme d'une catastrophe écologique, voire planétaire, irréparable.

Peut-on dire que si chacun de ces problèmes ont leur intérêt, leur solution n'a pas le même « poids » écologique ?

Nul ne souhaite la disparition du tigre blanc de l'Himalaya ou du rhinocéros et nous devons chercher à préserver ces espèces rares, mais qui, d'un point de vue écologique, ont une influence nulle. Si leur nombre d'individus est parvenu au-dessous du seuil critique de survivance c'est que ces espèces ne sont guère adaptées au monde actuel (et dans lequel bien sûr il y a l'homme). A chaque époque de l'histoire terrestre, des espèces nouvelles sont apparues, d'autres ont disparu. Processus évolutif normal. Pourquoi en serait-il autrement aujourd'hui même si le prédateur principal est redoutable ?

Pour ce qui est de la forêt tropicale ou des réserves marines de poissons, les questions sont autres car elles touchent les grands équilibres de la planète. L'un, celui du CO_2, l'autre, l'équilibre de l'océan ainsi que nos réserves alimentaires. Un effort important doit être fait pour savoir ce qui se passe exactement et il est sage, en attendant, de « limiter les dégâts » en ralentissant les hécatombes d'arbres ou de thons.

Dans d'autres cas la situation est plus claire encore comme en ce qui concerne les feuillus en montagne où leur élimination induit une augmentation de l'érosion des sols et des crues. L'action écologique est impérative. Tout cela doit se situer bien sûr dans le cadre de la préservation de cette fameuse diversité biologique, celle-ci est sans doute un bien précieux, bien que les raisons exactes de cette préservation soient loin d'être rigoureusement établies. Dans le passé géologique, la diversité biologique a fluctué et a diminué lors de périodes de crises importantes (nous avons cité celle de la limite Crétacé-Tertiaire), il n'en est pas résulté de désastres (sauf pour les espèces comme les dinosaures qui ont disparu !) mais un renouvellement général de la faune et de la flore. Peut-être en sera-t-il ainsi demain ? L'homme en est-il la cause ? Peut-être, mais comment l'homme n'influencerait-il pas l'évolution biologique de la planète tout comme les mammifères ont accéléré la disparition des survivants des grands reptiles du secondaire ?

Vouloir que l'homme ne joue aucun rôle dans l'évolution biologique de la planète c'est l'extérioriser et, dans une certaine mesure, le sacraliser. L'homme appartient à la planète. Il y joue un rôle majeur, fait évoluer les équilibres biologiques qui lui préexistaient. Quoi de plus naturel ? Bien sûr il ne faut sans doute pas que cette action accélère trop ces processus d'évolution écologique et en particulier modifie les constantes de temps d'évolution qui, du million d'années, deviendraient décennales, mais il ne faut pas pour autant chercher à annuler son rôle ou le considérer comme anormal. Au risque de manipuler un peu le paradoxe, on pourrait presque dire qu'une *écologie* qui ne se préoccupe que d'annuler l'influence de l'homme pour qu'il puisse continuer à bénéficier de sa planète est une philosophie antinaturelle et *antiécologique* !

Dépassant ces questions, ne faut-il pas réfléchir parallèlement aux mutations profondes qui sont en train de bouleverser notre manière d'aborder les sciences de la Terre, notamment en les liant plus étroitement aux sciences de la Vie ?

La Terre apparaît désormais comme un système global, avec ses grands réservoirs — l'atmosphère, l'hydrosphère, la lithosphère, la biosphère — qui échangent matière et énergie par des voies multiples et complexes. Recevant du

Soleil une certaine quantité d'énergie, ce système la répartit de façon à fixer une température de surface, à provoquer les mouvements de l'air et de l'océan, à perpétuer et développer la vie. Nul doute que la logique des systèmes complexes, avec ses boucles de rétroactions et ses interactions multiples, ses lois non linéaires, ses phénomènes d'instabilité ou de chaos, doive s'appliquer à ce « système Terre ».

C'est une nouvelle écologie planétaire que nous allons devoir développer, où s'associeront les études portant sur les cycles géochimiques des éléments — carbone, azote, soufre, phosphore, mais aussi fer, plomb ou mercure — et l'examen global de l'évolution de la matière vivante, de la diversification et de l'évolution des espèces. Les simulations sur ordinateurs nous ont déjà fait entrevoir comment les effets de compétition entre espèces pouvaient conduire à des évolutions de population, faisant alterner périodes d'équilibre et périodes de changements radicaux. Ces études nous indiquent des voies de recherches, mais, pour l'heure, ne nous fournissent pas de réponse à la grande question : tous ces équilibres interconnectés, enchevêtrés, concourent-ils à stabiliser l'ensemble, ou peuvent-ils évoluer vers des états totalement différents qui seraient caractérisés, par exemple, par la disparition de l'espèce humaine ? Question que se sont sans doute posée à leur manière toutes les générations humaines depuis qu'elles existent...

La question de l'interaction entre la biosphère et les systèmes physiques de l'atmosphère et de l'océan n'est pas moins importante. La régulation du thermostat terrestre est-elle un phénomène purement physique ou implique-t-elle la biosphère ? comment le couplage a-t-il lieu ? Par les plantes à chlorophylle, sans doute ; par les bactéries, peut-être ; encore faudra-t-il mesurer et quantifier tout cela.

Géochimie planétaire et écologie planétaire devront à un moment donné se rejoindre pour fournir une description globale du « système Terre ». *Gaïa* ne peut se satisfaire des intuitions de Lovelock et n'être le sujet que de débats académiques. Il y faudra désormais des données aussi solides que celles que nous possédons sur le plomb ou le gaz carbonique pour évaluer le rôle exact de la forêt tropicale, du plancton océanique, des bactéries des sols sur l'évolution des grands équilibres de l'atmosphère ou de l'océan. C'est là, sans nul doute, la tâche difficile et exaltante qui attend les sciences de la Terre de demain.

Dans cette approche écologique globale, il nous faut désormais inclure l'être humain, agent planétaire déterminant. Il n'y a plus désormais la nature d'un côté, l'homme de l'autre. Il y a la planète dans laquelle l'homme est totalement inclus, intégré.

A première vue, une telle inclusion ne pose pas de problème aux scientifiques. L'espèce humaine est une espèce comme une autre, produit de l'évolution biologique ; elle est en compétition évolutive avec les autres espèces, elle leur dispute territoire et nourriture, elle cherche à s'adapter et à se reproduire mieux qu'elles. D'un point de vue global, l'homme consomme de l'énergie, produit des déchets, utilise des produits naturels, modifie le milieu dans lequel il vit, bref, agit comme tous les êtres vivants de la planète, même si son activité et son agressivité est plus importante et sa propension à polluer plus grande. Dans une description de la Terre par « grands réservoirs », il y aurait peut-être lieu d'adjoindre à la traditionnelle biosphère une *anthroposphère*, équivalent de la « noosphère » chère au père Teilhard de Chardin, mais dans laquelle on inclurait non seulement l'homme biologique lui-même, mais tous ses artefacts, ses industries, ses élevages et cultures.

Pourtant, à y regarder de plus près, cette inclusion de l'homme dans l'approche globale de l'évolution planétaire, si elle ne pose pas de problèmes d'ordre technique, change la nature même de l'activité scientifique. L'homme ne se contente pas d'observer, d'étudier, de comprendre. Il agit, et dans cette action intervient bien sûr ce qu'il sait, ce qu'il a appris dans les sciences de la Planète comme ailleurs. La connaissance sert désormais à l'action et l'action modifie le système même qui est objet d'étude.

Aucune observation de l'évolution terrestre ne sera désormais neutre, extérieure, puisqu'elle se traduira d'une manière ou d'une autre dans l'action future. Le chercheur en sciences de la Terre devient médecin. Spectateur hier, il est acteur aujourd'hui. Il ne pourra désormais plus comprendre sans influencer le système même qu'il étudie. Les sciences de la Terre rejoignent ainsi les sciences de l'Homme où l'immersion dans le système est une donnée de base et où toute connaissance induit une action.

Le rêve des écologistes militants d'en revenir aux temps où l'homme ne troublait pas la nature, où il pouvait s'y glisser sans la modifier, doit être abandonné. L'homme est là. Quoi qu'on fasse, il perturbe la planète.

Mais si cette approche efface les limites entre sciences de la Nature et sciences de l'Homme, elle estompe aussi les barrières entre science fondamentale et science appliquée. Il n'est plus possible de comprendre sans agir, de découpler la cognition de l'action, le fondamental de l'appliqué. Là encore, une mutation profonde s'introduit dans notre manière de penser.

Hier, la démarche était simple. D'un côté, la nature, ses équilibres, ses cycles, ses ressources inépuisables ; de l'autre, l'homme qui exploite cette nature. Ce qui règle l'évolution de la nature, c'est l'harmonie, les équilibres, la stabilité temporelle. Ce qui décrit l'évolution de l'homme, c'est le progrès, le développement, les besoins, les profits. L'équilibre, d'un côté ; l'évolution irréversible et la croissance, de l'autre.

C'est pourquoi les premières tentatives visant à intégrer l'homme dans le circuit naturel, comme la démarche du Club de Rome, ont commencé par préconiser un arrêt du progrès : halte à la croissance ! L'homme doit rentrer dans la logique de la nature, celle de l'équilibre, de l'état stationnaire. Il doit donc modérer son besoin de progrès, de développement. S'il faut modifier la logique de l'homme pour mieux l'intégrer à celle de la matière, c'est en mettant un terme à son « extraterritorialité », c'est en faisant de la démarche du progrès humain un processus cyclique où l'on se préoccupe des besoins mais aussi des nuisances, et où l'on réalise que la Terre n'a ni ressources infinies ni pouvoirs purificateurs sans limites.

Hier, la démarche de l'homme revenait à dire : j'ai besoin de la Terre, je la prends, je l'exploite. J'ai besoin de rejeter des déchets dans l'air ? Je le fais. L'homme exploitait la planète. Il doit désormais la gérer. La gérer comme un bien, comme son unique bien. Et cela avec toutes les techniques de gestion qu'il a su développer pour satisfaire d'autres besoins. Mais si l'homme doit désormais s'intégrer à la marche de la planète, substituer un mode d'action cyclique et contrôlé à sa pratique sauvage d'exploitation sans retenue, il ne peut le faire que si cette démarche tient compte de l'organisation humaine elle-même, c'est-à-dire de la société.

Il existe un courant de pensée écologique qui exclut la société et, par là même, les problèmes sociaux. L'humanité est considérée par elle comme un simple agglomérat d'individus. Face à l'anthroposphère, la nature. Dialogue direct homme-nature...

Or, pas plus qu'on ne peut négliger les lois biologiques qui organisent la biosphère, on ne peut ignorer celles qui organisent les sociétés humaines. Nous devons intégrer la nature dans ces sciences que sont l'économie, la sociologie, l'ethnologie. Comme nous devons intégrer la sociologie, l'histoire et les sciences humaines dans les approches écologistes.

La réprobation des écologistes contre les chasseurs de palombes gascones illustre bien cette distanciation avec les faits sociaux, historiques et psychologiques. Pour défendre les palombes dont l'espèce n'est pas menacée, ils piétinent un droit ancien, conquis sur les seigneurs depuis le Moyen Age. La chasse sera-t-elle réduite à la chasse au tigre, réservée aux princes qui nous gouvernent? Je le dis sans passion aucune, n'étant pas moi-même chasseur et éprouvant depuis ma tendre enfance une sympathie profonde pour les animaux.

Ce qui symbolise aussi cette nécessité conceptuelle de rapprocher écologie et société, c'est le besoin urgent de développer une *écologie des villes*. L'association de ces deux vocables risque de paraître incongrue, tant il est vrai que le mot écologie évoque campagnes et forêts plutôt que béton et gratte-ciel. Pourtant, il faut bien l'admettre : si la pensée écologique s'oriente désormais vers la société, si elle tient à être autre chose qu'une philosophie de rêve, d'évasion ou de contestation systématique, si elle veut se situer au cœur même de la réflexion de ce temps, si elle appelle non seulement à protéger la nature mais à défendre les hommes, alors il lui faudra s'intéresser aux villes, là où les hommes vivent.

Même si la croissance des mégapoles des pays industrialisés s'est ralentie au cours de la dernière décennie au profit des villes moyennes, même si le développement de l'informatique et des moyens de communication permet d'espérer une organisation des structures productives plus lâche, moins concentrée, où le travail à la maison tendra à se substituer au travail au bureau, où l'usine ne sera bientôt plus qu'un univers de robots, les hommes continueront à se rassembler. Instinct grégaire, irrépressible, aux causes multiples et complexes, qui fait que les paysans du Dekkan préfèrent la famine des rues de Bombay à l'isolement nourricier de leur petit village, et qui continue de susciter l'extension de Mexico ou de Lagos.

La vie en société étant inexorablement liée à la ville, il faut y faire pénétrer l'écologie. Pratiquer l'écologie dans les villes, c'est se préoccuper de l'air, de sa qualité, de sa circulation, c'est développer une véritable micrométéorologie urbaine, c'est étudier le sous-sol et son aménagement, c'est traiter le problème des déchets, la qualité de l'eau, c'est faire en sorte que l'aménagement urbain réserve une place suffisante aux espaces verts et une place limitée aux engins automobiles polluants. Pollution et aménagement :

tel est le double problème que devront résoudre en priorité technologues des transports, urbanistes et industriels.

Cette action ne doit pas exclure pour autant la maintenance de nos campagnes et de nos forêts ; elle en est simplement l'indispensable complément.

Là encore si l'on veut maintenir en l'état campagnes et forêts, ce n'est pas en fustigeant ceux qui y vivent. Que ce soit le paysan français parce qu'il utilise des nitrates ou le paysan africain ou amazonien parce qu'il utilise les feux de forêts pour accroître son territoire ou utiliser le bois comme combustible. Il est certes important d'éliminer les méthodes d'agriculture avec excès d'engrais et de pesticides et nous avons bien dit que c'était une priorité urgente. Mais est-ce la faute de l'agriculteur ?

Le paysan du tiers monde qui survit difficilement sur des latérites épuisées par l'érosion ne doit-il pas chercher à survivre en défrichant à coup de feux de brousse ?

Le maintien et l'entretien de l'état de la campagne et de la forêt sont assurés jour après jour par ceux qui y vivent et qui ont appris à respecter la nature tout en l'exploitant. C'est par eux que passe l'écologie. Il faut prendre l'habitude de cesser de théoriser en donnant des leçons, en condamnant et en criant au scandale... De loin.

L'an passé un groupe d'intellectuels français écrivaient une lettre ouverte aux autorités brésiliennes pour leur exprimer leur angoisse devant la destruction de la forêt amazonienne. Nous attendons que nos collègues brésiliens nous écrivent cette année leur souci pour l'avenir de la forêt méditerranéenne...

L'écologie ne progressera que dans le consensus. Laissons l'anathème et le « y a qu'à ». Cessons de déclarer que les problèmes lointains ou qui ne nous concernent pas sont les plus urgents !

La pensée écologiste doit se développer avec les hommes et pour les hommes et non pas pour la nature « en soi ».

Aux écologistes militants, j'ai envie de dire avec Saint-John Perse : « Et l'homme, quand en sera-t-il question ? »

L'écologie politique

Cependant, parlerait-on d'écologie si des mouvements se réclamant de cette inspiration n'avaient fait une entrée spectaculaire dans le champ clos des compétitions électorales ? Aurait-on multiplié les précautions contre le risque nucléaire et cessé de déverser clandestinement des produits radioactifs dans le Rhône, si des centaines de manifestants antinucléaires n'avaient exprimé bruyamment leurs craintes ? Sans le relais des mouvements écologistes, verrait-on les mêmes hommes politiques qui, en leur temps, empêchèrent la France de bénéficier de l'essence sans plomb, discuter avec conviction de la « couche » d'ozone ou de l'« effet de serre » ?

Il faut se rendre à l'évidence : à eux seuls, les scientifiques auraient sans doute mis beaucoup plus de temps à obtenir de tels résultats (pour l'instant surtout médiatiques !), à supposer qu'ils y soient jamais parvenus.

De cela, l'humanité entière doit être reconnaissante aux mouvements écologistes de toutes sortes, depuis les pionniers comme René Dumont jusqu'aux *Grünen* allemands ou aux gouvernants scandinaves, sans oublier l'ex-président américain Jimmy Carter, entre bien d'autres. Peu importe de savoir si leurs proclamations avaient toute la pureté voulue ou si elles étaient inspirées par l'ambition politique. Le fait est là. Il doit être constaté et apprécié comme tel.

Mais faut-il pour autant approuver sans nuances tous leurs slogans, leurs revendications, leurs programmes ? Nous avons cherché à montrer dans ce livre que nous étions loin de partager tous leurs choix, même si nous approuvions l'esprit de leur démarche ; que nous étions loin de nous situer dans leur optique systématiquement critique, même si bien des fondements en étaient exacts. En cela, nous pensons être resté fidèle à la pensée scientifique. Dans le développement de celle-ci, il arrive fréquemment que des pionniers qui mettent en évidence l'intérêt de tel ou tel problème le fassent sur des prémices inexactes ou approximatives. Christophe Colomb croyait avoir découvert la route des Indes, Hans Bethe croyait que le cycle du carbone était la source principale d'énergie du Soleil, Becquerel croyait avoir découvert de nouveaux rayons X... La postérité corrige, argumente, nourrit et bâtit le corps des connaissances. Je crois qu'il faut considérer les écologistes comme les pionniers politiques d'une idée importante. Ils n'en sont pas pour autant les propriétaires.

Un second enseignement du développement des sciences porte précisément sur la diffusion du savoir et l'inexistence de la notion d'exclusivité. Lorsqu'une nouvelle théorie se développe, il se forme un groupe de spécialistes qui se consacrent à cette discipline. Ainsi en fut-il de la mécanique quantique comme de la biologie moléculaire ou de la tectonique des plaques. Une fois acceptées, ces nouvelles théories pénètrent profondément le champ de la connaissance et cessent du même coup d'être le pré carré des spécialistes. Elles font partie du fonds commun de la discipline. Pourrait-on concevoir aujourd'hui de penser la physique ou la chimie sans mécanique quantique ? Peut-on pratiquer la biologie en ignorant les déterminismes moléculaires ? De même, pourra-t-on demain prétendre exercer le gouvernement de la Cité en ignorant les données de l'écologie ?

L'écologie s'impose à tous les partis politiques comme l'économie s'est imposée à eux avant elle. Elle ne pourra rester la propriété de quelques-uns, ou, si elle le reste, c'est qu'elle aura échoué à pénétrer les mentalités.

Sans nul doute, diverses sensibilités écologiques vont se développer. On devine bien ce qui pourrait teinter les différentes nuances : le profit tiré de la lutte contre les nuisances, les intérêts divergents entre le Nord et le Sud, la façon d'y intégrer ou non les préoccupations sociales, les antagonismes villes-campagnes, etc.

Sans doute aussi subsistera-t-il des mouvements qui se considéreront comme les seuls « purs », toujours prêts à dénoncer telle nuisance potentielle, à démontrer combien les progrès conduisent à la ruine de l'homme, à pourfendre toute technologie pour peu qu'elle soit frappée du sceau infamant de la nouveauté et de l'efficacité. Cette écologie de la vigilance et de l'opposition systématiques restera une référence utile et peut-être même indispensable ; mais elle aura échoué à intégrer la pensée écologique au corpus de la réflexion politique contemporaine si, comme on l'a dit, elle néglige d'y associer étroitement les données économiques et sociales.

Cette intégration reste à faire. Il faut bien reconnaître que, malgré les déclarations de bonne volonté affichées ici ou là, on en est encore loin. Les préoccupations écologiques ne peuvent être subsidiaires ou marginales dans la pensée politique d'aujourd'hui, elles doivent y occuper une place centrale. Or, qu'elle soit de droite ou de gauche, cette pensée s'est organisée autour de l'économie, des notions de productivité et de profit, du rôle de l'État, de l'internationalisation des processus commerciaux et financiers. Tant qu'elle n'aura pas forcé les portes de la problématique économique, l'écologie ne pourra être considérée comme une dimension majeure de la décision politique.

L'économie écologique

Le raisonnement scientifique nous y invite, la nécessité de l'action politique nous y oblige : il faut introduire l'écologie dans la sphère économique. A défaut, les préoccupations écologiques resteront de simples thèmes électoraux ou des sujets de colloques pour formations politiques.

On se doute que ce n'est pas là une mince affaire. Elle risque de changer profondément nos habitudes et, à terme, d'engendrer des modifications structurelles très importantes dans le système économique mondial, en perturbant les équilibres qui s'y sont établis et en débouchant sur de nouvelles pratiques des relations internationales qui se révéleront parfois difficiles à mettre en œuvre.

L'économie étudie la manière dont on peut répartir les ressources entre divers usages alternatifs possibles. Schématiquement, les concepts sur lesquels elle s'appuie sont l'utilité, les prix, la compétition, le dualisme de l'offre et de la demande, etc. Le vaste système d'échanges dont la monnaie est l'instrument se régule dans un système idéal grâce au marché et à la libre concurrence. Chaque consommateur achète en fonction de ses besoins, de ses goûts, de ses moyens et de ce qui lui est offert. Chaque producteur offre des produits en fonction de la demande, des techniques de production existantes, des ressources naturelles et financières disponibles, et surtout de ses perspectives de profit. Les prix sont fixés par les lois de l'offre et de la demande, c'est-à-dire par le face à face entre productivité et utilité dans cette grande compétition statistique, multiforme et démultipliée que l'on appelle le marché.

Cette vision est extrêmement théorique et simplifiée. Comme on le sait, pour comprendre les faits réels, il faut y intégrer les phénomènes de jeux (au sens de la « théorie des jeux ») et de pouvoirs, les régulations et interventions étatiques, les structures géographiques et sociologiques, les traditions, l'histoire des mentalités, la circulation inégale de l'information.

Comment faire entrer une politique de l'environnement dans cet immense système ?

La première méthode est celle des interdictions, des réglementations imposées par les gouvernements. Celles-ci interviennent alors comme une contrainte exogène, soit sur la production, soit sur la consommation. On prohibe l'essence au plomb, les C.F.C., on interdit de fumer dans les lieux publics ou d'employer des phosphates dans l'agriculture. En termes économiques, cette stratégie de l'interdit est très délicate à utiliser. Son caractère de contrainte exercée sur les individus ou sur les industries est mal supporté et le sera de plus en plus mal. Si elle continue à se développer, comme la tendance actuelle semble l'indiquer, si l'écologie apparaît de plus en plus comme une source d'interdits et le prétexte à réglementations de plus en plus fréquentes et vétilleuses, la défense de l'environnement ne suscitera bientôt plus le consensus qui lui est pourtant indispensable, elle restera à l'état de simple doctrine.

La seconde méthode, souvent complémentaire de la première, est la méthode budgétaire. Elle consiste à lever parfois de nouveaux impôts, mais, surtout, à affecter davantage de ressources budgétaires aux investissements ou aux dépenses liés à l'environnement. La levée de nouveaux impôts est impopulaire. Une nouvelle répartition des ressources de l'État est souvent difficile. Dans tous les cas, cette méthode présente le défaut de faire payer tout le monde, de déresponsabiliser les citoyens, de n'introduire enfin aucune incitation économique à éviter la pollution. C'est la voie la plus commode, mais sans doute pas la plus efficace.

La troisième méthode consiste à faire entrer la problématique de l'environnement dans le circuit économique en assurant de ce fait l'intégration des questions correspondantes dans le « cahier des charges » de la société. Solution assurément plus difficile, car personne n'est propriétaire de l'air ou de l'océan ; personne ne bataille, pour l'instant, pour acheter les ordures ménagères des grandes villes...

On pourrait par exemple fixer un prix à la pollution. Ce prix servirait à mettre en œuvre les moyens de la supprimer. Lorsqu'une industrie produit x tonnes d'une marchandise donnée, il faudrait inclure dans le prix de celle-ci la majoration découlant du fait qu'elle produit aussi y tonnes de CO_2 ou de SO_2, selon le tarif fixé pour cette pollution.

Lorsqu'un individu rejette x kilos de déchets par mois, il devrait payer un prix pour le traitement de ces déchets. Ce prix pourrait être moindre si les déchets sont préalablement triés.

Une seconde mesure, complémentaire de la première, consisterait à faire payer l'utilisation de l'environnement. Chaque navire pétrolier transportant du brut par l'océan devrait acquitter un certain prix proportionnel à sa charge et à la durée d'utilisation de la mer. Cet argent servirait à prendre les mesures contre la pollution pétrolière en mer. De même, chaque entreprise de pêche devrait payer un prix de location de l'océan, ce prix pouvant varier en fonction des espèces que l'on désirerait protéger. On pourrait de même imaginer des taxes urbaines auxquelles chaque habitant serait assujetti, le produit de ces taxes étant utilisé par exemple pour améliorer la qualité de l'air.

Symétriquement à ces revenus, tirés de l'usage des ressources en environnement, pourrait se développer une industrie dont l'objectif serait inversement, de mettre au point des techniques de production non polluantes ou antipolluantes, ou encore de mettre en œuvre des méthodes de dépollution. Ainsi les montants payés sur les dégagements de fumées ou de phosphates serviraient-ils par exemple à développer des activités et des emplois liés aux techniques destinées à diminuer ou à éliminer ces mêmes fumées et phosphates. Un nouveau secteur économique, générateur de profits, créateur d'emplois utiles, pourrait ainsi voir le jour sur les bases de la libre entreprise, mais sous le contrôle et grâce à la coordination des autorités collectives.

On pourrait ainsi faire payer l'eau, à divers prix, suivant

la qualité. Un prix pour l'eau potable, un prix pour l'eau d'irrigation, un prix pour le transport sur l'eau, etc. A partir de ces prix des entreprises pourraient fournir les diverses qualités d'eau. De même, avec plus de difficultés pratiques, on pourrait faire payer l'air, pour respirer, pour brûler des combustibles, pour voyager en avion...

La fixation d'un prix pour la pollution conduisant à une modification progressive des techniques de production, on en arriverait à inverser tel ou tel choix technologique. Supposons par exemple que le choix soit entre construire en briques ou en ciment. Le prix de revient des briques est aujourd'hui supérieur, mais avec la prise en compte de la pollution, la fabrication de ciment, qui libère de la chaux dans l'atmosphère, pourrait devenir plus onéreuse, inversant ainsi le rapport des coûts.

Supposons de même, en agriculture, que l'utilisation de tel ou tel engrais augmente les rendements à l'hectare d'un facteur deux, mais que quiconque l'utilise doive payer une taxe pour chaque kilogramme de phosphate ou de nitrate relâché dans la rivière voisine. Le choix de la meilleure technique de production visera la recherche de l'optimum, voire la mise au point d'une technique de culture sans engrais.

Autre exemple : si une taxe importante est imposée sur la consommation d'essence, nul doute que la voiture électrique se développera rapidement et deviendra économiquement compétitive.

On voit tous les avantages qu'il y aurait à faire ainsi entrer la défense de l'environnement dans le circuit économique. Pourtant, des questions fondamentales viennent immédiatement à l'esprit : qui fixerait les prix des pollutions ? qui les percevrait ? Va-t-on confier la gestion de la pollution du Rhin à une société privée qui déterminera les redevances de chaque industrie tout en maintenant en échange la composition chimique des eaux au-dessus d'un certain nombre de normes tolérables ? Va-t-on confier de même la gestion des plages à des particuliers qui fixeront des redevances de pollution tout en veillant à leur propreté ? Autrement dit, va-t-on privatiser l'environnement ?

L'idée n'est pas *a priori* absurde. Quand on songe que l'on a privatisé le sol, voire, dans certains pays, le sous-sol, pourquoi ne privatiserait-on pas des espaces d'air et d'eau ? Pourquoi, par exemple, ne pas étendre à l'environnement le système des concessions, des enchères et des marchés publics pratiqués depuis longtemps dans le domaine minier et pétrolier, et qui ont permis l'essor économique que l'on sait ? En somme, pourquoi ne pas traiter l'air, le sol et l'eau comme on traite déjà la terre et le sous-sol ?

La tendance qui prévaut actuellement, même dans des pays où la philosophie libérale n'est contestée par personne, comme aux États-Unis, est que cette gestion de l'environnement soit confiée à une Agence nationale. Le rôle de celle-ci serait de réguler ce nouveau marché, de fixer les prix, de percevoir les redevances, de stimuler les industries de l'environnement. On est loin de la « main invisible » qui, selon Adam Smith, est censée assurer l'équilibre du marché, mais on n'en fait pas moins pénétrer l'environnement dans la sphère économique.

Comment fixer les prix ? En suivant une démarche d'économiste « orthodoxe », mais qui paraît en l'occurrence quelque peu irréaliste, on peut pencher pour un processus « démocratique » : le consommateur aurait son mot à dire dans la fixation du prix à payer, en tenant compte de son budget et de son indice de satisfaction face à des « producteurs de dépollution » préoccupés de rendements décroissants et de profits. D'autres préfèrent une fixation liée directement aux coûts de dépollution ; ainsi, si dépolluer un fleuve coûte x francs par kilo de mercure déversé, la taxe à acquitter par kilo sera de x francs, plus les profits revenant à l'industrie de dépollution. Mais qui fixera le taux de pollution tolérable : les experts ? les riverains ? l'État ? Il est clair qu'il y a là un champ d'étude et de réflexion sur lequel une Agence nationale de l'environnement devra se pencher. Il est indispensable qu'une telle agence ne se transforme pas en une bureaucratie étatisée et tatillonne qui, sous prétexte d'intérêt général, s'aliène tout à la fois, par ses méthodes, les consommateurs et les industriels. La tonalité répressive des propos de beaucoup d'écologistes militants font redouter une pareille éventualité.

On pourrait concevoir une agence qui organiserait en outre des référendums ou des sondages destinés à respecter les choix des consommateurs, qui développperait des campagnes d'information du public, etc. Car le problème économique central est bien celui-là : combien le consommateur est-il prêt à payer (directement ou indirectement) pour améliorer ou maintenir la qualité de son environnement ? Telle est la recherche d'optimisation, bien connue des économistes, qu'il faut cette fois mettre en œuvre par une voie nouvelle et pour un bien collectif.

Naturellement, il y a danger que cette agence passe aux mains de lobbies divers, voire aux mains des pollueurs eux-mêmes, ou que de multiples « pollutions politiques » ne la dénaturent, mais n'est-ce pas là un problème général lié au fonctionnement de toute démocratie ?

Plus que des solutions, ce sont des voies à explorer que nous avons esquissées, sans en masquer ni les difficultés ni les embûches. Du moins l'entrée de l'environnement dans le système économique permettrait-il d'avancer sur plusieurs points essentiels.

Elle ferait d'abord prendre conscience que la lutte contre la pollution sera forcément un compromis entre ce que l'on est prêt à payer et les résultats que l'on souhaite obtenir. Le coût total des mesures augmentant avec le degré de purification de l'environnement, le consommateur-citoyen devra faire des choix : choix portant sur le rapport qualité/prix, choix des investissements à effectuer, de la priorité relative accordée à l'eau, à l'air, au sol, etc.

En regard de ces prix à payer, profits et emplois se créeront, stimulant de nouvelles sphères d'activité économique dont il conviendra de comparer les résultats et l'évolution.

Sans cette introduction de l'environnement dans le circuit économique, les choix risquent d'être guidés par des rapports de force scientifiques ou industriels où l'accès aux médias jouera un rôle essentiel, et d'obéir facilement à des critères dont la fiabilité sera loin d'être assurée.

A l'échelle de la comptabilité nationale, on pourra, comme le prône Vassili Leontieff depuis déjà plus de vingt ans, faire entrer la pollution et l'environnement dans le tableau des échanges interindustriels et en évaluer l'impact global en termes d'activités économiques, c'est-à-dire de coûts, de profits, d'emplois, d'influences relatives. Il y aura là, sans nul doute, une rétroaction imposée par l'économie nationale sur le système des prix.

Un nouveau champ économique est ainsi en train de s'ouvrir. L'État y jouera un rôle capital. En tant que législateur, il devra fixer les règles d'interdiction (les moins nombreuses possibles !) ou les normes tolérables. En tant que régulateur économique, il devra, par l'intermédiaire de son agence, fixer les prix de l'environnement et veiller à la loyauté du secteur. J'insiste une nouvelle fois : il devra le faire sans verser dans le contrôle tatillon inhérent à toute bureaucratie !

Après tout, il ne doit pas être plus difficile de développer un secteur de l'environnement dynamique qu'il ne l'a été de mettre en place un secteur des transports ou des travaux publics, ou, plus généralement, celui des biens collectifs.

Répétons-le : c'est en faisant entrer l'environnement dans la sphère économique, pas dans une jungle économique mais dans une économie régulière où l'État, arbitre et stimulateur, jouera pleinement son rôle, que l'on assurera le mieux transparence et démocratisation des décisions.

Pourtant, même si nous parvenons à intégrer à l'échelle nationale les préoccupations écologiques au sein de l'économie en substituant à la glose inefficace actuelle des mesures et des actions concrètes, celles-ci ne seront pas suffisantes. Il nous faut entreprendre une mutation encore plus profonde et qui touchera le champ économique lui-même, ou plutôt ses deux dimensions essentielles : l'espace et le temps.

L'espace, tout d'abord. Nous l'avons répété tout au long de ce livre : la gestion de la planète ne peut se concevoir qu'à l'échelle planétaire. Comment pourrions-nous espérer faire entrer l'environnement dans l'économie si nous nous bornions à des actions à l'échelle nationale ? Comment taxer les émetteurs de fumées responsables des pluies acides si l'on ne se met pas d'accord sur un prix à l'échelle au moins continentale ? Comment faire payer les chasseurs de baleines ou les pétroliers pour l'utilisation de l'océan si on n'organise pas une gestion commune de ce qui représente les deux tiers du globe ?

Voilà qui va nécessiter des conventions internationales, des réunions régionales, sans doute une Agence mondiale de l'environnement dont le rôle devra être plus économique que purement technique.

Mais comment concevoir tout cela en laissant subsister, voire s'aggraver le déséquilibre Nord-Sud ? Peut-on taxer les paysans africains pour leurs feux de forêt, sous prétexte qu'ils dégagent du CO_2, au même titre que les centrales thermiques occidentales ? Faut-il taxer les pêcheurs indonésiens pour l'utilisation de l'océan de manière identique aux puissantes compagnies de pêche japonaises ? Sans un meilleur partage des richesses de la planète entre le Nord et le Sud il n'y aura pas de consensus mondial pour la protéger.

Sans parler d'un problème que nous n'avons qu'à peine évoqué et qui, pourtant, domine toute l'écologie planétaire : la démographie. Comment concilier notre désir de purifier l'atmosphère avec la croissance à venir de Mexico ou de Lagos ? Comment espérer limiter les dégagements de gaz carbonique, la prolifération des déchets, comment favoriser les économies de matières premières alors que la population du globe ne cesse d'augmenter, et ceci dans les pays les plus démunis ? Cette démographie galopante du tiers monde ne sera stoppée que par le développement, puisqu'on sait bien que l'abaissement du taux de fécondité va de pair avec l'élévation du niveau de vie. Comment avoir pour ambition principale de lutter contre une extension de la destruction de la « couche » d'ozone qui, pour l'instant, ne menace que quelques colonies de pingouins et une poignée de phoques, alors que les pyramides des âges reflètent encore l'effroyable mortalité infantile du tiers monde ?

L'écologie n'entrera dans les préoccupations des déshérités de la planète que du jour où l'on aura mis fin aux injustices les plus criantes qui les accablent. C'est ce qu'expriment, souvent avec les accents de la colère et du désespoir, les délégués du tiers monde à chaque réunion internationale sur l'environnement.

Là encore, la politique de coopération Nord-Sud aura besoin dans le futur de remplacer les discours grandiloquents et souvent creux par l'action concrète et efficace.

Le changement dans l'échelle de temps est tout aussi contraignant. L'économie politique, même et surtout mondialisée, obéit à des constantes de temps très courtes. Elle réagit aux événements, aux changements de technologie ou de goût du public à l'échelle de quelques mois. L'horizon réaliste des prévisions comme celles de ses laboratoires de recherche est, pour elle, de quelques années au plus. L'entrepreneur, fût-il parmi les plus grosses firmes multinationales, ajuste son action à ces échelles de temps. Fermer une usine ici, réinvestir ailleurs sont des décisions qui se prennent parfois à l'échelle du mois. L'invasion d'un émirat du Moyen Orient provoque en quelques jours des réajustements économiques à l'échelle planétaire.

Économiser la planète

Comment introduire dans ces démarches rapides l'idée que si nous voulons améliorer l'état de l'atmosphère ou de l'océan, nous devons planifier l'application de mesures nouvelles sur plusieurs années, voire plusieurs dizaines d'années ? Car telles sont bien les échelles de temps nécessaires pour agir sur l'« effet de serre », les réserves d'eau, la protection de l'océan. Les agences de l'environnement pourront-elles résister pendant tout ce temps aux pressions économiques continuelles ? Plus simplement, les préoccupations relatives à l'environnement ne vont-elles pas se réduire à une mode périodique refaisant surface tous les quinze ans, Club de Rome, réserve de matières premières et de denrées alimentaires un jour, ozone et « effet de serre » quelques années plus tard, alors que plus nous avancerons, plus il nous faudra étendre ces échelles de temps ?

Certains parlent d'un concept juridique nouveau : le droit de nos descendants et celui des générations futures. Un droit qui nous interdira de laisser la planète dans un état dégradé, non pas demain, mais dans vingt, trente ou cent ans. Ce droit du futur qui reste à construire, saurons-nous le faire éclore ? Qui l'écrira ? Qui le fera respecter ? Nous sommes encore loin d'aborder de telles questions, aussi précises, mais il est important que l'on commence à en débattre.

Le contrat mondial

Il est vrai que, depuis deux millénaires, l'homme ne s'est guère préoccupé de la planète, si ce n'est pour l'exploiter à son profit, sans retenue. Cette attitude ne peut se perpétuer sans danger à court terme ni sans mettre en péril la survie même de l'espèce humaine. Dans cet esprit, il est légitime de penser que l'homme doit mettre en œuvre un « contrat naturel », pour reprendre l'expression du philosophe Michel Serres, qui le contraigne à respecter sa planète. Faut-il pour autant que ce « contrat naturel » se substitue au « contrat social » qui a inspiré l'action politique de nos démocraties depuis deux siècles ?

Si ce n'est pas ce que préconise Michel Serres, c'est pourtant ce que sous-entend une certaine pensée écologiste. Il est en effet frappant de voir à quel point les tenants de cette pensée restent silencieux sur la plupart des questions sociales, notamment sur le problème des inégalités. Il n'est pas moins choquant de voir leurs représentants à Strasbourg refuser par exemple de voter la levée de l'immunité parlementaire européenne de M. Le Pen comme si les questions de racisme et de xénophobie ne les concernaient pas.

Au demeurant, ne voit-on pas les mouvements d'extrême droite se faire de plus en plus les chantres d'une certaine « écologie », comme ce fut le cas lors de la Seconde Guerre mondiale où les mouvements pétainistes, voire pronazis, prônaient un « retour à la terre », et où était préconisée l'application à l'homme des principes de sélection naturelle comme l'« eugénisme », improprement attribué à la science ? La *Deep Ecology* qui émerge aux États-Unis n'en présente-t-elle pas les stigmates ?

A une époque où les systèmes de valeurs sont devenus moins intangibles, il y a là matière à introduire dans les esprits une grande confusion. En cette fin de second millénaire où des phénomènes de peur collective irraisonnée rappellent beaucoup celles qui se manifestèrent avant l'An mil, où nombre de dogmes et d'idéologies s'effondrent, où les religions traditionnelles voient décliner leur troupeau de fidèles, où l'on voit se développer en revanche les fanatismes et les sectes, l'écologie comprise comme « culte de la nature » pourrait redevenir demain un substitut idéologique : l'homme a massacré la planète, il est donc coupable ; la planète se venge, il y a lieu d'avoir peur... A partir de cette pétition de principe risque de se développer une attitude négative, anti-progrès, mais aussi asociale : interdisons toute énergie nucléaire, tout pétrole, tout barrage, tout emploi du charbon ; supprimons les déchets urbains ; laissons la nature en l'état... On se donnera bonne conscience en mobilisant la science contre la technique et en opposant l'homme et la nature.

On l'aura compris, la conception philosophique qui nous inspire est tout autre. Elle a pour ambition de réaliser la synthèse entre le progrès des sociétés humaines, leur développement, leur épanouissement, et le nécessaire respect de la nature et des équilibres fondamentaux qui la régissent.

L'homme planétaire est né. La Terre est devenue un village. Les humains doivent élaborer ensemble ce qui sera leur charte pour l'an deux mille et au-delà, sans naïveté ni obscurantisme, sans évacuer aucun des problèmes qui sont les leurs, mais en prenant désormais en considération et en compte le respect dû à leur planète. Ils doivent négocier entre eux ce contrat mondial.

Il n'est pas encore trop tard...

BIBLIOGRAPHIE SOMMAIRE

ALLÈGRE C.J., *De la Pierre à l'Étoile*, Fayard, 1985.

ALLÈGRE C.J., *Les Fureurs de la Terre*, O. Jacob, 1987.

Alternative Agriculture, National Research Council, National Academy Press, 1990.

BERNER E. Kay, BERNER R., *Global Water Cycle*, Prentice Hall, 1987.

BROECKER W., DOHERTY Lamont, *How to Build an Habitable Planet*, Eldigo Press, 1988.

BROECKER W., *Chemical Oceanography*, Harcourt Brace Jovanovitch, 1974.

BROWN Lester, *L'État de la planète*, Economica, 1988-1989-1990.

CRAIG J., VAUGHAN D., SKINNER B., *Resources of the Earth*, Prentice Hall, 1988.

Confronting Natural Disaster, National Academy Press, 1987.

DUPLESSY J.C. et MOREL P., *Gros Temps sur la planète*, O. Jacob, 1990.

GIRAUD P.N., *L'économie mondiale des matières premières*, La Découverte, 1989.

IMBRIE J. et PALMER IMBRIE K., *Glacial Ages*, Harvard University Press, 1986.

LOVELOCH J., *The Ages of Gaia*, Bantam Book, 1989.

MÉGIE G., *L'Ozone*, C.N.R.S., 1990.

PRESS F., SIEVER R., FREEMAN, *The Earth*, Earth Sciences, Cambridge Encyclopedia, Cambridge University Press.

REBEYROL Y., *Tourbillons et Turbulences*, La Découverte-Le Monde, 1990.

SERRES M., *Le Contrat naturel*, F. Bourin, 1990.

Table

Cet ouvrage a été réalisé par la
SOCIÉTÉ NOUVELLE FIRMIN-DIDOT
Mesnil-sur-l'Estrée
pour le compte des Éditions Fayard
en septembre 1990

Composition réalisée
par C.M.L., Montrouge